농업직

기출문제 정복하기

9급 공무원 농업직
기출문제 정복하기

개정2판 발행 2024년 01월 10일
개정3판 발행 2025년 01월 10일

편 저 자 | 공무원시험연구소
발 행 처 | ㈜서원각
등록번호 | 1999-1A-107호
주 소 | 경기도 고양시 일산서구 덕산로 88-45(가좌동)
교재주문 | 031-923-2051
팩 스 | 031-923-3815
교재문의 | 카카오톡 플러스 친구[서원각]
홈페이지 | goseowon.com

PREFACE
이 책의 머리말

모든 시험에 앞서 가장 중요한 것은 출제되었던 문제를 풀어봄으로써 그 시험의 유형 및 출제경향, 난이도 등을 파악하는 데에 있다. 즉, 최소시간 내 최대의 학습효과를 거두기 위해서는 기출문제의 분석이 무엇보다도 중요하다는 것이다.

'9급 공무원 기출문제 정복하기 – 농업직'은 이를 주지하고 그동안 시행된 국가직, 지방직, 서울시 기출문제를 과목별로, 시행처와 시행연도별로 깔끔하게 정리하여 담고 문제마다 상세한 해설과 함께 관련 이론을 수록한 군더더기 없는 구성으로 기출문제집 본연의 의미를 살리고자 하였다.

수험생은 본서를 통해 변화하는 출제경향을 파악하고 학습의 방향을 잡아 단기간에 최대의 학습효과를 거둘 수 있을 것이다.

9급 공무원 시험의 경쟁률이 해마다 점점 더 치열해지고 있다. 이럴 때일수록 기본적인 내용에 대한 탄탄한 학습이 빛을 발한다. 수험생 모두가 자신을 믿고 본서와 함께 끝까지 노력하여 합격의 결실을 맺기를 희망한다.

STRUCTURE

이 책의 특징 및 구성

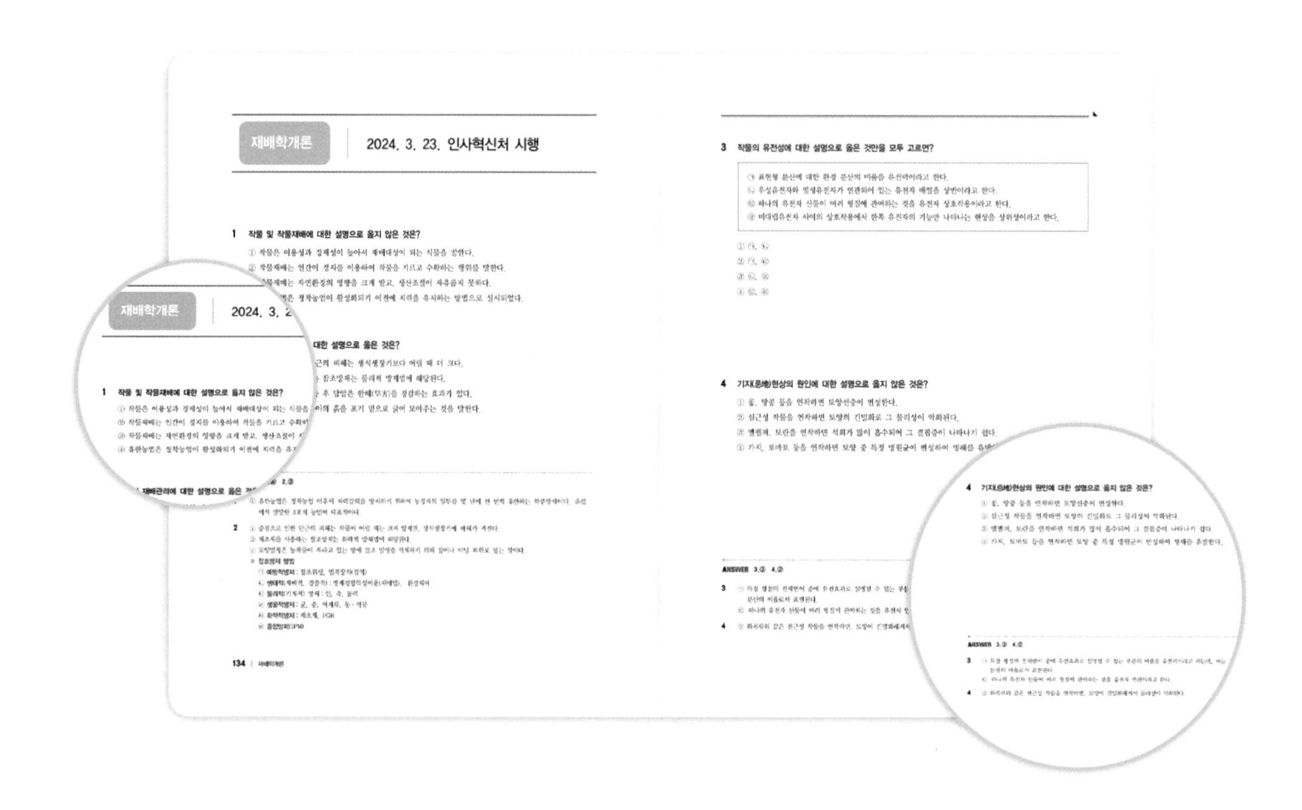

재배학개론 | 2024. 3. 23. 인사혁신처 시행

1 작물 및 작물재배에 대한 설명으로 옳지 않은 것은?

3 작물의 유전성에 대한 설명으로 옳은 것만을 모두 고르면?

4 기지(忌地)현상의 원인에 대한 설명으로 옳지 않은 것은?

ANSWER 3.③ 4.②

최신 기출문제분석

최신의 최다 기출문제를 수록하여 기출 동향을 파악하고, 학습한 이론을 정리할 수 있습니다. 기출문제들을 반복하여 풀어봄으로써 이전 학습에서 확실하게 깨닫지 못했던 세세한 부분까지 철저하게 파악, 대비하여 실전대비 최종 마무리를 완성하고, 스스로의 학습상태를 점검할 수 있습니다.

상세한 해설

상세한 해설을 통해 한 문제 한 문제에 대한 완전학습을 가능하도록 하였습니다. 정답을 맞힌 문제라도 꼼꼼한 해설을 통해 다시 한 번 내용을 확인할 수 있습니다. 틀린 문제를 체크하여 내가 취약한 부분을 파악할 수 있습니다.

CONTENT

이 책의 차례

01 재배학개론

02 식용작물

01

재배학개론

2017. 4. 8. 인사혁신처 시행
2017. 6. 17. 제1회 지방직 시행
2017. 6. 24. 재2회 서울특별시 시행
2018. 4. 7. 인사혁신처 시행
2018. 5. 19. 제1회 지방직 시행
2018. 6. 23. 제2회 서울특별시 시행
2019. 4. 6. 인사혁신처 시행
2019. 6. 15. 제1회 지방직 시행
2019. 6. 15. 제2회 서울특별시 시행
2020. 6. 13. 제1회 지방직 시행
2020. 7. 11. 인사혁신처 시행
2021. 4. 17. 인사혁신처 시행
2021. 6. 5. 제1회 지방직 시행
2022. 4. 2. 인사혁신처 시행
2022. 6. 18. 제1회 지방직 시행
2023. 4. 8. 인사혁신처 시행
2023. 6. 10. 제1회 지방직 시행
2024. 3. 23. 인사혁신처 시행
2024. 6. 22. 제1회 지방직 시행
2024. 3. 23 인사혁신처 시행
2024. 6. 22 제1회 자방직 시행

재배학개론 | 2016. 4. 9. 인사혁신처 시행

1 웅성불임성에 대한 설명으로 옳은 것은?

① 암술과 화분은 정상이나 종자를 형성하지 못하는 현상이다.
② 암술머리에서 생성되는 특정 단백질과 화분의 특정 단백질 사이의 인식작용 결과이다.
③ S 유전자좌의 복대립유전자가 지배한다.
④ 유전자 작용에 의하여 화분이 형성되지 않거나, 제대로 발육하지 못하여 종자를 만들지 못한다.

2 작물의 내습성에 관여하는 요인에 대한 설명으로 옳지 않은 것은?

① 뿌리 조직의 목화(木化)는 환원성 유해물질의 침입을 막아 내습성을 증대시킨다.
② 뿌리의 황화수소 및 아산화철에 대한 높은 저항성은 내습성을 증대시킨다.
③ 습해를 받았을 때 부정근의 발달은 내습성을 약화시킨다.
④ 뿌리의 피층세포 배열 형태는 세포 간극의 크기 및 내습성 정도에 영향을 미친다.

3 토양미생물의 작물에 대한 유익한 활동으로 옳은 것은?

① 토양미생물은 암모니아를 질산으로 변하게 하는 환원과정을 도와 밭작물을 이롭게 한다.
② 토양미생물은 유기태 질소화합물을 무기태로 변환하는 질소의 무기화 작용을 돕는다.
③ 미생물간의 길항작용은 물질의 유해작용을 촉진한다.
④ 뿌리에서 유기물질의 분비에 의한 근권(rhizosphere)이 형성되면 양분 흡수를 억제하여 뿌리의 신장생장을 촉진한다.

ANSWER 1.④ 2.③ 3.②

1 웅성불임성 … 화분 · 꽃밥 · 수술 등의 웅성기관에 이상이 생겨 불임이 생기는 현상

2 ③ 습해를 받았을 때 부정근의 발생력이 큰 것은 내습성이 강하다.

3 ② 유기태는 작물이 흡수하여 이용할 수 없다. 토양미생물은 유기태 질소화합물을 무기태로 변환하는 질소의 무기화 작용을 도와 작물이 흡수하여 이용할 수 있도록 한다.
① 토양미생물은 암모니아를 산화해 아질산으로, 아질산을 산화하여 질산으로 만드는 과정을 도와 작물을 이롭게 한다.
③ 미생물 간의 길항작용은 물질의 유해작용을 억제한다.
④ 근권 미생물은 양분 흡수를 촉진한다.

4 작물의 생식에 대한 설명으로 옳지 않은 것은?

① 아포믹시스는 무수정종자형성이라고 하며, 부정배형성, 복상포자생식, 위수정생식 등이 이에 속한다.
② 속씨식물 수술의 화분은 발아하여 1개의 화분관세포와 2개의 정세포를 가지며, 암술의 배낭에는 난세포 1개, 조세포 1개, 반족세포 3개, 극핵 3개가 있다.
③ 무성생식에는 영양생식도 포함되는데, 고구마와 거베라는 뿌리로 영양번식을 하는 작물이다.
④ 벼, 콩, 담배는 자식성 작물이고, 시금치, 딸기, 양파는 타식성 작물이다.

5 1개체 1계통육종(single seed descent method)의 이점으로 옳은 것은?

① 우량품종에 한두 가지 결점이 있을 때 이를 보완하는 데 효과적이다.
② F_2 세대부터 선발을 시작하므로 특성검정이 용이한 질적 형질의 개량에 효율적이다.
③ 유용유전자를 잘 유지할 수 있고, 육종연한을 단축할 수 있다.
④ 균일한 생산물을 얻을 수 있으며, 우성유전자를 이용하기 유리하다.

6 식물생장조절물질이 작물에 미치는 생리적 영향에 대한 설명으로 옳지 않은 것은?

① Amo-1618은 경엽의 신장촉진, 개화촉진 및 휴면타파에 효과가 있다.
② Cytokinin은 세포분열촉진, 신선도 유지 및 내동성증대에 효과가 있다.
③ B-Nine은 신장억제, 도복방지 및 착화증대에 효과가 있다.
④ Auxin은 발근촉진, 개화촉진 및 단위결과에 효과가 있다.

ANSWER 4.② 5.③ 6.①

4 ② 속씨식물의 화분은 매우 작으며 화분관세포와 생식세포로 구성된다. 꽃가루가 암술머리에 부착되면 꽃가루는 발아하여 화분관세포는 화분관을 만들고 암술대를 타고 배낭 쪽으로 내려간다. 생식세포는 나누어져 운동성이 없는 2개의 정세포를 형성한다. 정세포는 화분관을 따라 이동하고 배낭에 들어가 수정에 직접 참여한다. 배낭으로 들어간 2개의 정세포 중 하나는 난핵을 가진 난세포와 결합하여 접합자(2n)를 형성하고, 세포분열에 의해 성장하여 종자 내에서 다세포성 배로 발달한다. 다른 하나의 정세포는 2개의 극핵(n)과 결합하여 3배체(3n)인 배젖을 형성한다. 이를 중복수정이라고 하며 속씨식물에만 존재하는 특징이다.

5 1개체 1계통육종 … 잡종집단의 1개체에서 1립씩 채종하여 다음 세대를 진전시키는 육종방법으로 유용유전자를 잘 유지할 수 있고, 육종연한을 단축할 수 있다는 이점이 있다.

6 ① 2-isopropyl-4-dimethylamino-5-methylphenyl-1-piperidine-carboxylate methyl chloride(AMO 1618)은 식물생장억제제이다.

7 작물의 생육에 필요한 무기원소에 대한 설명으로 옳지 않은 것은?

① 칼륨은 식물세포의 1차대사산물(단백질, 탄수화물 등)의 구성성분으로 이용되고, 작물이 다량으로 필요로 하는 필수원소이다.
② 질소는 NO_3^-와 NH_4^+ 형태로 흡수되며, 흡수된 질소는 세포막의 구성성분으로도 이용된다.
③ 몰리브덴은 근류균의 질소고정과 질소대사에 필요하며, 콩과작물이 많이 함유하고 있는 원소이다.
④ 규소는 화본과식물의 경우 다량으로 흡수하나, 필수원소는 아니다.

8 대기 중의 이산화탄소와 작물의 생리작용에 대한 설명으로 옳지 않은 것은?

① 대기 중의 이산화탄소 농도가 높아지면 일반적으로 호흡속도는 감소한다.
② 광합성에 의한 유기물의 생성속도와 호흡에 의한 유기물의 소모속도가 같아지는 이산화탄소 농도를 이산화탄소 보상점이라 한다.
③ 작물의 이산화탄소 보상점은 대기 중 농도의 약 7～10배(0.21～0.3%)가 된다.
④ 과실 · 채소를 이산화탄소 중에 저장하면 대사기능이 억제되어 장기간의 저장이 가능하다.

9 종자 · 과실의 부위 중 유전적 조성이 다른 것은?

① 종피
② 배
③ 과육
④ 과피

ANSWER 7.① 8.③ 9.②

7 ① 단백질, 탄수화물 등의 구성성분으로 이용되고, 작물이 다량으로 필요로 하는 필수원소로은 탄소, 수소, 산소가 있다. 칼륨은 광합성 양의 촉진, 탄수화물 및 단백질 대사의 활성, 세포 내 수분 공급, 증산에 의한 수분 상실 억제 등의 역할을 한다.

8 ③ 대체로 작물의 이산화탄소 보상점은 대기 중의 농도의 1/10～1/3(0.003～0.01%) 정도이다.

9 유전적 요소 … 종자는 3가지 유전적으로 다른 조직으로 구성된다.
㉠ 2배체인 배는 자방의 수정에 의하여 만들어 진다.
㉡ 3배체인 배유는 1개의 부계 유전자와 2개의 모계 유전자를 가진다.
㉢ 2배체인 종피, 과피 및 외영과 내영 등이 모계의 유전적 조성들이다.
※ 휴면은 배 내에서 유전되고, 그 밖에 주위의 조직에 의해서도 일어나기 때문에 휴면의 유전은 Mendel의 간단한 유전법칙으로는 충분히 설명하기 어렵다.

10 작물의 육종방법에 대한 설명으로 옳지 않은 것은?

① 교배육종(cross breeding)은 인공교배로 새로운 유전변이를 만들어 품종을 육성하는 것이다.
② 배수성육종(polyploidy breeding)은 콜히친 등의 처리로 염색체를 배가시켜 품종을 육성하는 것이다.
③ 1대잡종육종(hybrid breeding)은 잡종강세가 큰 교배조합의 1대잡종(F_1)을 품종으로 육성하는 것이다.
④ 여교배육종(backcross breeding)은 연속적으로 교배하면서 이전하려는 반복친의 특성만 선발하므로 육종효과가 확실하고 재현성이 높다.

11 내건성이 강한 작물의 특성에 대한 설명으로 옳지 않은 것은?

① 건조할 때에는 호흡이 낮아지는 정도가 크고, 광합성이 감퇴하는 정도가 낮다.
② 기공의 크기가 커서 건조 시 증산이 잘 이루어진다.
③ 저수능력이 크고, 다육화의 경향이 있다.
④ 삼투압이 높아서 수분 보류력이 강하다.

12 작물에 대한 설명으로 옳지 않은 것은?

① 야생식물보다 재해에 대한 저항력이 강하다.
② 특수부분이 발달한 일종의 기형식물이다.
③ 의식주에 필요한 경제성이 높은 식물이다.
④ 재배환경에 순화되어 야생종과는 차이가 있다.

ANSWER 10.④ 11.② 12.①

10 ④ 실용적이 아닌 품종의 단순유전을 하는 유용형질을 실용품종에 옮겨 넣을 목적으로 비실용 품종을 1회친으로 하고 실용품종을 반복친으로 하여 연속적으로 또는 순환적으로 교배하는 것을 여교배라 하고, 여교배를 통해 얻어진 유용형질이 도입된 우량개체를 선발해서 새 품종으로 고종해가는 육종법을 여교잡육종법이라고 한다. 여교배를 여러 번 할 때 처음 한 번만 사용하는 교배친을 1회친이라 하고, 반복해서 사용하는 교배친은 반복친이라고 한다.

11 ② 내건성이 강한 작물은 잎조직이 치밀하며, 엽맥과 울타리조직이 발달하고, 표피에는 각피가 잘 발달되어 있으며, 기공이 작거나 적다.

12 ① 작물은 야생식물보다 재해에 대한 저항력이 약하다.

13 작물의 파종 작업에 대한 설명으로 옳지 않은 것은?

① 파종기가 늦을수록 대체로 파종량을 늘린다.
② 맥류는 조파보다 산파 시 파종량을 줄이고, 콩은 단작보다 맥후작에서 파종량을 줄인다.
③ 파종량이 많으면 과번무해서 수광태세가 나빠지고, 수량 · 품질을 저하시킨다.
④ 토양이 척박하고 시비량이 적을 때에는 일반적으로 파종량을 다소 늘리는 것이 유리하다.

14 작물의 수확 후 생리작용 및 손실요인에 대한 설명으로 옳지 않은 것은?

① 증산에 의한 수분손실은 호흡에 의한 손실보다 10배나 큰데, 이중 90%가 표피증산, 8~10%는 기공증산을 통하여 손실된다.
② 사과, 배, 수박, 바나나 등은 수확 후 호흡급등현상이 나타나기도 한다.
③ 과실은 성숙함에 따라 에틸렌이 다량 생합성되어 후숙이 진행된다.
④ 엽채류와 근채류의 영양조직은 과일류에 비하여 에틸렌 생성량이 적다.

15 간척지 토양에 작물을 재배하고자 할 때 내염성이 강한 작물로만 묶인 것은?

① 토마토 – 벼 – 고추
② 고추 – 벼 – 목화
③ 고구마 – 가지 – 감자
④ 유채 – 양배추 – 목화

16 논에 벼를 이앙하기 전에 기비로 $N-P_2O_5-K_2O=10-5-7.5kg/10a$을 처리하고자 한다. $N-P_2O_5-K_2O=20-20-10(\%)$인 복합비료를 25kg/10a을 시비하였을 때, 부족한 기비의 성분에 대해 단비할 시비량(kg/10a)은?

① $N-P_2O_5-K_2O=5-0-5kg/10a$
② $N-P_2O_5-K_2O=5-0-2.5kg/10a$
③ $N-P_2O_5-K_2O=5-5-0kg/10a$
④ $N-P_2O_5-K_2O=0-5-2.5kg/10a$

ANSWER 13.② 14.① 15.④ 16.①

13 ② 맥류는 산파할 경우 조파보다는 파종량을 약간 늘려주고, 콩은 단작보다 맥후작에서 파종량을 늘인다.

14 ① 식물체내에서 물이 수증기의 형태로 소실되는 현상을 증산작용이라고 한다. 대부분의 물은 기공을 통한 기공증산에 의해 소실되고, 1~3%는 표피의 큐티클층을 통하여 일어나는 표피증산 또는 큐티클증산에 의해 소실된다.

15 내염성 작물 … 간척지와 같은 염분이 많은 토양에 강한 작물로, 보리, 사탕무, 목화, 유채, 홍화, 양배추, 수수 등이 특히 내염성이 강하다.

16 $N-P_2O_5-K_2O=20-20-10(\%)$인 복합비료 25kg에는 N 5kg, P_2O_5 5kg, K_2O 2.5kg이 들어있다. 따라서 $N-P_2O_5-K_2O=10-5-7.5kg/10a$을 처리하고자 한다면, 부족한 기비의 성분에 대해 단비할 시비량은 $N-P_2O_5-K_2O=5-0-5kg/10a$이다.

17 작물의 수확 후 저장에 대한 설명 중 옳지 않은 것은?

① 저장 농산물의 양적 · 질적 손실의 요인은 수분손실, 호흡 · 대사작용, 부패 미생물과 해충의 활동 등이 있다.

② 고구마와 감자 등은 안전저장을 위해 큐어링(curing)을 실시하며, 청과물은 수확 후 신속히 예냉(precooling)처리를 하는 것이 저장성을 높인다.

③ 저장고의 상대습도는 근채류 > 과실 > 마늘 > 고구마 > 고춧가루 순으로 높다.

④ 세포호흡에 필수적인 산소를 제거하거나 그 농도를 낮추면 호흡소모나 변질이 감소한다.

ANSWER 17.③

17 ③ 저장고의 상대습도는 과실>근채류>고구마>마늘>고춧가루 순으로 높다.

※ 과일 · 채소 적정 저장 조건(농촌진흥청 국립원예특작과학원)

구분	품목	온도(℃)	상대습도(%)	어는점(℃)	에틸렌생성	에틸렌 민감성
과일	사과	0	90~95	-1.5	매우 많음	높음
	배	0	90~95	-1.6	적음	낮음
	포도	-1~0	90~95	-1.4	매우 적음	낮음
	감귤	3~5	85	-1.1	매우 적음	중간
	단감	0	90~95	-2.2	적음	높음
	천도복숭아	5~8	90~95	-1.9	중간	중간
	백도복숭아	8~10	90~95	-2.1	중간	중간
	대추	0	90~95	-1.6	적음	중간
	참다래	0	90~95	-0.9	적음	높음
열매 채소	딸기	0~4	90~95	-0.8	적음	낮음
	네트멜론	2~5	95	-1.2	많음	중간
	파프리카	7~10	95~98	-0.7	적음	낮음
뿌리 채소	무	0~2	95~100	-0.7	매우 적음	낮음
	마늘	-2~0	70	-2.7	매우 적음	낮음
	양파	0	65~70	-0.8	매우 적음	낮음
	당근	0	90~95	-1.4	매우 적음	높음
	고구마	13~15	85~95	-1.3	매우 적음	낮음
잎 채소	시금치	0	95~100	-0.3	매우 적음	높음
	상추	0~5	95	-0.2	매우 적음	높음
	양상추	0~2	90~95	-0.2	매우 적음	높음
	겨울배추	-0.5~0	90~95	-1~-2	매우 적음	중간~높음

(에틸렌에 민감한 품목은 에틸렌을 많이 생성하는 품목과 함께 저장하면 안 됨)

18 광(光)과 착색에 대한 설명으로 옳지 않은 것은?

① 엽록소 형성에는 청색광역과 적색광역이 효과적이다.
② 광량이 부족하면 엽록소 형성이 저하된다.
③ 안토시안의 형성은 적외선이나 적색광에서 촉진된다.
④ 사과와 포도는 볕을 잘 쬘 때 안토시안의 생성이 촉진되어 착색이 좋아진다.

19 논토양과 밭토양의 차이점에 대한 설명으로 옳지 않은 것은?

① 논토양에서는 환원물(N_2, H_2S, S)이 존재하나, 밭토양에서는 산화물(NO_3, SO_4)이 존재한다.
② 논에서는 관개수를 통해 양분이 공급되나, 밭에서는 빗물에 의해 양분의 유실이 많다.
③ 논토양에서는 혐기성균의 활동으로 질산이 질소가스가 되고, 밭토양에서는 호기성균의 활동으로 암모니아가 질산이 된다.
④ 논토양에서는 pH 변화가 거의 없으나, 밭에서는 논토양에 비해 상대적으로 pH의 변화가 큰 편이다.

20 제초제에 대한 설명으로 옳지 않은 것은?

① 2,4-D는 선택성 제초제로 수도본답과 잔디밭에 이용된다.
② Diquat는 접촉형 제초제로 처리된 부위에서 제초효과가 일어난다.
③ Propanil은 담수직파, 건답직파에 주로 이용되는 경엽처리 제초제이다.
④ Glyphosate는 이행성 제초제이며, 화본과잡초에 선택성인 제초제이다.

ANSWER 18.③ 19.④ 20.④

18 ③ 안토시안은 자외선을 잘 흡수하는 성질이 있다.

19 ④ 밭에서는 pH 변화가 거의 없으나, 논토양에서는 담수의 유입 등으로 밭에 비해 상대적으로 pH의 변화가 큰 편이다.

20 ④ 글리포세이트(glyphosate)는 선택성이 없는 제초제로 주로 비농경지 등에 사용한다.

재배학개론

2016. 6. 18. 제1회 지방직 시행

1 잡초를 방제하기 위해 이루어지는 중경의 해로운 점은?

① 작물의 발아 촉진
② 토양수분의 증발 경감
③ 토양통기의 조장
④ 풍식의 조장

2 토양의 입단형성과 발달에 불리한 것은?

① 토양개량제 시용
② 나트륨이온 첨가
③ 석회 시용
④ 콩과작물 재배

3 작물의 분류에 대한 설명으로 옳은 것은?

① 감자는 전분작물이며 고온작물이다.
② 메밀은 잡곡이며 맥류에 속한다.
③ 아마는 유료작물과 섬유작물에 모두 속한다.
④ 호프는 월년생이며 약용작물에 속한다.

ANSWER 1.④ 2.② 3.③

1 중경 … 작물의 생육 도중에 작물 사이의 토양을 가볍게 긁어주는 작업이다.
①②③ 중경의 장점
④ 중경의 단점

2 토양입단(Soil aggregate)은 토양입자가 뭉쳐 조그만 덩어리가 되는 것을 말한다. 토양의 입단이 형성되면 모세 공극이 많아져서 수분의 저장력이 커지고 공기의 유통이 좋아진다.
② 나트륨이온 첨가는 토양의 입단형성과 발달에 불리하다.

3 ① 감자는 전분작물이며 저온작물이다.
② 잡곡은 곡식작물 중 벼와 맥류를 제외한 모든 작물의 총칭이다. 맥류로는 보리 · 쌀보리 · 밀 · 호밀 · 귀리 · 라이밀 등이 있다.
④ 호프는 다년생이며 기호작물에 속한다.

4 수정과 종자발달에 대한 설명으로 옳은 것은?

① 침엽수와 같은 나자식물은 중복수정이 이루어지지 않는다.
② 수정은 약에 있는 화분이 주두에 옮겨지는 것을 말한다.
③ 완두는 배유조직과 배가 일체화되어 있는 배유종자이다.
④ 중복수정은 정핵이 난핵과 조세포에 결합되는 것을 말한다.

5 벼 기계이앙용 상자육묘에 대한 설명으로 옳은 것은?

① 상토는 적당한 부식과 보수력을 가져야 하며 pH는 6.0~6.5 정도가 알맞다.
② 파종량은 어린모로 육묘할 경우 건조종자로 상자당 100~130g, 중묘로 육묘할 경우 200~220g 정도가 적당하다.
③ 출아기의 온도가 지나치게 높으면 모가 도장하게 되므로 20℃ 정도로 유지한다.
④ 녹화는 어린 싹이 1cm 정도 자랐을 때 시작하며, 낮에는 25℃, 밤에는 20℃ 정도로 유지한다.

6 우리나라 식량작물의 기상생태형에 대한 설명으로 옳지 않은 것은?

① 여름메밀은 감온형 품종이다.
② 그루콩은 감광형 품종이다.
③ 북부지역에서는 감온형 품종이 알맞다.
④ 만파만식시 출수지연 정도는 감광형 품종이 크다.

ANSWER 4.① 5.④ 6.④

4 ② 수정은 암술머리에 묻은 꽃가루 속의 핵과 씨방 속의 밑씨가 합쳐지는 것을 말한다.
③ 콩과 종자는 무배유종자이다.
④ 중복수정은 속씨식물의 난세포와 극핵이 동시에 두 개의 정핵에 의해서 수정되는 현상이다.

5 ① 모판 흙은 산도(pH) 4.5~5.8을 유지토록 하는 것이 좋다.
② 싹을 틔운 후에는 모 기르는 방법에 따라 알맞은 양을 파종하는 데 어린모의 경우 한상자당 200~220g, 중묘의 경우 130g 정도 파종하는 것이 적당하다.
③ 출아기의 적정 온도는 30~32℃이다.

6 ④ 만파만식시 출수지연 정도는 감광형 품종이 작고 기본영양생장형과 감온형 품종이 크다.

7 작물의 유전현상에 대한 설명으로 옳지 않은 것은?

① 멘델은 이형접합체와 열성동형접합체를 교배하여 같은 형질에 대해 대립유전자가 존재한다는 사실을 입증하였다.
② 연관된 두 유전자의 재조합빈도는 연관정도에 따라 다르며 연관군에 있는 유전자라도 독립적 유전을 할 수 있다.
③ 유전자지도에서 1cm 떨어져 있는 두 유전자에 대해 기대되는 재조합형의 빈도는 100개의 배우자 중 1개이다.
④ 핵외유전은 멘델의 유전법칙이 적용되지 않으나 정역교배에서 두 교배의 유전결과가 일치한다.

8 배수성 육종에 대한 설명으로 옳지 않은 것은?

① 동질배수체는 주로 3배체와 4배체를 육성한다.
② 동질배수체는 사료작물과 화훼류에 많이 이용된다.
③ 일반적으로 화분배양은 약배양보다 배양이 간단하고 식물체 재분화율이 높다.
④ 3배체 이상의 배수체는 2배체에 비하여 세포와 기관이 크고, 함유성분이 증가하는 등 형질변화가 일어난다.

9 돌연변이 육종에 대한 설명으로 옳지 않은 것은?

① 종래에 없었던 새로운 형질이 나타난 변이체를 골라 신품종으로 육성한다.
② 열성돌연변이보다 우성돌연변이가 많이 발생하고 돌연변이 유발장소를 제어할 수 없다.
③ 볏과작물은 M_1 식물체의 이삭단위로 채종하여 M_2 계통으로 재배하고 선발한다.
④ 돌연변이 육종은 교배육종이 어려운 영양번식작물에 유리하다.

ANSWER 7.④ 8.③ 9.②

7 ④ 핵외유전은 멘델의 법칙이 적용되지 않으므로 비멘델식 유전이라 부른다. 핵외유전은 정역교배의 결과가 일치하지 않는다.

8 ③ 약배양은 화분배양보다 배양이 간단하고 식물체 재분화율이 높다.

9 **돌연변이 육종** … 기존 품종의 종자 또는 식물체에 돌연변이 유발원을 처리하여 변이를 일으킨 후, 특정한 형질만 변화하거나 또는 새로운 형질이 나타난 변이체를 골라 신품종으로 육성하는 것이다.
② 돌연변이 육종은 돌연변이율이 낮고 열성돌연변이가 많으며, 돌연변이 유발 장소를 제어할 수 없는 특징이 있다.

10 식물체의 수분퍼텐셜(water potential)에 대한 설명으로 옳은 것은?

① 수분퍼텐셜은 토양에서 가장 낮고, 대기에서 가장 높으며, 식물체 내에서는 중간의 값을 나타내므로 토양→식물체→대기로 수분의 이동이 가능하게 된다.
② 수분퍼텐셜과 삼투퍼텐셜이 같으면 압력퍼텐셜이 100이 되므로 원형질분리가 일어난다.
③ 압력퍼텐셜과 삼투퍼텐셜이 같으면 세포의 수분퍼텐셜이 0이 되므로 팽만상태가 된다.
④ 식물체 내의 수분퍼텐셜에는 매트릭퍼텐셜이 많은 영향을 미친다.

11 토양 수분의 형태로 점토질 광물에 결합되어 있어 분리시킬 수 없는 수분은?

① 결합수
② 모관수
③ 흡습수
④ 중력수

12 논토양 10a에 요소비료를 20kg 시비할 때 질소의 함량(kg)은?

① 7.2
② 8.2
③ 9.2
④ 10.2

13 벼에서 A 유전자는 유수분화기를 빠르게 하는 동시에 주간엽수를 적게 하고 유수분화 이후의 기관형성에도 영향을 미친다. 이와 같이 한 개의 유전자가 여러 가지 형질에 관여하는 것은?

① 연관(linkage)
② 상위성(epistasis)
③ 다면발현(pleiotropy)
④ 공우성(codominance)

ANSWER 10.③ 11.① 12.③ 13.③

10 ③ 압력퍼텐셜은 수분퍼텐셜에서 삼투퍼텐셜을 뺀 값으로 압력퍼텐셜과 삼투퍼텐셜이 같으면 세포의 수분퍼텐셜이 0이 되므로 팽만상태가 된다.

11 **토양수** … 토양수는 토양입자와의 결합력의 종류에 따라 구분된다. 식물이 이용하는 물은 모관수이다.
㉠ **결합수** : 입자의 내부구조 중에 함유하고 있는 토양수
㉡ **흡습수** : 입자표면에 강하게 흡인되어 있는 토양수
㉢ **모관수** : 입자와 입자 사이의 공극 간 모관력에 의해 보존되어 있는 토양수
㉣ **중력수** : 중력에 의해 이동하는 토양수

12 요소의 분자량은 60이고 이 중의 질소원자량은 28(14×2)이므로 요소의 질소함량은 $\frac{28}{60} \times 100 = 46\%$ 이다. 따라서 요소비료 20kg을 시비할 때 질소의 함량은 $20 \times 0.46 = 9.2$ 이다.

13 **다면발현** … 1개의 유전자가 2개 이상의 유전 현상에 관여하여 형질에 영향을 미치는 일을 말한다. 다형질발현 또는 다면현상이라고도 한다.

14 작물의 일장반응에 대한 설명으로 옳은 것은?

① 모시풀은 8시간 이하의 단일조건에서 완전 웅성이 된다.
② 콩의 결협(꼬투리 맺힘)은 단일조건에서 촉진된다.
③ 고구마의 덩이뿌리는 장일조건에서 발육이 촉진된다.
④ 대마는 장일조건에서 성전환이 조장된다.

15 시설재배지에서 발생하는 염류집적에 따른 대책으로 옳지 않은 것은?

① 토양피복
② 유기물 시용
③ 관수처리
④ 흡비작물 재배

16 품종에 대한 설명으로 옳지 않은 것은?

① 식물학적 종은 개체 간에 교배가 자유롭게 이루어지는 자연집단이다.
② 품종은 작물의 기본단위이면서 재배적 단위로서 특성이 균일한 농산물을 생산하는 집단이다.
③ 생태종 내에서 재배유형이 다른 것을 생태형으로 구분하는데, 생태형끼리는 교잡친화성이 낮아 유전자 교환이 잘 일어나지 않는다.
④ 영양계는 유전적으로 잡종상태라도 영양번식에 의하여 그 특성이 유지되기 때문에 우량한 영양계는 그대로 신품종이 된다.

ANSWER 14.② 15.① 16.③

14 ① 모시풀은 8시간 이하의 단일조건에서 완전 자성이 된다.
③ 고구마의 덩이뿌리는 단일조건에서 비대가 촉진된다.
④ 대마는 단일조건에서 성전환이 조장된다.

15 염류집적은 지표수, 지하수 및 모재 중에 함유된 염분이 강한 증발 작용 하에서 토양 모세관수의 수직과 수평 이동을 통하여 점차적으로 지표에 집적되는 과정을 말한다.
② 유기물 시용 시 입단형성이 촉진되어 토양의 물리성을 개선, 투수성과 투기성을 좋게 한다.
③ 염류집적이 발생한 토양에 관수처리하여 염류를 씻어낸다.
④ 호밀 등 흡비작물을 재배하여 집적된 염류를 제거한다.

16 ③ 생태종 내에서 재배유형이 다른 것을 생태형으로 구분하는데, 생태형끼리는 교잡친화성이 높아 유전자 교환이 잘 일어난다.

17 종자에 대한 설명으로 옳은 것은?

① 대부분의 화곡류 및 콩과작물의 종자는 호광성이다.
② 테트라졸륨(tetrazolium)법으로 종자활력 검사 시 활력이 있는 종자는 청색을 띠게 된다.
③ 프라이밍(priming)은 종자 수명을 연장시키기 위한 처리법의 하나이다.
④ 경화는 파종 전 종자에 흡수 · 건조의 과정을 반복적으로 처리하는 것이다.

18 연작피해에 대한 설명으로 옳지 않은 것은?

① 특정 비료성분의 소모가 많아져 결핍현상이 일어난다.
② 토양 과습이나 겨울철 동해를 유발하기 쉬워 정상적인 성숙이 어렵다.
③ 토양 전염병의 발병 가능성이 커진다.
④ 하우스재배에서 다비 연작을 하면 염류과잉 피해가 나타날 수 있다.

ANSWER 17.④ 18.②

17 ① 대부분의 화곡류 및 콩과작물의 종자는 광무관계성이다.
② 테트라졸륨법으로 종자활력 검사 시 활력이 있는 종자는 적색을 띄게 된다.
③ 플라이밍은 종자를 일시적으로 수분을 흡수하게 하여 내부에서 조금 발아되도록 하여 발아를 촉진하는 처리법의 하나이다.

18 연작피해 … 땅의 지력을 높이는 조치 없이 같은 장소에 같은 작물을 계속 심어 발생한 피해를 말한다. 토양의 물리 · 화학적 조성과 비옥도가 나빠지고 미량 영양소가 결핍되어 토양 전염병 발병 가능성이 커진다.

19 작물의 온도 반응에 대한 설명으로 옳지 않은 것은?

① 세포 내에 결합수가 많고 유리수가 적으면 내열성이 커진다.
② 한지형 목초는 난지형 목초보다 하고현상이 더 크게 나타난다.
③ 맥류 품종 중 추파성이 낮은 품종은 내동성이 강하다.
④ 원형질에 친수성 콜로이드가 많으면 원형질의 탈수저항성과 내동성이 커진다.

20 변온의 효과에 대한 설명으로 옳은 것은?

① 비교적 낮의 온도가 높고 밤의 온도가 낮으면 동화물질의 축적이 적다.
② 밤의 기온이 어느 정도 낮아 변온이 클 때 생장이 빠르다.
③ 맥류의 경우 밤의 기온이 낮아서 변온이 크면 출수 · 개화를 촉진한다.
④ 벼를 산간지에서 재배할 경우 변온에 의해 평야지보다 등숙이 더 좋다.

ANSWER 19.③ 20.④

19 ③ 내동성은 추위를 잘 견디어내는 식물의 성질로 추파성 정도가 높은 품종이 내동성도 강한 경향이 있다.

20 ① 비교적 낮의 온도가 높고 밤의 온도가 낮으면 동화물질의 축적이 많다.
② 밤의 기온이 어느 정도 높아 변온이 작을 때 생장이 빠르다.
③ 맥류의 경우 밤의 기온이 높아서 변온이 작아야 출수 · 개화가 촉진된다.

재배학개론 | 2017. 4. 8. 인사혁신처 시행

1 식물의 진화와 작물의 특징에 대한 설명으로 옳지 않은 것은?

① 지리적으로 떨어져 상호간 유전적 교섭이 방지되는 것을 생리적 격리라고 한다.
② 식물은 자연교잡과 돌연변이에 의해 자연적으로 유전적 변이가 발생한다.
③ 식물종은 고정되어 있지 않고 다른 종으로 끊임없이 변화되어 간다.
④ 작물의 개화기는 일시에 집중하는 방향으로 발달하였다.

2 집단육종과 계통육종에 대한 설명으로 옳지 않은 것은?

① 집단육종에서는 자연선택을 유리하게 이용할 수 있다.
② 집단육종에서는 초기세대에 유용유전자를 상실할 염려가 크다.
③ 계통육종에서는 육종재료의 관리와 선발에 많은 시간과 노력이 든다.
④ 계통육종에서는 잡종 초기세대부터 계통단위로 선발하므로 육종효과가 빨리 나타난다.

3 벼의 장해형 냉해에 해당되는 것은?

① 유수형성기에 냉온을 만나면 출수가 지연된다.
② 저온조건에서 규산흡수가 적어지고, 도열병 병균침입이 용이하게 된다.
③ 질소동화가 저해되어 암모니아의 축적이 많아진다.
④ 융단조직(tapete)이 비대하고 화분이 불충실하여 불임이 발생한다.

ANSWER 1.① 2.② 3.④

1 ① 지리적으로 떨어져 상호간 유전적 교섭이 방지되는 것을 지리적 격리라고 한다. 생리적 격리란, 개화기의 차이, 교잡불임 등 생리적 원인에 의해 같은 장소에 있어도 유전적 교섭이 방지되는 것을 말한다.

2 ② 집단육종에서는 잡종 초기 세대에 집단재배를 하기 때문에 유용유전자를 상실할 염려가 적다. 유용유전자를 상실할 염려가 큰 것은 F_2 세대부터 선발을 시작하는 계통육종이다(선발을 잘못할 경우).

3 장해형 냉해는 유수형성기부터 출수·개화기에 이르는 기간에 냉온의 영향을 받아 생식기관이 정상적으로 형성되지 못하거나, 화분의 방출 및 수정에 장애를 일으켜 불임현상을 초래하는 냉해를 말한다.
①③ 지연형 냉해 ② 병해형 냉해

4 토양의 양이온치환용량(CEC)에 대한 설명으로 옳지 않은 것은?

① CEC가 커지면 토양의 완충능이 커지게 된다.
② CEC가 커지면 비료성분의 용탈이 적어 비효가 늦게까지 지속된다.
③ 토양 중 점토와 부식이 늘어나면 CEC도 커진다.
④ 토양 중 교질입자가 많으면 치환성 양이온을 흡착하는 힘이 약해진다.

5 광처리 효과에 대한 설명으로 옳지 않은 것은?

① 겨울철 잎들깨 재배 시 적색광 야간조파는 개화를 억제한다.
② 양상추 발아 시 근적외광 조사는 발아를 촉진한다.
③ 플러그묘 생산 시 자외선과 같은 단파장의 광은 신장을 억제한다.
④ 굴광현상에는 400~500 nm, 특히 440~480nm의 광이 가장 유효하다.

6 잡종강세를 설명하는 이론이 아닌 것은?

① 복대립유전자설
② 초우성설
③ 초월분리설
④ 우성유전자연관설

ANSWER 4.④ 5.② 6.③

4 ④ 토양 중에 교질입자가 많으면 치환성 양이온을 흡착하는 힘이 강해진다.

5 ② 양상추 발아 시 근적외광 조사는 발아를 억제한다. 적색광(600~700nm) 조사가 양상추의 발아를 촉진한다.

6 초월육종은 잡종의 분리 세대에서 어떤 형질에 관하여 양친을 초월하는 개체가 출현하는 것을 말하며, 숙기가 빠른 두 조생종을 교배한 후대에서 양친보다 숙기가 더 빠른 개체가 나타나는 것을 초월분리라고 한다.
① 복대립유전자설 : 우성이나 열성관계가 인정되지 않고 누적적 효과를 나타내는 복대립유전자가 이형일 때에는 각자는 독립적인 기능을 나타내는데, 이들 특정한 기능의 상승적 결과로 인하여 잡종강세가 발현한다.
② 초우성설 : 잡종강세유전자가 이형접합체(F_1)로 되면 공우성이나 유전자 연관 등에 의하여 잡종강세가 발현한다.
④ 우성유전자연관설 : 대립관계가 없는 우성유전자가 F_1에 모여 그들의 상호작용에 의하여 잡종강세가 발현한다.
※ 잡종강세를 설명하는 이론
㉠ 우성유전자연관설
㉡ 유전자작용의 상승효과
㉢ 이형접합성설
㉣ 복대립유전자설
㉤ 초우성설
㉥ 세포질효과설

7 **3쌍의 독립된 대립유전자에 대하여 F_1의 유전자형이 AaBbCc일 때 F_2에서 유전자형의 개수는? (단, 돌연변이는 없음)**

① 9개 ② 18개
③ 27개 ④ 36개

8 **작물별 수량구성요소에 대한 설명으로 옳지 않은 것은?**

① 화곡류의 수량구성요소는 단위면적당 수수, 1수 영화수, 등숙률, 1립중으로 구성되어 있다.
② 과실의 수량구성요소는 나무당 과실수, 과실의 무게(크기)로 구성되어 있다.
③ 뿌리작물의 수량구성요소는 단위면적당 식물체수, 식물체당 덩이뿌리(덩이줄기)수, 덩이뿌리(덩이줄기)의 무게로 구성되어 있다.
④ 성분을 채취하는 작물의 수량구성요소는 단위면적당 식물체수, 성분 채취부위의 무게, 성분 채취부위의 수로 구성되어 있다.

9 **식물체 내 수분퍼텐셜에 대한 설명으로 옳지 않은 것은?**

① 매트릭퍼텐셜은 식물체 내 수분퍼텐셜에 거의 영향을 미치지 않는다.
② 세포의 수분퍼텐셜이 0이면 원형질분리가 일어난다.
③ 삼투퍼텐셜은 항상 음(−)의 값을 가진다.
④ 세포의 부피와 압력퍼텐셜이 변화함에 따라 삼투퍼텐셜과 수분퍼텐셜이 변화한다.

ANSWER 7.③ 8.④ 9.②

7 독립된 n쌍의 대립유전자는 2^n가지의 배우자를 형성하여 4^n개의 배우자 조합을 만듦으로써 3^n가지의 유전자형이 생겨 2^n가지 표현형이 나타난다. 따라서 3쌍의 독립된 대립유전자에 대하여 F_1의 유전자형이 AaBbCc일 때 F_2에서 유전자형의 개수는 $3^3=27$개다.

8 ④ 성분을 채취하는 작물의 수량구성요소는 단위면적당 식물체수, 성분 채취부위의 무게, 성분 채취부위의 함량으로 구성되어 있다.

9 ② 세포의 수분퍼텐셜이 0이면(압력퍼텐셜 = 삼투퍼텐셜) 팽만상태가 되고, 세포의 압력퍼텐셜이 0이면(수분퍼텐셜 = 삼투퍼텐셜) 원형질분리가 일어난다.

10 춘화처리에 대한 설명으로 옳지 않은 것은?

① 호흡을 저해하는 조건은 춘화처리도 저해한다.
② 최아종자 고온 춘화처리 시 광의 유무가 춘화처리에 관계하지 않는다.
③ 밀에서 생장점 이외의 기관에 저온처리하면 춘화처리 효과가 발생하지 않는다.
④ 밀은 한번 춘화되면 새로이 발생하는 분얼도 직접 저온을 만나지 않아도 춘화된 상태를 유지한다.

11 한 포장내에서 위치에 따라 종자, 비료, 농약 등을 달리함으로써 환경문제를 최소화하면서 생산성을 최대로 하려는 농업은?

① 생태농업
② 정밀농업
③ 자연농업
④ 유기농업

12 같은 해에 여러 작물을 동일 포장에서 조합·배열하여 함께 재배하는 작부체계가 아닌 것은?

① 윤작
② 혼작
③ 간작
④ 교호작

13 벼 조식재배에 의해 수량이 높아지는 이유가 아닌 것은?

① 단위면적당 수수의 증가
② 단위면적당 영화수의 증가
③ 등숙률의 증가
④ 병해충의 감소

ANSWER 10.② 11.② 12.① 13.④

10 ② 최아종자 고온 춘화처리 시 광의 유무가 춘화처리에 관계한다(암조건 필요). 저온 춘화처리 시에는 광의 유무가 춘화처리에 관계하지 않는다.

11 한 포장내에서 위치에 따라 종자, 비료, 농약 등을 달리함으로써 환경문제를 최소화하면서 생산성을 최대로 하려는 농업은 정밀농업이다.
① 생태농업 : 지역폐쇄시스템에서 작물양분과 병해충종합관리기술을 활용하여 생태계의 균형 유지에 중점을 두는 농업 유형
③ 자연농업 : 지력을 토대로 자연의 물질순환 원리에 따르려는 농업 유형
④ 유기농업 : 농약 및 화학비료 등을 사용하지 않고 본래의 흙을 중시하여 안전한 농산물을 얻는 것에 중점을 두는 농업 유형

12 ① 윤작은 한 경작지에 여러 가지의 다른 농작물을 해마다 돌려가며 재배하는 경작법이다.

13 조식재배는 한랭지에서 중만생종을 조기에 육묘하여 조기에 이앙하는 방식으로 영양생장량이 많아져 식물체가 과번무 되기 쉽고, 병충해도 증가한다.

14 발아를 촉진시키기 위한 방법으로 옳지 않은 것은?

① 맥류와 가지에서는 최아하여 파종한다.
② 감자, 양파에서는 MH(Maleic Hydrazide)를 처리한다.
③ 파종 전에 수분을 가하여 종자가 발아에 필요한 생리적인 준비를 갖추게 하는 프라이밍 처리를 한다.
④ 파종 전 종자에 흡수건조의 과정을 반복적으로 처리한다.

15 토양반응과 작물의 생육에 대한 설명으로 옳지 않은 것은?

① 토양유기물을 분해하거나 공기질소를 고정하는 활성박테리아는 중성 부근의 토양반응을 좋아한다.
② 토양 중 작물 양분의 가급도는 토양 pH에 따라 크게 다르며, 중성~약산성에서 가장 높다.
③ 강산성이 되면 P, Ca, Mg, B, Mo 등의 가급도가 감소되어 생육이 감소한다.
④ 벼, 양파, 시금치는 산성토양에 대한 적응성이 높다.

16 비료성분의 배합 방법 중 가장 효과적인 것은?

① 과인산석회 + 질산태질소비료
② 암모니아태질소비료 + 석회
③ 유기질 비료 + 질산태질소비료
④ 과인산석회 + 용성인비

ANSWER 14.② 15.④ 16.④

14 ② 감자, 양파에서는 MH(Maleic Hydrazide)를 처리하면 발아를 억제한다.

15 ④ 양파, 시금치는 산성토양에 대한 적응성이 낮다.
※ 산성토양에 대한 적응성 정도

적응성 정도	작물 종류
매우 강함	벼, 귀리, 루핀, 아마, 기장, 땅콩, 감자, 호밀, 수박 등
강함	밀, 메밀, 수수, 조, 당근, 오이, 옥수수, 목화, 포도, 딸기, 토마토, 고구마, 담배 등
보통	유채, 피, 무 등
약함	보리, 클로버, 양배추, 삼, 고추, 완두, 상추 등
매우 약함	알팔파, 콩, 팥, 시금치, 사탕무, 셀러리, 부추, 양파 등

16 ④ 용성인비는 구용성 인산을 함유하며, 작물에 빠르게 흡수되지 못하므로 과인산석회 등과 배합하여 사용하는 것이 좋다.

17 작물의 재배 환경 중 광과 관련된 설명으로 옳지 않은 것은?

① 군락 최적엽면적지수는 군락의 수광태세가 좋을 때 커진다.

② 식물의 건물생산은 진정광합성량과 호흡량의 차이, 즉 외견상광합성량이 결정한다.

③ 군락의 형성도가 높을수록 군락의 광포화점이 낮아진다.

④ 보상점이 낮은 식물은 그늘에 견딜 수 있어 내음성이 강하다.

18 유전자지도 작성에 대한 설명으로 옳지 않은 것은?

① 연관된 유전자간 재조합빈도(RF)를 이용하여 유전자들의 상대적 위치를 표현한 것이 유전자지도이다.

② F_1 배우자(gamete) 유전자형의 분리비를 이용하여 RF 값을 구할 수 있다.

③ 유전자 A와 C 사이에 B가 위치하고, A-C 사이에 이중교차가 일어나는 경우, A-B 간 RF = r, B-C 간 RF = s, A-C 간 RF = t 일 때 r + s<t 이다.

④ 유전자지도는 교배 결과를 예측하여 잡종 후대에서 유전자형과 표현형의 분리를 예측할 수 있으므로 새로 발견된 유전자의 연관분석에 이용될 수 있다.

19 대립유전자 상호작용 및 비대립유전자 상호작용에 대한 설명으로 옳지 않은 것은?

① 중복유전자에서는 같은 형질에 관여하는 여러 유전자들이 누적효과를 나타낸다.

② 보족유전자에서는 여러 유전자들이 함께 작용하여 한 가지 표현형을 나타낸다.

③ 억제유전자는 다른 유전자 작용을 억제하기만 한다.

④ 불완전우성, 공우성은 대립유전자 상호작용이다.

ANSWER 17.③ 18.③ 19.①

17 ③ 군락의 형성도가 높을수록 군락의 광포화점이 높아진다.

18 ③ 유전자 A와 C 사이에 B가 위치하고, A-C 사이에 이중교차가 일어난 경우, A-B 간 RF = r, B-C 간 RF = s, A-C 간 RF = t일 때 r + s > t이다.

19 ① 중복유전자에서는 같은 형질에 관여하는 여러 유전자들이 독립적이다. 같은 형질에 관여하는 여러 유전자들이 누적효과를 나타내는 것은 복수유전자에서이다.

20 작물의 수확 및 수확 후 관리에 대한 설명으로 옳은 것은?

① 벼의 열풍건조 온도를 55℃로 하면 45℃로 했을 때보다 건조시간이 단축되고 동할미와 싸라기 비율이 감소된다.

② 비호흡급등형 과실은 수확 후 부적절한 저장 조건에서도 에틸렌의 생성이 급증하지 않는다.

③ 수분함량이 높은 감자의 수확작업 중에 발생한 상처는 고온 · 건조한 조건에서 유상조직이 형성되어 치유가 촉진된다.

④ 현미에서는 지방산도가 20 mg KOH/100 g 이하를 안전저장 상태로 간주하고 있다.

ANSWER 20.④

20 ① 벼의 열풍건조 온도를 45℃로 하면 55℃로 했을 때보다 건조시간이 단축되고 동할미와 싸라기 비율이 감소된다.

② 비호흡급등형 과실은 수확 후 부적절한 저장 조건에서는 스트레스에 의하여 에틸렌의 생성이 급증할 수 있다.

③ 수분함량이 높은 감자의 수확작업 중에 발생한 상처는 고온(10~15℃) · 다습(90~95%)한 조건에서 유상조직이 형성되어 치유가 촉진된다.

재배학개론 | 2017. 6. 17. 제1회 지방직 시행

1 **체세포 분열의 세포주기에 대한 설명으로 옳지 않은 것은?**

① G_1기는 딸세포가 성장하는 시기이다.
② S기에는 DNA 합성으로 염색체가 복제되어 자매염색분체를 만든다.
③ G_2기의 세포 중 일부가 세포분화를 하여 조직으로 발달한다.
④ M기에는 체세포 분열에 의하여 딸세포가 형성된다.

2 **유전적 평형이 유지되고 있는 식물 집단에서 한 쌍의 대립유전자 A와 a의 빈도를 각각 p, q라 하고 p = 0.6이고, q = 0.4일 때, 집단 내 대립유전자빈도와 유전자형빈도에 대한 설명으로 옳지 않은 것은?**

① 유전자형 AA의 빈도는 0.36이다.
② 유전자형 Aa의 빈도는 0.24이다.
③ 유전자형 aa의 빈도는 0.16이다.
④ 이 집단이 5세대가 지난 후 예상되는 대립유전자 A의 빈도는 0.6이다.

3 **작물의 수확 후 변화에 대한 설명으로 옳지 않은 것은?**

① 백미는 현미에 비해 온습도 변화에 민감하고 해충의 피해를 받기 쉽다.
② 곡물은 저장 중 α－아밀라아제의 분해 작용으로 환원당 함량이 감소한다.
③ 호흡급등형 과실은 성숙함에 따라 에틸렌이 다량 생합성되어 후숙이 진행된다.
④ 수분함량이 높은 채소와 과일은 수확 후 수분증발에 의해 품질이 저하된다.

ANSWER 1.③ 2.② 3.②

1 ③ G_1기의 세포 중 일부가 세포분화를 하여 조직으로 발달한다.

2 ② 유전자형 Aa의 빈도 = 2pq = 2 · 0.6 · 0.4 = 0.48이다.

3 ② 곡물은 저장 중 α －아밀라아제의 분해 작용으로 환원당 함량이 증가한다.

4 벼 품종의 기상생태형에 대한 설명으로 옳지 않은 것은?

① 저위도지대인 적도 부근에서 기본영양생장성이 큰 품종은 생육기간이 길어서 다수성이 된다.
② 중위도지대에서 감온형 품종은 조생종으로 사용된다.
③ 고위도지대에서는 감온형 품종을 심어야 일찍 출수하여 안전하게 수확할 수 있다.
④ 우리나라 남부에서는 감온형 품종이 주로 재배되고 있다.

5 배수성 육종에 대한 설명으로 옳지 않은 것은?

① 배수체를 작성하기 위해 세포분열이 왕성한 생장점에 콜히친을 처리한다.
② 복2배체의 육성방법은 이종게놈의 양친을 교배한 F_1의 염색체를 배가시키거나 체세포를 융합시키는 것이다.
③ 반수체는 염색체를 배가하면 동형접합체를 얻을 수 있으나 열성형질을 선발하기 어렵다.
④ 인위적으로 반수체를 만드는 방법으로 약배양, 화분배양, 종속간 교배 등이 있다.

6 우량품종에 한두 가지 결점이 있을때 이를 보완하기 위해 반복친과 1회친을 사용하는 육종방법으로 옳은 것은?

① 순환선발법
② 집단선발법
③ 여교배육종법
④ 배수성육종법

ANSWER 4.④ 5.③ 6.③

4 ④ 감온형 품종은 기본영양생장성이 감광성이 작고 감온성만이 커서 생육기간이 감온성에 지배되는 형태의 품종으로 고위도지대에서 주로 재배한다. 우리나라 남부에서는 감광형 품종이 주로 재배되고 있다.

5 ③ 반수체는 염색체를 배가하면 바로 동형접합체를 얻을 수 있어 육종연한을 줄일 수 있고, 상동게놈이 1개로 열성형질을 선발하기 쉽다.

6 우량품종에 한두 가지 결점이 있을 때 이를 보완하기 위해 반복친(반복해서 사용하는 교배친)과 1회친(여러 번 할 때 처음 한 번만 사용하는 교배친)을 사용하는 육종방법은 여교배육종법이다.

7 **돌연변이육종에 대한 설명으로 옳지 않은 것은?**

① 인위돌연변이체는 대부분 수량이 낮으나, 수량이 낮은 돌연변이체는 원품종과 교배하면 생산성을 회복시킬 수 있다.

② 돌연변이유발원으로 sodium azide, ethyl methane sulfonate 등이 사용된다.

③ 이형접합성이 높은 영양번식작물에 돌연변이유발원을 처리하면 체세포돌연변이를 쉽게 얻을 수 있다.

④ 타식성 작물은 자식성 작물에 비해 돌연변이유발원을 종자처리하면 후대에 포장에서 돌연변이체의 확인이 용이하다.

8 **일반 포장에서 작물의 광포화점에 대한 설명으로 옳지 않은 것은?**

① 벼 포장에서 군락의 형성도가 높아지면 광포화점은 높아진다.

② 벼잎의 광포화점은 온도에 따라 달라진다.

③ 콩이 옥수수보다 생육 초기 고립상태의 광포화점이 높다.

④ 출수기 전후 군락상태의 벼는 전광(全光)에 가까운 높은 조도에서도 광포화에 도달하지 못한다.

9 **고온장해가 발생한 작물에 대한 설명으로 옳지 않은 것은?**

① 호흡이 광합성보다 우세해진다.

② 단백질의 합성이 저해된다.

③ 수분흡수보다 증산이 과다해져 위조가 나타난다.

④ 작물의 내열성은 미성엽(未成葉)이 완성엽(完成葉)보다 크다.

ANSWER 7.④ 8.③ 9.④

7 ④ 타식성 작물은 자식성 작물에 비해 이형접합체가 많으므로 돌연변이유발원을 종자처리하면 후대에 포장에서 돌연변이체의 확인이 어렵다.

8 ③ 콩의 고립상태일 때 광포화점은 20~23으로 80~100인 옥수수보다 낮다.

9 ④ 작물의 내열성은 연령이 높아지면 증가한다. 따라서 완성엽이 미성엽보다 크다.

10 작물 품종의 재배, 이용상 중요한 형질과 특성에 대한 설명으로 옳지 않은 것은?

① 작물의 수분함량과 저장성은 유통 특성으로 품질 형질에 해당한다.

② 화성벼는 줄무늬잎마름병에 대한 저항성을 향상시킨 품종이다.

③ 단간직립 초형으로 내도복성이 있는 통일벼는 작물의 생산성을 향상시킨 품종이다.

④ 직파적응성 벼품종은 저온발아성이 낮고 후기생장이 좋아야 한다.

11 육묘해서 이식재배할 때 나타나는 현상으로 옳지 않은 것은?

① 벼는 육묘 시 생육이 조장되어 증수할 수 있다.

② 봄 결구배추를 보온육묘해서 이식하면 추대를 유도할 수 있다.

③ 과채류는 조기에 육묘해서 이식하면 수확기를 앞당길 수 있다.

④ 벼를 육묘이식하면 답리작이 가능하여 경지이용률을 높일 수 있다.

12 작물의 생태적 분류에 대한 설명으로 옳지 않은 것은?

① 아스파라거스는 다년생 작물이다.

② 티머시는 난지형 목초이다.

③ 고구마는 포복형 작물이다.

④ 식물체가 포기를 형성하는 작물을 주형(株型)작물이라고 한다.

13 우리나라 일반포장에서 작물의 주요온도 중 최고온도가 가장 높은 작물은?

① 귀리　　② 보리

③ 담배　　④ 옥수수

ANSWER 10.④ 11.② 12.② 13.④

10 ④ 직파적응성 벼품종은 저온발아성이 높고 초기생장이 좋아야 한다.

11 ② 봄 결구배추를 보온육묘해서 이식하면 직파할 때 포장해서 냉온의 시기에 저온에 감응하여 추대하고 결구하지 못하는 현상을 방지할 수 있다.

12 ② 티머시는 한지형 목초이다.

13 ④ 옥수수 : 40~44℃
① 귀리 : 30℃
② 보리 : 28~30℃
③ 담배 : 35℃

14 우리나라 중부지방에서 혼작에 적합한 작물조합으로 옳지 않은 것은?

① 조와 기장　② 콩과 보리
③ 콩과 수수　④ 팥과 메밀

15 작물종자의 파종에 대한 설명으로 옳지 않은 것은?

① 추파하는 경우 만파에 대한 적응성은 호밀이 쌀보리보다 높다.
② 상추 종자는 무 종자보다 더 깊이 복토해야 한다.
③ 우리나라 북부지역에서는 감온형인 올콩(하대두형)을 조파(早播)한다.
④ 맥류 종자를 적파(摘播)하면 산파(散播)보다 생육이 건실하고 양호해진다.

16 감자와 고구마의 안전 저장 방법으로 옳은 것은?

① 식용감자는 10~15℃에서 큐어링 후 3~4℃에서 저장하고, 고구마는 30~33℃에서 큐어링 후 13~15℃에서 저장한다.
② 식용감자는 30~33℃에서 큐어링 후 3~4℃에서 저장하고, 고구마는 10~15℃에서 큐어링 후 13~15℃에서 저장한다.
③ 가공용 감자는 당함량 증가 억제를 위해 10℃에서 저장하고, 고구마는 30~33℃에서 큐어링 후 3~5℃에서 저장한다.
④ 가공용 감자는 당함량 증가 억제를 위해 3~4℃에서 저장하고, 식용감자는 10~15℃에서 큐어링 후 3~4℃에서 저장한다.

ANSWER 14.② 15.② 16.①

14 혼작이란 생육기간이 거의 같은 두 종류 이상의 작물을 동시에 같은 포장에 섞어서 재배하는 방식이다.
② 콩과 보리는 생육의 일부 기간만 함께 자라 혼작에 적합하지 않다.

15 ② 상추 종자는 종자가 보이지 않을 정도로만 복토한다. 반면 무 종자는 1.5~2.0cm 정도의 깊이로 상추 종자보다 더 깊이 복토해야 한다.

16
- 식용감자 : 10~15℃에서 큐어링 후 3~4℃에서 저장
- 고구마 : 30~33℃에서 큐어링 후 13~15℃에서 저장

17 종자 발아에 대한 설명으로 옳지 않은 것은?

① 종자의 발아는 수분흡수, 배의 생장개시, 저장양분 분해와 재합성, 유묘 출현의 순서로 진행된다.
② 저장양분이 분해되면서 생산된 ATP는 발아에 필요한 물질 합성에 이용된다.
③ 유식물이 배유나 떡잎의 저장양분을 이용하여 생육하다가 독립영양으로 전환되는 시기를 이유기라고 한다.
④ 지베렐린과 시토키닌은 종자발아를 촉진하는 효과가 있다.

18 논토양과 시비에 대한 설명으로 옳지 않은 것은?

① 담수 상태의 논에서는 조류(藻類)의 대기질소고정작용이 나타난다.
② 암모니아태질소가 산화층에 들어가면 질화균이 질화작용을 일으켜 질산으로 된다.
③ 한여름 논토양의 지온이 높아지면 유기태질소의 무기화가 저해된다.
④ 답전윤환재배에서 논토양이 담수 후 환원상태가 되면 밭상태에서는 난용성인 인산알루미늄, 인산철 등이 유효화 된다.

19 채소류의 접목육묘에 대한 설명으로 옳지 않은 것은?

① 오이를 시설에서 연작할 경우 박이나 호박을 대목으로 이용하면 흰가루병을 방제할 수 있다.
② 핀접과 합접은 가지과 채소의 접목육묘에 이용된다.
③ 박과 채소는 접목육묘를 통해 저온, 고온 등 불량환경에 대한 내성이 증대된다.
④ 접목육묘한 박과 채소는 흡비력이 강해질 수 있다.

20 종자의 수분(受粉) 및 종자형성에 대한 설명으로 옳지 않은 것은?

① 담배와 참깨는 수술이 먼저 성숙하며 자식으로 종자를 형성할 수 없다.
② 포도는 종자형성 없이 열매를 맺는 단위결과가 나타나기도 한다.
③ 웅성불임성은 양파처럼 영양기관을 이용하는 작물에서 1대잡종을 생산하는 데 이용된다.
④ 1개의 웅핵이 배유형성에 관여하여 배유에서 우성유전자의 표현형이 나타나는 현상을 크세니아(xenia)라고 한다.

ANSWER 17.① 18.③ 19.① 20.①

17 ① 종자의 발아는 수분흡수 → 저장양분 분해와 재합성 → 배의 생장개시 → 유묘 출현의 순서로 진행된다.

18 ③ 한여름 논토양의 지온이 높아지면 유기태질소의 무기화가 촉진되어 암모니아가 생성된다. → 지온상승효과

19 ① 박과 채소류와 접목할 경우 흰가루병에 약해진다는 단점이 있다. 덩굴쪼김병 등을 방제할 수 있다.

20 ① 담배와 참깨는 자식성 작물이다.

재배학개론

2017. 6. 24. 제2회 서울특별시 시행

1 작물의 분류에 대한 설명으로 옳지 않은 것은?

① 자운영, 아마, 베치 등의 작물을 녹비작물이라고 한다.
② 맥류, 감자와 같이 저온에서 생육이 양호한 작물을 저온작물이라고 한다.
③ 티머시, 엘팰퍼와 같이 하고현상을 보이는 목초를 한지형목초라고 한다.
④ 사료작물 중에서 풋베기하여 생초로 이용하는 작물을 청예작물이라고 한다.

2 작물의 생육에 필요한 필수원소에 대한 설명으로 옳지 않은 것은?

① 질소, 인, 칼륨을 비료의 3요소라 한다.
② 철, 망간, 황은 미량원소이다.
③ 칼슘, 마그네슘은 다량원소이다.
④ 탄소, 수소, 산소는 이산화탄소와 물에서 공급된다.

3 자식성 작물의 유전적 특성과 육종에 대한 설명으로 옳지 않은 것은?

① 자식을 거듭한 m세대 집단의 이형접합체의 빈도는 $1-(1/2)^{m-1}$ 이다.
② 자식을 거듭하면 세대가 진전됨에 따라 동형접합체가 증가한다.
③ 자식성 작물의 분리육종은 개체선발을 통해 순계를 육성 한다.
④ 자식에 의한 집단 내 이형접합체는 1/2씩 감소한다.

ANSWER 1.① 2.② 3.①

1 ① 아마는 공예작물 중 섬유료작물에 속한다.

2 ② 철, 망간은 미량원소, 황은 다량원소이다.

3 ① 자식을 거듭한 m세대 집단의 이형접합체의 빈도는 $(1/2)^{m-1}$이다. $1-(1/2)^{m-1}$은 동형접합체의 빈도이다.

4 시설 피복자재 중에서 경질판에 해당하는 것은?

① FRA
② PE
③ PVC
④ EVA

5 작물에 식물호르몬을 처리한 효과로 옳지 않은 것은?

① 파인애플에 NAA를 처리하여 화아분화를 촉진한다.
② 토마토에 BNOA를 처리하여 단위결과를 유도한다.
③ 감자에 지베렐린을 처리하여 휴면을 타파한다.
④ 수박에 에세폰을 처리하여 생육속도를 촉진한다.

6 시설재배 시 환경특이성에 대한 설명으로 옳지 않은 것은?

① 온도 – 일교차가 크고, 위치별 분포가 다르며, 지온이 높음
② 광선 – 광질이 다르고, 광량이 감소하며, 광분포가 균일함
③ 공기 – 탄산가스가 부족하고, 유해가스가 집적되며, 바람이 없음
④ 수분 – 토양이 건조해지기 쉽고, 인공관수를 함

ANSWER 4.① 5.④ 6.②

4 주요 피복자재의 종류
㉠ 기초 피복자재
• 유리
• 연질필름 : PE, EVA, PVC 등
• 경질필름 : PET 등
• 경질판 : FRP, FRA, MMA, PC 등
㉡ 추가 피복자재 : 부직포, 반사필름, 발포 폴리에틸렌시트, 한랭사, 네트 등

5 ④ 수박에 에세폰을 처리하여 생육속도를 억제한다.

6 ② 광선 – 광질이 다르고, 광량이 감소하며, 광분포가 불균일함

7 작물의 일장효과에 대한 설명으로 옳은 것은?

① 오이는 단일 하에서 C/N율이 높아지고 수꽃이 많아진다.
② 양배추는 단일조건에서 추대하여 개화가 촉진된다.
③ 스위트콘(sweet corn)은 일장에 따라 성의 표현이 달라진다.
④ 고구마는 단일조건에서 덩이뿌리의 발육이 억제된다.

8 결과습성으로 1년생 가지에 결실하는 과수를 나열한 것은?

① 감, 매실, 사과
② 포도, 배, 살구
③ 복숭아, 밤, 자두
④ 감귤, 무화과, 호두

9 작물의 재배환경 중 수분에 관한 설명으로 옳지 않은 것은?

① 순수한 물의 수분퍼텐셜(water potential)이 가장 낮다.
② 요수량이 작은 작물일수록 가뭄에 대한 저항성이 크다.
③ 세포에서 물은 삼투압이 낮은 곳에서 높은 곳으로 이동한다.
④ 옥수수, 수수 등은 증산계수가 작은 작물이다.

ANSWER 7.③ 8.④ 9.①

7 ① 오이는 단일 하에서 C/N율이 높아지고 암꽃이 많아진다.
② 양배추는 장일식물로 단일조건에서 추대가 되지 않는다.
④ 고구마는 단일조건에서 덩이뿌리 발육이 촉진된다.

8
- 1년생 가지에 결실하는 과수 : 감귤, 무화과, 호두, 감, 밤, 포도 등
- 2년생 가지에 결실하는 과수 : 복숭아, 자두, 매실, 살구 등
- 3년생 가지에 결실하는 과수 : 사과, 배 등

9 ① 용액의 용질분자에 의해 생기는 삼투퍼텐셜은 용질의 농도가 높아지면 그 값이 낮아진다. 순수한 물의 수분퍼텐셜이 0이기 때문에 항상 음(-)의 값을 갖는다.

10 윤작하는 작물을 선택할 때 고려해야 하는 사항으로 옳지 않은 것은?

① 기지현상을 회피하도록 작물을 배치한다.
② 지력유지를 위하여 콩과작물이나 다비작물을 반드시 포함 한다.
③ 토양보호를 위하여 중경작물이 포함되도록 한다.
④ 토지의 이용도를 높이기 위하여 여름작물과 겨울작물을 결합한다.

11 내건성이 강한 작물의 특성으로 옳지 않은 것은?

① 잎조직이 치밀하며, 엽맥과 울타리 조직이 발달하였다.
② 원형질의 점성이 높고, 세포액의 삼투압이 낮다.
③ 탈수될 때 원형질의 응집이 덜하다.
④ 세포 중에서 원형질이나 저장양분이 차지하는 비율이 높다.

12 광합성에 관한 설명으로 옳지 않은 것은?

① 고온다습한 지역의 C4 식물은 유관속초세포와 엽육세포에서 탄소환원이 일어난다.
② 광포화점은 온도와 이산화탄소 농도에 따라 변화한다.
③ 광합성의 결과 틸라코이드(thylakoid)에서 산소가 발생한다.
④ CAM 식물은 탄소고정과 탄소환원이 공간적으로 분리되어 있다.

13 작물의 유전현상에 대한 설명으로 옳은 것은?

① 핵외유전인 세포질 유전은 멘델의 법칙이 적용되지 않는다.
② 유전형질의 변이양상이 불연속인 경우 양적 형질이라고 한다.
③ 양적 형질은 소수의 주동유전자가 지배하고, 질적 형질은 폴리진(polygene)이 지배한다.
④ 핵외유전자는 핵 게놈의 유전자지도에 포함된다.

ANSWER 10.③ 11.② 12.④ 13.①

10 ③ 토양보호를 위하여 피복작물이 포함되도록 한다.

11 ② 원형질의 점성이 높고, 세포액의 삼투압이 높다.

12 ④ CAM 식물은 동일한 세포에서 탄소고정과 탄소환원이 이루어진다. 단 그 시간이 달라 밤에 탄소고정이, 낮에 탄소환원이 이루어진다.

13 ② 유전형질의 변이양상이 불연속인 경우 질적 형질이라고 한다. 양적 형질은 변이양상이 연속이다.
③ 질적 형질은 소수의 주동유전자가 지배하고, 양적 형질은 폴리진(polygene)이 지배한다.
④ 핵외유전자는 핵 게놈의 유전자지도에 포함되지 않는다.

14 토양반응과 작물생육에 대한 설명으로 옳지 않은 것은?

① 공기질소를 고정하여 유효태양분을 생성하는 대다수의 활성박테리아는 중성 부근의 토양반응을 좋아한다.

② 강산성 토양에서 과다한 수소이온(H^+)은 그 자체가 작물의 양분흡수와 생리작용을 방해한다.

③ 강산성이 되면 Al, Cu, Zn, Mn 등은 용해도가 증가하여 그 독성 때문에 작물생육이 저해된다.

④ 강알칼리성이 되면 B, Fe, N 등의 용해도가 증가하여 작물 생육에 불리하다.

15 배유가 있는 종자를 나열한 것은?

① 벼, 콩
② 보리, 옥수수
③ 밀, 상추
④ 오이, 팥

16 유성생식을 하는 작물의 세포분열에 관한 설명으로 옳지 않은 것은?

① 체세포분열을 통해 개체로 성장한다.

② 생식세포의 감수분열에 의해 반수체 딸세포가 생기고 배우자가 형성된다.

③ 체세포분열 전기에 방추사가 염색체의 동원체에 부착한다.

④ 제1감수분열 전기에 염색사가 응축되어 염색체를 형성 한다.

17 토양의 입단 형성 방법으로 옳지 않은 것은?

① 콩과작물의 재배
② 나트륨이온(Na^+)의 첨가
③ 유기물의 시용
④ 토양개량제의 시용

ANSWER 14.④ 15.② 16.③ 17.②

14 ④ 강알칼리성이 되면 B, Fe, N 등의 용해도가 감소하여 작물생육에 불리하다.

15
- 배유종자 : 벼, 맡, 보리, 옥수수, 피마자, 양파 등
- 무배유종자 : 콩, 팥, 완두, 상추, 오이 등

16 ③ 체세포분열 중기에 방추사가 염색체의 동원체에 부착한다.

17 ② 나트륨이온은 토양의 입단 형성을 저해한다. 칼슘이온이 도움이 된다.

18 **1대잡종품종의 육성에 대한 설명으로 옳지 않은 것은?**

① 자식계통으로 1대잡종품종을 육성하는 방법에는 단교배, 3원교배, 복교배 등이 있다.

② 단교배 1대잡종품종은 잡종강세가 가장 크지만, 채종량이 적고 종자가격이 비싸다는 단점이 있다.

③ 사료작물에는 3원교배 및 복교배 1대잡종품종이 많이 이용된다.

④ 자연수분품종끼리 교배한 1대잡종품종은 자식계통을 사용하였을 때보다 생산성이 낮고, F_1 종자의 채종이 불리하다.

19 **습해의 대책과 작물의 내습성에 대한 설명으로 옳지 않은 것은?**

① 습해를 받았을 때 부정근의 발생력이 큰 것은 내습성을 강하게 한다.

② 미숙유기물과 황산근 비료의 시용을 피하고, 전층시비를 한다.

③ 과산화석회를 종자에 분의하여 파종하거나 토양에 혼입한다.

④ 작물의 내습성은 대체로 옥수수 > 고구마 > 보리 > 감자 > 토마토 순이다.

20 **종자의 품질과 종자검사법에 대한 설명으로 옳지 않은 것은?**

① 순도가 높을수록 종자의 품질이 향상된다.

② 벼, 밀 등은 페놀에 의한 이삭의 착색반응으로 품종을 비교할 수 있다.

③ 종자의 천립중검사는 종자검사의 항목에 포함되지 않는다.

④ 발아가 균일하고 발아율이 높을 때 우량한 종자라 한다.

ANSWER 18.④ 19.② 20.③

18 ④ 자연수분품종끼리 교배한 1대잡종품종은 자식계통을 사용하였을 때보다 생산성이 낮고, F_1 종자의 채종이 유리하다.

19 ② 미숙유기물과 황산근 비료의 시용을 피하고, 표층시비를 한다.

20 ③ 종자의 천립중검사는 종자검사의 항목에 포함된다.

재배학개론

2018. 4. 7. 인사혁신처 시행

1 식물생장조절제에 대한 설명으로 옳지 않은 것은?

① 옥신류는 제초제로도 이용된다.
② 지베렐린 처리는 화아형성과 개화를 촉진할 수 있다.
③ ABA는 생장촉진물질로 경엽의 신장촉진에 효과가 있다.
④ 시토키닌은 2차 휴면에 들어간 종자의 발아증진 효과가 있다.

2 멘델의 유전법칙에 대한 설명으로 옳지 않은 것은?

① 세포질에 있는 엽록체와 미토콘드리아 유전자의 유전양식이다.
② 쌍으로 존재하는 대립유전자는 배우자형성 과정에서 분리된다.
③ 한 개체에 서로 다른 대립유전자가 함께 있을 때 한 가지 형질만 나타난다.
④ 특정 유전자의 대립유전자들은 다른 유전자의 대립유전자들에 대해 독립적으로 분리된다.

3 작물의 분류에 대한 설명으로 옳지 않은 것은?

① 용도에 따른 분류에서 토마토는 과수작물이다.
② 작부방식에 따른 분류에서 메밀은 구황작물이다.
③ 생육적온에 따라 분류하면 감자는 저온작물에 해당한다.
④ 생존연한에 따라 분류하면 가을밀은 월년생 작물에 해당한다.

ANSWER 1.③ 2.① 3.①

1 ③ ABA(abscisic acid)는 대표적인 생장억제물질로 잎의 노화 및 낙엽을 촉진하고 휴면을 유도한다.

2 ① 세포질에 있는 엽록체와 미토콘드리아 유전자의 유전양식은 세포질유전으로 유전자형이 아닌 세포질의 차이로 나타나는 유전현상이다. 핵외유전 또는 염색체외유전이라고도 하며 멘델의 유전법칙에 따르지 않는다.

3 ① 용도에 따른 분류에서 토마토는 가지, 고추, 수박, 호박, 오이, 딸기 등과 함께 과채작물로 분류된다.

4 식물조직배양에 대한 설명으로 옳지 않은 것은?

① 영양번식 작물에서 바이러스 무병 개체를 육성할 수 있다.

② 분화한 식물세포가 정상적인 식물체로 재분화를 할 수 있는 능력을 전체형성능이라 한다.

③ 번식이 힘든 관상식물을 단시일에 대량으로 번식시킬 수 있다.

④ 조직배양의 재료로 영양기관을 사용한 경우는 많으나 예민한 생식기관을 사용한 사례는 없다.

5 토양 수분에 대한 설명으로 옳지 않은 것은?

① 비가 온 후 하루 정도 지난 상태인 포장용수량은 작물이 이용하기 좋은 수분 상태를 나타낸다.

② 작물이 주로 이용하는 모관수는 표면장력에 의해 토양공극 내에서 중력에 저항하여 유지된다.

③ 흡습수는 토양입자표면에 피막상으로 흡착된 수분이므로 작물이 이용할 수 있는 유효수분이다.

④ 위조한 식물을 포화습도의 공기 중에 24시간 방치해도 회복하지 못하는 위조를 영구위조라고 한다.

6 버널리제이션의 농업적 이용에 대한 설명으로 옳지 않은 것은?

① 맥류의 육종에서 세대단축에 이용된다.

② 월동채소를 춘파하여 채종할 때 이용된다.

③ 개나리의 개화유도를 위해 온욕법을 사용한다.

④ 딸기를 촉성재배하기 위해 여름철에 묘를 냉장처리한다.

ANSWER 4.④ 5.③ 6.③

4 ④ 조직배양의 재료로는 영양기관뿐만 아니라 생식기관도 사용한다.

5 ③ 흡습수는 토양입자표면에 피막상으로 흡착된 수분이므로 작물이 이용할 수 없는 무효수분이다.

6 버널리제이션(vernalization), 춘화처리는 작물의 개화를 유도하기 위하여 생육기간 중의 일정시기에 온도처리(저온처리)를 하는 것이다.

③ 온욕법은 개나리를 잘라서 약 30℃의 더운 물에 9~12시간 동안 담가 휴면 중인 싹의 성장을 촉진시켜 개화를 유도하는 것으로 버널리제이션이라고 볼 수 없다.

7 C_3 와 C_4 그리고 CAM 작물의 생리적 특성에 대한 설명으로 옳은 것은?

① C_4 작물은 C_3 작물보다 이산화탄소 보상점이 낮다.
② C_3 작물은 광호흡이 없고 이산화탄소시비 효과가 작다.
③ C_4 작물은 C_3 작물보다 증산율과 수분이용효율이 높다.
④ CAM 작물은 밤에 기공을 열며 3탄소화합물을 고정한다.

8 1대잡종의 품종과 채종에 대한 설명으로 옳지 않은 것은?

① 사료작물에서는 3원교배나 복교배에 의한 1대잡종품종이 많이 이용된다.
② 일반적으로 1대잡종품종은 수량이 높고 균일한 생산물을 얻을 수 있다.
③ F_1 종자의 경제적 채종을 위해 주로 자가불화합성과 웅성불임성을 이용한다.
④ 자식계통 간 교배로 만든 품종의 생산성은 자연방임품종보다 낮다.

9 종자코팅에 대한 설명으로 옳지 않은 것은?

① 펠릿종자는 토양전염성 병을 방제할 수 있다.
② 펠릿종자는 종자대는 절감되나 솎음노력비는 증가한다.
③ 필름코팅은 종자의 품위를 높이고 식별을 쉽게 한다.
④ 필름코팅은 종자에 처리한 농약이 인체에 묻는 것을 방지할 수 있다.

ANSWER 7.① 8.④ 9.②

7 ② C_4 작물은 광호흡이 없고 이산화탄소시비 효과가 작다.
③ C_4 작물은 C_3 작물보다 증산율이 낮아 수분이용효율이 높다.
④ CAM작물은 밤에 기공을 열며 4탄소화합물을 고정한다.

8 ④ 자식계통 간 교배로 만든 품종의 생산성은 자연방임품종보다 높다.

9 ② 펠릿종자는 소립종자 또는 부정형의 종자를 점토 등으로 피복하여 둥근 알약 같은 형태로 만들어 기계 파종에 편리하게 한 것으로 종자대와 솎음노력비가 절감된다.

10 농산물을 저장할 때 일어나는 변화에 대한 설명으로 옳지 않은 것은?

① 호흡급등형 과실은 에틸렌에 의해 후숙이 촉진된다.
② 감자와 마늘은 저장 중 맹아에 의해 품질저하가 발생한다.
③ 곡물은 저장 중에 전분이 분해되어 환원당 함량이 증가한다.
④ 신선농산물은 수확 후 호흡에 의한 수분손실이 증산에 의한 손실보다 크다.

11 비료에 대한 설명으로 옳지 않은 것은?

① 질산태 질소는 지효성으로 논과 밭에 모두 알맞은 비료이다.
② 요소는 질소 결핍증이 발생하였을 때 토양시비가 곤란한 경우 엽면시비에도 이용할 수 있다.
③ 화본과 목초와 두과 목초를 혼파하였을 때, 인과 칼륨을 충분히 공급하면 두과 목초가 우세해진다.
④ 유기태 질소는 토양에서 미생물의 작용에 의하여 암모니아태나 질산태 질소로 변환된 후 작물에 이용된다.

12 우리나라 작물 재배의 특색으로 옳지 않은 것은?

① 작부체계와 초지농업이 모두 발달되어 있다.
② 모암과 강우로 인해 토양이 산성화되기 쉽다.
③ 사계절이 비교적 뚜렷하고 기상재해가 높은 편이다.
④ 쌀을 제외한 곡물과 사료를 포함한 전체 식량자급률이 낮다.

ANSWER 10.④ 11.① 12.①

10 ④ 신선농산물은 수확 후 호흡에 의한 수분손실보다 증산에 의한 수분손실이 크다. 작물이 수확되면 뿌리로부터 수분공급이 중단되지만 증산작용은 계속되므로 수분손실이 커진다.

11 ① 질산태 질소는 속효성으로 배수가 잘 되는 밭토양은 산화조건에 있기 때문에 토양유기물이나 토양에 가해준 퇴·구비의 분해에 의해서 생기는 암모늄 이온이나 시비에 의한 암모늄 이온이 질산화 작용에 의하여 질산태 질소로 산화된다. 그러나 논토양의 표층은 물에 의하여 산소가 공급되기 때문에 산화층을 형성하며 여기서 암모늄태가 질산태로 산화된다. 산화된 질산태 질소는 환원층으로 용탈되고 질산환원균에 의하여 아산화질소(N_2O) 또는 질소가스(N_2)가 되어 대기 중으로 방출(탈질작용)되므로 논토양에는 알맞지 않다.

12 ① 우리나라 작물 재배의 특징은 농가 소득 증대를 위한 고부가가치 작물의 집약적 재배 형태를 들 수 있다. 따라서 연작과 윤작, 혼작 등을 시행하는 작부체계가 발달하지 못하였으며, 경제성이 없는 초지농업 역시 발달하지 못했다.

13 작물의 내동성에 대한 설명으로 옳은 것은?

① 생식기관은 영양기관보다 내동성이 강하다.
② 포복성 작물은 직립성인 것보다 내동성이 강하다.
③ 원형질에 전분함량이 많으면 기계적 견인력에 의해 내동성이 증가한다.
④ 세포 내에 수분함량이 많으면 생리적 활성이 증가하므로 내동성이 증가한다.

14 생물적 방제에 대한 설명으로 옳지 않은 것은?

① 오리를 이용하여 논의 잡초를 방제한다.
② 칠레이리응애로 점박이응애를 방제한다.
③ 벼의 줄무늬잎마름병을 저항성 품종으로 방제한다.
④ 기생성 곤충인 콜레마니진디벌로 진딧물을 방제한다.

15 타식성 작물의 특성에 대한 설명으로 옳지 않은 것은?

① 자식성 작물에 비해서 타가수분을 많이 하기 때문에 대부분 이형접합체이다.
② 인위적으로 자식시키거나 근친교배를 하면 생육이 불량해지고 생산성이 떨어지는데 이를 근교약세라고 한다.
③ 동형접합체 비율이 높아지면 순계분리에 의한 우수한 형질들이 발현되어 적응도가 증가되고 생산량이 높아진다.
④ 근친교배로 약세화한 작물체끼리 교배한 F_1이 양친보다 왕성한 생육을 나타낼 때 이를 잡종강세라고 한다.

ANSWER 13.② 14.③ 15.③

13 ① 생식기관은 영양기관보다 내동성이 약하다.
③ 원형질에 전분함량이 많으면 기계적 견인력에 의해 내동성이 감소한다.
④ 세포 내에 수분함량이 많으면 세포 결빙을 초래하여 내동성이 감소한다.

14 ③ 벼의 줄무늬잎마름병은 애멸구가 병원균을 옮겨 생기는 바이러스성 병해로, 저항성 품종으로 방제하는 것은 경종적 방제에 해당한다.

※ 방제의 유형
㉠ 생물적 방제 : 미생물, 곤충, 식물 그 밖의 생물 사이의 길항작용이나 기생관계를 이용하여 방제하려는 방법
㉡ 화학적 방제 : 화학물질을 사용하여 병해충이나 잡초를 방제하는 방법
㉢ 경종적 방제 : 병해충, 잡초의 생태적 특징을 이용하여 작물의 재배조건을 변경시키고 내충, 내병성 품종의 이용, 토양관리의 개선 등에 의하여 병충해, 잡초의 발생을 억제하여 피해를 경감시키는 방법

15 ③ 동형접합체 비율이 높아지면 작물의 생육이 불량해지고 생산량이 적어지는 약세현상이 나타난다.

16 채소류에서 재래식 육묘와 비교한 공정육묘의 이점으로 옳은 것은?

① 묘 소질이 향상되므로 육묘기간은 길어진다.
② 대량생산은 가능하나 연중 생산 횟수는 줄어든다.
③ 규모화는 가능하나 운반 및 취급은 불편하다.
④ 정식묘의 크기가 작아지므로 기계정식이 용이하다.

17 작물의 작부체계에 대한 설명으로 옳은 것은?

① 유럽에서 발달한 노포크식과 개량삼포식은 휴한농업의 대표적 작부방식이다.
② 답전윤환 시 밭기간 동안에는 입단화가 줄어들고 미량요소 용탈이 증가한다.
③ 인삼과 고추는 기지현상이 거의 없기 때문에 동일 포장에서 다년간 연작을 한다.
④ 콩은 간작, 혼작, 교호작, 주위작 등의 작부체계에 적합한 대표적인 작물이다.

18 여교배 육종의 성공 조건으로 옳지 않은 것은?

① 만족할 만한 반복친이 있어야 한다.
② 육성품종은 도입형질 이외에 다른 형질이 1회친과 같아야 한다.
③ 여교배 중에 이전하려는 형질의 특성이 변하지 않아야 한다.
④ 여러 번 여교배한 후에도 반복친의 특성을 충분히 회복해야 한다.

ANSWER 16.④ 17.④ 18.②

16 ① 묘 소질이 향상되므로 육묘기간은 짧아진다.
② 대량생산이 가능하고 연중 생산이 가능하여 생산 횟수가 늘어난다.
③ 규모화가 가능하고 운반 및 취급이 편리하다.

17 ① 유럽에서 발달한 삼포식과 개량삼포식은 휴한농업의 대표적 작부방식이다.
② 답전윤환 시 밭기간 동안에는 입단화가 늘어나고 미량요소 용탈이 감소한다.
③ 인삼과 고추는 동일한 포장에서 다년간 연작할 경우 현저한 생육장해가 나타나는 기지현상이 심하다.

18 ② 육성품종은 도입형질 이외에 다른 형질이 반복친과 같아야 한다.

19 잡초방제에 대한 설명으로 옳지 않은 것은?

① 윤작과 피복작물 재배는 경종적 방제법에 속한다.
② 제초제는 제형이 달라도 성분이 같을 경우 제초 효과는 동일하다.
③ 동일한 계통의 제초제를 연용하면 제초제저항성 잡초가 발생할 수 있다.
④ 잡초는 광발아 종자가 많으므로 지표면을 검정비닐로 피복하면 발생이 줄어든다.

20 작물의 내적 균형에 대한 설명으로 옳지 않은 것은?

① 작물체 내 탄수화물과 질소가 풍부하고 C/N율이 높아지면 개화 결실은 촉진된다.
② 토양통기가 불량해지면 지상부보다 지하부의 생장이 더욱 억제되므로 T/R율이 높아진다.
③ 근채류는 근의 비대에 앞서 지상부의 생장이 활발하기 때문에 생육의 전반기에는 T/R율이 높다.
④ 고구마 순을 나팔꽃 대목에 접목하면 덩이뿌리 형성을 위한 탄수화물의 전류가 촉진되어 경엽의 C/N율이 낮아진다.

ANSWER 19.② 20.④

19 ② 제초제는 성분이 같아도 제형이 다를 경우 제초 효과에 차이가 날 수 있다.

20 ④ 고구마 순을 나팔꽃 대목에 접목하면 덩이뿌리 형성을 위한 탄수화물의 전류가 촉진되어 경엽의 C/N율이 높아진다.

재배학개론 | 2018. 5. 19. 제1회 지방직 시행

1 작물의 개량에 기여한 사람과 그의 학설을 바르게 연결한 것은?

① C.R. Darwin – 용불용설
② T.H. Morgan – 순계설
③ G.J. Mendel – 유전법칙
④ W.L. Johannsen – 돌연변이설

2 토양이 산성화되었을 때 양분 가급도가 감소되어 작물생육에 불이익을 주는 것으로만 짝지은 것은?

① B, Fe, Mn
② B, Ca, P
③ Al, Cu, Zn
④ Ca, Cu, P

3 작물의 종류에 따른 수확 방법으로 옳지 않은 것은?

① 화곡류는 예취한다.
② 고구마는 굴취한다.
③ 무는 발취한다.
④ 목초는 적취한다.

ANSWER 1.③ 2.② 3.④

1 ① Darwin – 진화론, Lamarck – 용불용설
② Morgan – 반성유전
④ Johannsen – 순계설, de Vries – 돌연변이설

2 토양이 산성화되면 필수 원소들은 크게 두 가지 유형으로 작물생육에 불이익을 준다. B, Ca, P, Mg, Mo 등은 양분 가급도가 감소되어 작물생육에 불이익을 주며, Al, Fe, Cu, Zn, Mn 등은 용해도가 증가하면서 원소 자체가 갖는 독성이 작물생육에 불이익을 주게 된다.

3 ④ 목초는 예취(곡식이나 풀을 베는 것)한다.

4 **저장고 내부의 산소 농도를 낮추기 위해 이산화탄소 농도를 높여 농산물의 저장성을 향상시키는 방법은?**

① 큐어링저장 ② 예냉저장

③ 건조저장 ④ CA저장

5 **유효적산온도(GDD)를 계산하기 위한 식은?**

① GDD(℃) = Σ{(일최고기온 + 일최저기온) ÷ 2 + 기본온도}

② GDD(℃) = Σ{(일최고기온 + 일최저기온) × 2 − 기본온도}

③ GDD(℃) = Σ{(일최고기온 + 일최저기온) ÷ 2 − 기본온도}

④ GDD(℃) = Σ{(일최고기온 + 일최저기온) × 2 + 기본온도}

6 **토양미생물에 대한 설명 중 옳지 않은 것은?**

① 토양미생물에서 분비되는 점질물질은 토양입단의 형성을 촉진한다.

② 토양에 분포되어 있는 미생물 중 방선균의 수가 세균의 수보다 많다.

③ 토양미생물인 균근은 인산흡수를 도와주는 대표적인 공생미생물이다.

④ 토양미생물 간의 길항작용은 토양전염 병원균의 활동을 억제한다.

7 **작물의 수확 및 출하 시기 조절을 위한 환경 처리 요인이 다른 것은?**

① 포인세티아 : 차광재배 ② 국화 : 촉성재배

③ 딸기 : 촉성재배 ④ 깻잎 : 가을철 시설재배

ANSWER 4.④ 5.③ 6.② 7.③

4 CA(Controlled Atmosphere)저장 … 대기의 가스조성을 인공적으로 조절한 저장환경에서 농산물을 저장하여 품질 보전 효과를 높이는 저장법으로, 조절하는 가스에는 이산화탄소, 일산화탄소, 산소 및 질소가스 등이 있으나, 통상 대기에 비해 이산화탄소를 증가시키고 산소의 감소 및 질소를 증대시킨다. 이는 농산물의 호흡 작용을 억제하여 저장성을 향상시킨다.

5 유효적산온도란 생물이 일정한 발육을 완료하기까지에 요하는 총온열량으로, 보통 일평균 기온으로부터 일정수치를 뺀 값을 일정기간 동안 합한 값으로 계산한다.

$$\therefore \text{유효적산온도(GDD℃)} = \sum\left\{\frac{(\text{일최고기온}+\text{일최저기온})}{2} - \text{기본온도}\right\}$$

6 ② 토양에 분포되어 있는 미생물 중 가장 수가 많은 것은 세균이고, 그 다음이 방선균, 혐기성 세균, 사상균, 혐기성 사상균, 조류 등의 순이다.

7 ③ 딸기의 촉성재배는 춘화 처리에 해당하고, ①②④는 일장효과에 따른 처리에 해당한다.

8 **작물의 생육단계가 영양생장에서 생식생장으로 전환되는 현상에 대한 설명으로 옳은 것은?**

① 줄기의 유관속 일부를 절단하면 절단된 윗부분의 C/N율이 낮아져 화아분화가 촉진된다.

② 뿌리에서 생성된 개화유도물질인 플로리겐이 줄기의 생장점으로 이동되어 화성이 유도된다.

③ 저온처리를 받지 않은 양배추는 화성이 유도되지 않으므로 추대가 억제된다.

④ 화학적 방법으로 화성을 유도하는 경우에 ABA는 저온·장일 조건을 대체하는 효과가 크다.

9 **안티센스(anti-sense) RNA에 대한 설명으로 옳은 것은?**

① 세포질에서 단백질로 번역되는 mRNA와 서열이 상보적인 단일가닥 RNA이다.

② mRNA와 이중나선을 형성하여 mRNA의 번역 효율을 높인다.

③ 특정한 유전자의 발현을 증가시켜 농작물의 상품가치를 높이는 데 활용될 수 있다.

④ 특정한 유전자의 DNA와 상보적으로 결합하여 전사 활성을 높인다.

10 **영양번식작물의 유전적 특성과 육종방법에 대한 설명으로 옳은 것은?**

① 이형접합형 품종을 자가수정하여 얻은 실생묘는 유전자형이 분리되지 않는다.

② 이형접합형 품종을 영양번식시켜 얻은 영양계는 유전자형이 분리된다.

③ 영양번식작물은 영양번식과 유성생식이 가능하며, 영양계는 이형접합성이 낮다.

④ 고구마와 같은 영양번식작물은 감수분열 때 다가염색체를 형성하므로 불임률이 높다.

ANSWER 8.③ 9.① 10.④

8 ① 줄기의 유관속 일부를 절단하면 절단된 윗부분의 C/N율이 높아져 화아분화가 촉진된다.
② 잎에서 생성된 개화유도물질인 플로리겐이 줄기의 생장점으로 이동되어 화성이 유도된다.
④ 화학적 방법으로 화성을 유도하는 경우에 GA는 저온·장일 조건을 대체하는 효과가 크다.

9 안티센스(anti-sense) RNA … 특정 RNA에 상보적으로 결합할 수 있는 단일가닥 RNA(single-stranded RNA)를 뜻한다.
②③④ 안티센스 RNA는 특정 단백질을 표현하는 전령 RNA(mRNA)인 sense RNA에 상보적으로 결합하여, 해당 단백질 발현을 조절한다(일반적으로 억제한다).

10 ① 이형접합형 품종을 자가수정하여 얻은 실생묘는 유전자형이 분리된다.
② 이형접합형 품종을 영양번식시켜 얻은 영양계는 유전자형이 분리되지 않고 유지된다.
③ 영양번식작물은 영양번식과 유성생식이 가능하며, 영양계는 이형접합성이 높다.

11 테트라졸륨법을 이용하여 벼와 콩의 종자 발아력을 간이검정할 때, TTC 용액의 적정 농도는?

① 벼는 0.1%이고, 콩은 0.5%이다.
② 벼는 0.1%이고, 콩은 1.0%이다.
③ 벼는 0.5%이고, 콩은 1.0%이다.
④ 벼는 1.0%이고, 콩은 0.1%이다.

12 경실종자의 휴면타파를 위한 방법으로 옳지 않은 것은?

① 진한황산처리를 한다.
② 건열처리를 한다.
③ 방사선처리를 한다.
④ 종피파상법을 실시한다.

13 중복수정 준비가 완료된 배낭에는 몇 개의 반수체핵(haploid nucleus)이 존재하며, 이들 중에서 몇 개가 웅핵(정세포)과 융합되는가?

	배낭의 반수체핵 수	웅핵과 융합되는 반수체핵 수
①	6	2
②	6	3
③	8	2
④	8	3

ANSWER 11.③ 12.③ 13.④

11 테트라졸륨법은 광선을 차단한 시험관에 수침했던 종자의 배를 포함하여 종단한 종자를 넣고 TTC 용액을 주입하여 40℃에 2시간 보관한 다음 그 반응이 배 · 유아의 단면이 전면 적색으로 염색되었으면 발아력이 강하다고 보는 간이검정법으로, TTC 용액의 적정 농도는 벼과 0.5%, 콩과 1.0% 정도이다.

12 경실종자의 휴면타파법

㉠ 종피파상법 : 경실의 발아촉진을 위하여 종피에 상처를 내는 방법
㉡ 진한황산처리 : 경실에 진한 황산을 처리하고 일정 시간 교반하여 종피의 일부를 침식시킨 후 물에 씻어 파종
㉢ 저온처리 : 종자를 -190℃의 액체공기에 2~3분간 침지하여 파종
㉣ 건열처리 : 알팔파 · 레드클로버 등은 105℃에서 4분간 종자를 처리하여 파종
㉤ 습열처리 : 라디노클로버는 40℃의 온도에 5시간 또는 50℃의 온탕에 1시간 정도 종자를 처리하여 파종
㉥ 진탕처리 : 스위트클로버는 플라스크에 종자를 넣고 분당 180회씩의 비율로 10분간 진탕하여 파종
㉦ 질산염처리 : 버팔로그래스는 0.5% 질산칼륨에 24시간 종자를 침지하고, 5℃에 6주일간 냉각시킨 후 파종
㉧ 기타 : 알코올처리, 이산화탄소처리, 펙티나아제처리 등

13 배낭 안에는 가운데 2개의 극핵을 중심으로 주공 쪽에는 난세포 1개와 조세포 2개가, 그 반대쪽에는 3개의 반족세포가 위치한다. 따라서 배낭의 반수체핵 수는 8개이다. 속씨식물은 2개의 정세포 중 1개는 난세포와 융합하여 접합자(2n)를 만들고, 나머지 1개는 극핵과 융합하여 배유핵(3n)을 형성한다. 즉, 웅핵(정세포)과 융합되는 반수체핵 수는 난세포 1개와 극핵 2개로 총 3개이다.

14 종 · 속간 교잡에서 나타나는 생식격리장벽을 극복하기 위해 사용되는 방법으로 옳지 않은 것은?

① 자방을 적출하여 배양한다.
② 약을 적출하여 배양한다.
③ 배를 적출하여 배양한다.
④ 배주를 적출하여 배양한다.

15 요소의 엽면시비 효과에 대한 설명으로 옳지 않은 것은?

① 보리와 옥수수에서는 화아분화 촉진 효과가 있다.
② 사과와 딸기에서는 과실비대 효과가 있다.
③ 화훼류에서는 엽색 및 화색이 선명해지는 효과가 있다.
④ 배추와 무에서는 수확량 증대 효과가 있다.

16 이식의 효과에 대한 설명으로 옳지 않은 것은?

① 토지이용효율을 증대시켜 농업 경영을 집약화할 수 있다.
② 채소는 경엽의 도장이 억제되고 생육이 양호해져 숙기가 빨라진다.
③ 육묘과정에서 가식 후 정식하면 새로운 잔뿌리가 밀생하여 활착이 촉진된다.
④ 당근 같은 직근계 채소는 어릴 때 이식하면 정식 후 근계의 발육이 좋아진다.

17 인공종자의 캡슐재료로 가장 많이 이용되는 화학물질은?

① 파라핀
② 알긴산
③ 비닐알콜
④ 소듐아자이드

ANSWER 14.② 15.① 16.④ 17.②

14 종 · 속 간 교잡을 하면 주두에서 화분이 발아하지 못하거나 발아된 화분관이 신장하지 못하며, 수정이 된다 하더라도 수정란의 발육이 되지 않는 생식격리장벽으로 인하여 정상적인 잡종종자를 얻기 어렵다. 때문에 이러한 생식격리장벽을 극복하기 위해 아직 수분되지 않은 자방으로부터 배주를 분리하여 기내수정을 하거나, 수정된 배주나 배, 자방을 적출하여 배양하는 방법을 사용한다.

15 ① 보리와 옥수수에 요소를 엽면시비할 경우 활착이 잘 되고 수정된 후 정상적인 종자가 잘 맺히도록 하는 효과(임실양호)가 있다. 화아분화 촉진 효과는 감귤이나 사과, 딸기 등에서 나타난다.

16 ④ 당근 같은 직근계 채소는 어릴 때 이식하면 정식 후 근계의 발육이 나빠진다.

17 인공종자는 체세포의 조직배양으로 유기된 체세포배를 캡슐에 넣어 만든다. 캡슐재료는 갈조류의 엽상체로부터 얻은 알긴산을 많이 사용한다.

18 합성품종에 대한 설명으로 옳지 않은 것은?

① 격리포장에서 자연수분 또는 인공수분으로 육성될 수 있다.
② 세대가 진전되어도 비교적 높은 잡종강세가 나타난다.
③ 영양번식이 가능한 타식성 사료작물에 널리 이용된다.
④ 유전적 배경이 협소하여 환경 변동에 대한 안정성이 낮다.

19 농업용수의 수질 오염과 등급에 대한 설명으로 옳지 않은 것은?

① 논에 유기물 함량이 높은 폐수가 유입되면 혐기조건에서 메탄가스 등이 발생하여 토양의 산화환원전위가 높아진다.
② 산성 물질의 공장폐수가 논에 유입되면 벼의 줄기와 잎이 황변되고 토양 중 알루미늄이 용출되어 피해를 입는다.
③ 수질은 대장균수와 pH 등이 참작되어 여러 등급으로 구분되며 일반적으로 수온이 높아질수록 용존 산소량은 낮아진다.
④ 화학적 산소요구량은 유기물이 화학적으로 산화되는 데 필요한 산소량으로서 오탁유기물의 양을 ppm으로 나타낸다.

20 유기농업은 친환경농업의 한 유형으로 실시되고 있다. 그 내용에 해당하지 않는 것은?

① 토양분석에 따른 화학비료의 정밀 시용
② 작부체계 내 두과작물의 재배
③ 병해충 저항성 작물 품종의 이용
④ 윤작에 의한 토양 비옥도 개선

ANSWER 18.④ 19.① 20.①

18 ④ 합성품종은 유전적 배경이 넓어 환경 변동에 대한 안정성이 높다.

19 ① 논에 유기물 함량이 높은 폐수가 유입되면 혐기조건에서 메탄가스 등이 발생하여 토양의 산화환원전위가 낮아진다.

20 유기농업은 화학비료, 유기합성 농약, 생장조정제, 제초제, 가축사료 첨가제 등 일체의 합성화학 물질을 사용하지 않거나 줄이고 유기물과 자연광석, 미생물 등 자연적인 자재만을 사용하는 농업을 말한다.
① 토양분석에 따른 화학비료의 정밀 사용은 각종 기술을 활용해 비료, 물, 노동력 등 투입 자원을 최소화하면서 생산량을 최대화하는 생산방식인 정밀농업과 관련된다.

재배학개론

2018. 6. 23. 제2회 서울특별시 시행

1 **식물의 수분과 수정 및 종자형성에 대한 설명으로 가장 옳은 것은?**

① 중복수정은 주로 나자식물에서 발생한다.
② 자가수분작물은 자웅이주 또는 웅예선숙의 특징이 있다.
③ 수정 과정에서 정세포 2개와 극핵이 결합하여 배유핵을 형성한다.
④ 단위결과는 종자가 형성되지 않고 과실이 발달하는 현상이다.

2 **1대잡종육종에 대한 설명으로 가장 옳지 않은 것은?**

① 잡종강세를 적극적으로 이용하는 육종법이다.
② 조합능력을 검정하여 우수한 교배친을 선발할 수 있다.
③ 잡종이 되기 때문에 생산물의 균일성이 떨어지는 단점이 있다.
④ 웅성불임성 등을 활용하여 경제적으로 채종할 수 있다.

3 **작물의 생육에 관여하는 이산화탄소 농도에 대한 설명으로 가장 옳지 않은 것은?**

① 포화점 이전까지는 이산화탄소 농도가 높아질수록 광합성 속도가 증가한다.
② 지상 잎 주변의 이산화탄소 농도는 잎이 무성한 여름철이 가을철보다 높다.
③ 지표에서 먼 공중의 이산화탄소 농도는 상대적으로 낮아진다.
④ 미숙퇴비나 구비 등은 이산화탄소 발생을 촉진한다.

ANSWER 1.④ 2.③ 3.②

1 ① 중복수정은 주로 피자식물에서 발생한다.
② 웅예선숙은 수술이 암술보다 먼저 성숙하는 현상으로 자가수분이 불가능해져 타가수분을 한다. 자웅이주와 웅예선숙은 타가수분작물의 특징이다.
③ 정세포 1개와 극핵이 융합하여 배유핵(3n)을 형성한다.

2 ③ 쾰로이터(Kölreuter)에 따르면 제1대 잡종(F_1)은 균일성, 제2대 잡종(F_2)은 형질분리 · 잡종강세 및 우성현상을 보인다.

3 ② 지상 잎 주변의 이산화탄소 농도는 광합성 작용이 활발하게 일어나는 잎이 무성한 여름철이 가을철보다 낮다.

4 유전변이 중 양적형질과 질적형질에 대한 설명으로 가장 옳은 것은?

① 양적형질은 불연속변이를 하며 형질발현에 관여하는 유전자 수가 많다.
② 질적형질은 표현형의 구별이 어려워 원하는 형질의 선발이 쉽지 않다.
③ 양적형질은 평균, 분산, 회귀 등 통계적 방법에 의해 유전분석을 한다.
④ 질적형질은 환경의 영향을 받으며 표현력이 작은 미동유전자에 의해 지배된다.

5 내동성이 강한 작물의 일반적인 특징을 〈보기〉에서 모두 고른 것은?

〈보기〉
㉠ 세포 내 수분함량이 많다.
㉡ 지방과 당분함량이 높다.
㉢ 전분과 세포 내 무기성분의 함량이 높다.
㉣ 원형질의 점도가 낮고 친수성 콜로이드가 많다.

① ㉠, ㉡
② ㉠, ㉢
③ ㉡, ㉢
④ ㉡, ㉣

ANSWER 4.③ 5.④

4 양적형질과 질적형질
㉠ **양적형질** : 환경적, 유전적 요소에서 여러 변이들이 특정형질에 부분적으로 작용하여 나타나는 연속적이고 계량적으로 표현되는 형질이다.
- 다수의 유전자에 발생된 변이들은 크고 작은 표현형적 효과를 나타낸다.
- 유전적으로는 복합적인 유전효과가 중복되어 있고, 환경적인 영향도 함께 나타난다.

㉡ **질적형질** : 대립유전자에 의한 표현형이 불연속적으로 나타나고 그 차이를 정성적으로 표현할 수 있는 형질이다.
- 유전적으로 명확히 구분되는 자손형질, 즉 불연속된 표현형질을 말한다.
- 소수의 유전자의 변이에 기인하므로, 단순한 유전법칙들을 적용하여 관련 유전변이를 확인할 수 있다.

5 내동성은 추위를 잘 견디어 내는 식물의 성질로 ㉡, ㉣과 같은 특징을 보인다.
㉠ 세포 내 수분함량이 많으면 자유수가 많아지면서 세포의 결빙을 초래하여 내동성이 약하다.
㉡㉢ 당분함량이 높으면 세포의 삼투압이 커져서 원형질 단백의 변성을 막아 내동성이 강해진다. 반대로 전분함량이 많으면 원형질의 기계적 견인력에 의한 파괴를 크게 하고, 당분함량이 저하되어 내동성이 약해진다. 무기성분 내의 칼슘과 마그네슘은 세포 내 결빙을 억제하여 내동성을 강하게 한다.
㉣ 원형질의 점도는 낮고 연도가 높은 것이 기계적 견인력을 적게 받아 내동성이 강하다. 원형질의 친수성 콜로이드가 많으면 세포 내의 결합수가 많아지고 자유수가 적어져 원형질의 탈수저항성이 커지며 세포의 결빙이 경감되므로 내동성이 강하다.

6 **시비방법에 대한 설명으로 가장 옳은 것은?**

① 생육기간이 길고 시비량이 많은 작물일수록 질소 밑거름을 많이 주고 덧거름을 줄인다.

② 퇴비나 깻묵 등의 지효성 비료나 인산, 칼륨 등의 비료는 밑거름으로 일시에 준다.

③ 속효성 비료는 작물의 생육기간에 상관 없이 생육상황에 따라 적절하게 분시한다.

④ 엽채류처럼 잎을 수확하는 것은 질소 추비량과 추비횟수를 줄인다.

7 **수확 후 건조(drying) 원리에 대한 설명으로 가장 옳은 것은?**

① 수분함량이 낮을수록 미생물 번식을 억제한다.

② 수분함량이 높을수록 효소작용이 느리다.

③ 건조 시 제거되는 수분은 결합수이다.

④ 수확 후 자연 건조해야 안전저장이 가능하다.

8 **유전자 간 재조합에 대한 설명으로 가장 옳은 것은?**

① 재조합빈도가 0이면 완전독립, 50%이면 완전연관이다.

② 유전자 사이의 거리가 가까울수록 재조합빈도도 높아진다.

③ 두 유전자가 연관되어 있을 때에도 교차가 일어나면 2종의 배우자가 형성된다.

④ 두 쌍의 대립유전자(Aa와 Bb)가 서로 다른 염색체에 있을 때 전체 배우자 중에서 재조합형은 50%로 나타난다.

ANSWER 6.② 7.① 8.④

6 ① 생육기간이 길고 시비량이 많은 작물일수록 질소 밑거름을 적게 주고 덧거름으로 시비량을 조절한다.
③ 속효성 비료는 작물의 생육기간과 생육상황에 따라 적절하게 분시한다.
④ 엽채류처럼 잎을 수확하는 것은 질소추비를 늦게까지 해도 된다.

7 ② 수분함량이 높을수록 효소작용이 빠르다.
③ 건조 시 제거되는 수분은 자유수이다.
④ 자연 건조보다는 인공 건조가 안전저장에 효과적이다.

8 ④ Aa와 Bb가 서로 다른 염색체에 있으면 독립의 법칙이 성립하므로, 생식세포에 만들어지는 배우자 4개는 AB, Ab, aB, ab가 각각 1개씩이다. 따라서 전체 생식세포 중에서 양친과 같은 유전자형이 50%, 재조합형이 50%로 나타난다.

9 군락의 수광태세를 설명한 것으로 가장 옳지 않은 것은?

① 최적엽면적지수는 수광태세가 좋을 때 커진다.
② 군락의 수광태세가 좋아야 광투과율이 높아 광 에너지의 이용도가 높아진다.
③ 벼는 상위엽이 직립이고 분얼이 개산형인 것이 군락의 수광태세가 좋아진다.
④ 벼나 콩에서는 밀식재배를 피하고 맥류는 광파재배하는 것이 군락의 수광상태가 좋아진다.

10 종자의 물리적 소독방법에 대한 설명으로 가장 옳은 것은?

① 고구마의 검은무늬병은 45℃의 온탕에 30~40분간 담가 소독하면 된다.
② 맥류의 겉깜부기병은 냉수에 5분간 담가두었다가 50℃의 온탕에 5분간 담근 다음 냉수로 식히고 말려서 파종한다.
③ 온탕침법은 곡류에서 많이 사용하는 반면, 채소종자는 냉수온탕침법을 사용하는 것이 일반화되어 있다.
④ 벼의 선충심고병은 냉수에 24시간 동안 침지한 다음 45℃의 온탕에 2분간 담그고 냉수에 식힌다.

11 삽목방법과 대상작물을 연결한 것으로 가장 옳지 않은 것은?

① 엽삽 - 베고니아, 차나무
② 녹지삽 - 카네이션, 동백나무
③ 경지삽 - 펠라고늄, 무화과
④ 근삽 - 자두, 사과

ANSWER 9.④ 10.① 11.③

9 ④ 벼나 콩에서는 밀식 시에는 줄 사이를 넓히고, 포기사이를 좁히는 것이 파상군락을 형성케 하여 군락 하부로의 광투사를 좋게 한다. 맥류는 광파재배보다 드릴파재배를 하는 것이 군락의 수광태세가 좋아진다.

10 ② 맥류의 겉깜부기병 방제에는 종자를 냉수에 7시간, 50℃ 온탕에 2~3분, 55℃ 온탕에 5분간 침지한 후 냉수 또는 자연냉각으로 식히는 방법인 냉수온탕침법이 일반적으로 사용된다.
③ 온탕침법은 채소종자에서, 냉수온탕침법은 곡류에서 사용하는 것이 일반화되어 있다.
④ 벼의 선충심고병 예방을 위한 종자소독은 냉수에 24시간 침지한 다음 45℃의 온탕에 2분쯤 담그고, 다시 52℃의 온탕에 10분간 담갔다가 냉수에 식힌다.

11 ③ 펠라고늄은 잎을 이용하는 삽목법인 엽삽을 하는 작물이다.

12 상적발육에 영향을 미치는 환경에 대한 설명 중 옳은 것을 〈보기〉에서 모두 고른 것은?

〈보기〉

㉠ 벼의 만생종은 감온성이 감광성보다 뚜렷하다.
㉡ 일장효과에 영향을 끼치는 광의 파장은 적색 > 자색 > 청색 순이다.
㉢ 벼 만생종은 묘대일수감응도가 크고 만식적응성이 커서 만식에 적합하다.
㉣ 최아종자의 저온처리의 경우에는 광의 유무가 버널리제이션에 관계하지 않으나, 고온처리의 경우에는 암조건이 필요하다.

① ㉠, ㉡
② ㉠, ㉢
③ ㉡, ㉢
④ ㉡, ㉣

13 참깨나 상추 종자는 가벼워 손으로 파종하거나 기계파종이 어렵다. 이런 종자에 화학적으로 불활성의 고체물질을 피복하여 종자를 크게 만들어 파종이 용이하고 적량파종이 가능하여 종자 비용과 솎음 노동력이 적게 들어가도록 만든 종자는?

① 프라이밍종자
② 피막종자
③ 펠릿종자
④ 매트종자

ANSWER 12.④ 13.③

12 ㉠ 조생종은 감온성, 만생종은 감광성이 뚜렷하다.
㉢ 만식적응성은 모내기가 늦어도 안전하게 생육·성숙하고 수량이 많은 특성으로, 못자리에서 모를 보통보다 오래 둘 때에 모가 노숙하고 모낸 뒤 위조가 생기는 정도인 묘대일수감응도가 낮고 도열병에 강해야 한다. 만생종은 묘대일수감응도가 낮고 만식적응성이 커서 만식에 적합하다.

13 ③ 펠릿종자는 소립종자 또는 부정형의 종자를 점토 등으로 피복하여 둥근 알약 같은 형태로 만들어 기계 파종에 편리하게 한 것으로 종자대와 솎음노력비가 절감된다.
① 프라이밍은 파종 전에 수분을 가하여 종자가 발아에 필요한 생리적인 준비를 갖추게 함으로써 발아의 속도와 균일성을 높이는 처리기술이다.
② 피막종자는 형태를 원형에 가깝게 유지하면서 피막 속에 살충, 살균, 염료, 기타 첨가물을 포함시킬 수 있다.
④ 매트종자는 종이 같은 분해될 수 있는 재료를 이용해서 넓은 판에 종자를 줄 또는 무리를 짓거나 무작위로 배치한 것이다.

14 파종 후 흙덮기(또는 복토)를 종자가 보이지 않을 정도로만 하는 작물끼리 짝지은 것으로 가장 옳은 것은?

① 파, 담배, 양파, 상추　　② 보리, 밀, 귀리, 호밀

③ 토마토, 고추, 가지, 오이　　④ 수수, 무, 수박, 호박

15 추파맥류의 발육상을 설명한 것으로 가장 옳은 것은?

① 감온상보다는 감광상이 뚜렷한 작물이다.

② 감온상과 감광상을 뚜렷하게 구분할 수 없는 작물이다.

③ 생육초기에는 감온상에 그 뒤에는 감광상을 거쳐야만 출수, 개화, 결실한다.

④ 생육초기에는 감광상에 그 뒤에는 감온상을 거쳐야만 출수, 개화, 결실한다.

16 오이의 동화량이 가장 많은 환경조건에 해당하는 것은?

	광도	온도	CO_2농도		광도	온도	CO_2농도
①	100W/m^2	20℃	0.03%	②	200W/m^2	30℃	0.03%
③	200W/m^2	20℃	0.13%	④	200W/m^2	30℃	0.13%

ANSWER 14.① 15.③ 16.④

14 ① 파, 담배, 상추는 빛이 있어야 발아가 잘 되는 호광성 종자이다. 양파는 복토두께가 두꺼우면 발아소요 일수가 많이 걸리고 발아율도 떨어진다.

※ 발아에 빛의 유무가 영향을 미치는 종자로 호광성 종자와 혐광성 종자가 있다. 빛이 있어야 발아가 쉬운 호광성 종자에는 상추, 파, 당근, 유채, 담배, 뽕나무, 베고니아 등이 있고 빛이 없어야 발아가 쉬운 혐광성 종자로는 토마토, 가지, 호박, 오이 등이 있다.

15 작물은 생장 도중 일정한 시기에 일정한 온도와 광 조건을 만족해야 개화하는 종류가 많은데, 온도에 감응하는 생육시기를 감온상이라 한다. 추파맥류는 생육초기에는 감온상에 그 뒤에는 감광상을 거쳐야만 출수, 개화, 결실하는 감온상과 감광성을 뚜렷하게 구분할 수 있는 작물이다.

16 순수동화량은 식물이 일정한 시간 광합성으로 생성한 산소의 양이나 제거한 이산화탄소의 양을 말하는 총광합성량에서 그 식물의 호흡을 통해 사용된 산소의 양을 뺀 순수하게 만들어진 산소의 양을 말한다. 따라서 동화량은 광합성량 요건과 연결된다.

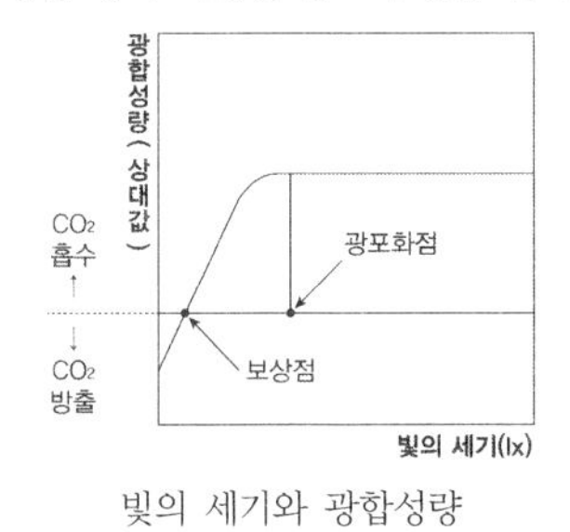

빛의 세기와 광합성량

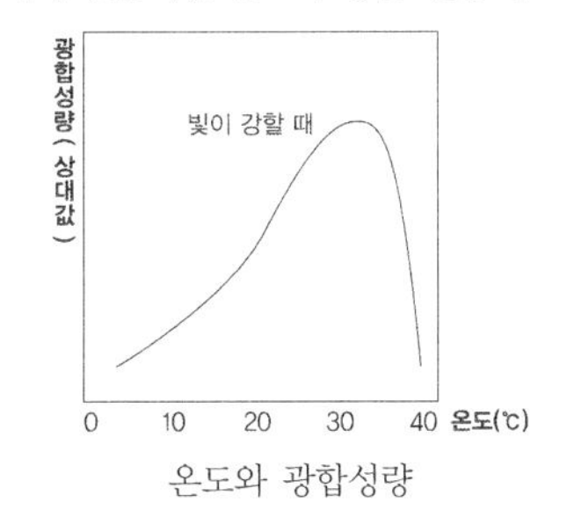

온도와 광합성량

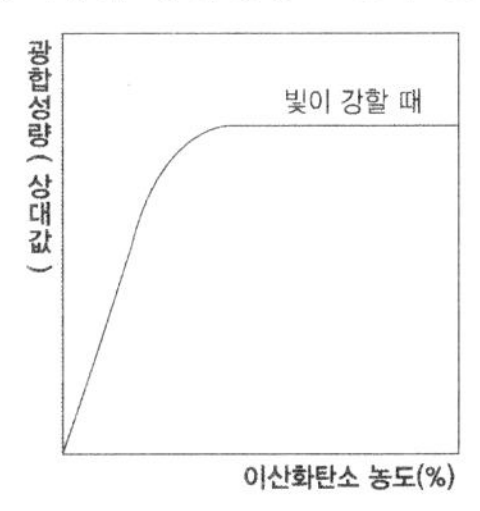

이산화탄소의 농도와 광합성량

17 고추 대목과 고추 접수를 각각 비스듬히 50-60° 각도로 자르고 그 자른 자리를 서로 밀착시킨 후 접목용 클립으로 고정하는 방법으로 경험이 있는 전업육묘자들이 가장 선호하는 접목방법은?

① 호접
② 삽접
③ 핀접
④ 합접

18 필수무기원소의 과잉과 결핍증상의 연결이 가장 옳은 것은?

① 망간과잉 - 담배의 끝마름병
② 붕소결핍 - 사과의 적진병
③ 아연결핍 - 감귤류의 소엽병
④ 구리과잉 - 사탕무의 속썩음병

19 배수가 잘되는 사질토에 요수량이 높은 작물을 재배한다면 관개량과 간단일수에 대한 결정으로 가장 옳은 것은?

① 1회관개량을 많게 하고, 간단일수를 길게 한다.
② 1회관개량을 많게 하고, 간단일수를 짧게 한다.
③ 1회관개량을 적게 하고, 간단일수를 길게 한다.
④ 1회관개량을 적게 하고, 간단일수를 짧게 한다.

20 6월 초순경에 국화의 삽수를 채취하여 번식하고자 할 경우 가장 옳지 않은 방법은?

① 삽목 후 비닐 터널을 만들어 그늘에 둔다.
② 삽목 시 절단부위에 지베렐린 수용액을 묻혀 준다.
③ 삽목 시 절단부위에 아이비에이분제를 묻혀 준다.
④ 삽목 시 절단부위에 루톤분제를 묻혀 준다.

ANSWER 17.④ 18.③ 19.④ 20.②

17 ④ **합접**: 접붙이할 나무와 접가지가 비슷한 크기일 때 서로 비스듬히 깎아 맞붙이는 접목 방법
① **호접**: 뿌리를 가진 접수와 대목을 접목하여 활착한 다음에는 접수 쪽의 뿌리 부분을 절단하는 접목법
② **삽접**: 접본의 목질 부분과 껍질 사이에 접가지를 꽂아 넣는 접붙이기 방법
③ **핀접**: 세라믹이나 대나무 소재의 가는 핀을 꽂아 대목과 접수를 고정시켜 새로운 개체로 번식시키는 접목법

18 ①④ 담배의 끝마름병, 사탕무의 속썩음병 - 붕소결핍
② 사과의 적진병 - 망간과잉
※ 담배의 끝마름병과 사탕무의 속썩음병 외에도 순무의 갈색속썩음병, 셀러리의 줄기쪼김병, 사과의 축과병, 꽃양배추의 갈색병, 알팔파의 황색병 등은 붕소결핍으로 나타나는 증상에 해당한다.

19 관개란 작물의 생육에 필요한 수분을 인공적으로 농지에 공급하는 일이다. 배수가 잘되는 사질토에 요수량이 높은 작물을 재배할 때는 1회관개량을 적게 하고, 1회 관개의 개시로부터 다음 관개 개시일까지의 일수인 간단일수를 짧게 하는 것이 효과적이다.

20 ② 고온다습한 6~7월에는 삽목 중 부패하기 쉬우므로 벤레이트액에 30초간 침지하여 삽목한다.

재배학개론

2019. 4. 6. 인사혁신처 시행

1 **작물의 채종재배에 대한 설명으로 옳지 않은 것은?**

① 씨감자의 채종포는 진딧물의 발생이 적은 고랭지가 적합하다.

② 타가수정작물의 채종포는 일반포장과 반드시 격리되어야 한다.

③ 채종포에서는 비슷한 작물을 격년으로 재배하는 것이 유리하다.

④ 채종포에서는 순도가 높은 종자를 채종하기 위해 이형주를 제거한다.

2 **콩 종자 100립을 치상하여 5일 동안 발아시킨 결과이다. 이 실험의 평균발아일수(MGT)는? (단, 소수점 첫째 자리까지만 계산한다)**

치상 후 일수	1	2	3	4	5	계
발아한 종자 수	15	15	30	10	10	80

① 2.2　　② 2.4

③ 2.6　　④ 2.8

ANSWER 1.③ 2.④

1 ③ 채종포는 씨받이밭으로 혼종을 방지하기 위하여 동일한 작물을 매년 재배하는 것이 유리하며, 재배기술을 적용하기도 용이하다.

2 평균발아일수(MGT)란 파종 후 발아까지 걸리는 평균일수를 말한다. 따라서 평균발아일수는 종자가 발아하는 데 걸린 발아일수를 모두 합산하여 평균을 내어 구한다.

$$\text{MGT} = \frac{(1\times15)+(2\times15)+(3\times30)+(4\times10)+(5\times10)}{80} = 2.8125$$

3 과수 중 인과류가 아닌 것은?

① 배 ② 사과

③ 자두 ④ 비파

4 다음 글에 해당하는 용어는?

> 소수의 우량품종들을 여러 지역에 확대 재배함으로써 유전적 다양성이 풍부한 재래품종들이 사라지는 현상이다.

① 유전적 침식

② 종자의 경화

③ 유전적 취약성

④ 종자의 퇴화

5 중위도지대에서 벼 품종의 기상생태형에 따르는 재배적 특성에 대한 설명으로 옳지 않은 것은?

① 파종과 모내기를 일찍 할 때 blt형은 조생종이 된다.

② 묘대일수감응도는 감온형이 낮고 기본영양생장형이 높다.

③ 조기수확을 목적으로 조파조식할 때 감온형이 적합하다.

④ 감광형은 만식해도 출수의 지연도가 적다.

ANSWER 3.③ 4.① 5.②

3 인과류는 꽃받기(꽃턱)이 발달하여 과육부를 형성한 것으로, 사과, 배, 비파 등이 이에 속한다.
③ 자두는 복숭아, 살구 등과 함께 핵과류에 속한다.

4 문제의 지문은 유전적 침식에 대한 설명이다. 유전적 침식은 다양한 유전자원이 소멸되는 현상으로, 원인으로는 사막화, 도시화, 자연 재해, 사회 정치적 소요, 신품종 보급 따위가 있다.

5 ② 묘대일수감응도는 못자리 기간에 따른 불시 출수의 발생 정도에 대한 품종의 감응 정도를 말한다. 못자리 기간이 너무 길어지거나 온도가 높아 불량한 환경이 조성될 경우, 벼는 못자리 기간에 영양 생장에서 생식 생장으로 전환하여 이삭의 원기를 만들고 밑동의 절간이 신장하기 시작한다. 묘대일수감응도는 품종에 따라 정도가 다른데 기본영양생장성이 짧고 감온성이 예민한 극조생종일수록 불시 출수가 심하다.

6 다음은 세포질-유전자적 웅성불임성에 대한 내용이다. F_1의 핵과 세포질의 유전자형 및 표현형으로 옳게 짝 지은 것은? (단, S는 웅성불임성 세포질이고 N은 가임 세포질이며, 임성회복유전자는 우성이고 Rf 며, 임성회복유전자의 기능이 없는 경우는 열성인 rf 이다)

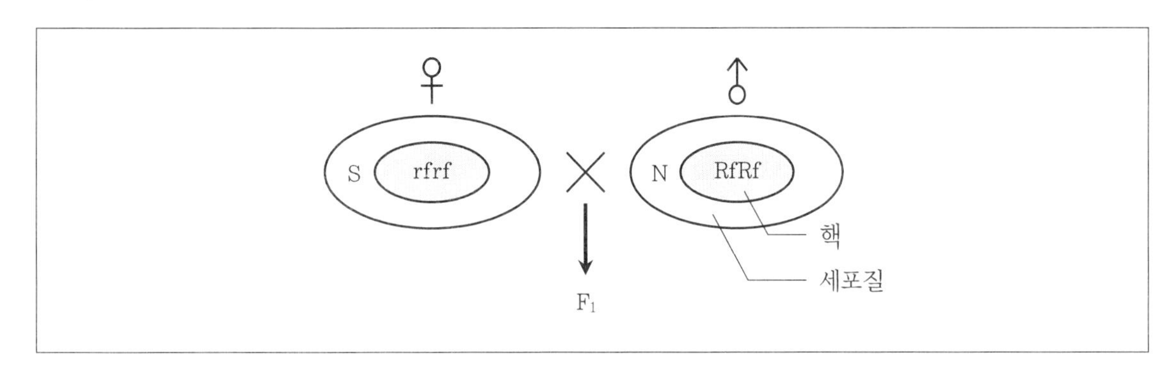

	핵의 유전자형	세포질의 유전자형	표현형
①	rfrf	S	웅성가임
②	rfrf	N	웅성불임
③	Rfrf	S	웅성가임
④	Rfrf	N	웅성불임

7 작물군락의 포장광합성에 대한 설명으로 옳지 않은 것은?

① 수광능률은 군락의 수광태세와 총엽면적에 영향을 받는다.
② 콩은 키가 작고 잎은 넓고, 가지는 길고 많은 것이 수광태세가 좋고 밀식에 적응한다.
③ 포장동화능력은 총엽면적, 수광능률, 평균동화능력의 곱으로 표시한다.
④ 작물의 최적엽면적은 일사량과 군락의 수광태세에 따라 크게 변동한다.

ANSWER 6.③ 7.②

6 ① rf 는 열성이고, S는 웅성불임성 세포질이므로 표현형은 웅성불임이다.
② rf 는 열성이고, N은 가임 세포질이므로 표현형은 웅성가임이다.
④ Rf 는 우성이고, N은 가임 세포질이므로 표현형은 웅성가임이다.

7 ② 콩은 잎이 작고 가늘며, 키가 크고 도복이 안 되는 것, 가지를 적게 치고 가지가 짧은 것이 수광태세가 좋고 밀식에 적응한다.

8 **작물의 교배 조합능력에 대한 설명으로 옳지 않은 것은?**

① 일반조합능력은 어떤 자식계통이 다른 많은 검정계통과 교배되어 나타나는 평균잡종강세이다.

② 잡종강세가 가장 큰 것은 단교배 1대잡종품종이지만, 채종량이 적고 종자가격이 비싸다.

③ 특정조합능력은 특정한 교배조합의 F_1에서만 나타나는 잡종강세이다.

④ 잡종강세는 이형접합성이 낮고 양친 간에 유전거리가 가까울수록 크게 나타난다.

9 **판매용 F_1 종자를 얻기 위한 방법으로 자가불화합성을 이용하여 채종하는 작물만으로 짝 지은 것은?**

① 무 · 배추 · 브로콜리

② 수박 · 고추 · 양상추

③ 멜론 · 상추 · 양배추

④ 참외 · 호박 · 토마토

10 **작물의 습해 대책에 대한 설명으로 옳은 것은?**

① 과수의 내습성은 복숭아나무가 포도나무보다 높다.

② 미숙유기물과 황산근 비료를 시용하면 습해를 예방할 수 있다.

③ 과습한 토양에서는 내습성이 강한 멜론 재배가 유리하다.

④ 과산화석회를 종자에 분의해서 파종하거나 토양에 혼입하면 습지에서 발아가 촉진된다.

ANSWER 8.④ 9.① 10.④

8 ④ 잡종강세는 이형접합성이 높고 양친 간에 유전거리가 멀수록 크게 나타난다.

9 자가불화합성이란 유전적으로 동일한 식물체의 꽃가루를 암술에서 인식 · 분해하여 자가수정을 막고 타가수정을 유발시킴으로써 유전적 다양성을 증대시키는 현상을 말한다. F_1 종자를 얻기 위해 자가불화합성을 이용하여 채종하는 작물로는 무, 배추, 브로콜리, 양배추 등이 있다.

10 ① 과수의 내습성은 포도나무가 복숭아나무보다 높다.

② 습해를 방지하기 위해서는 미숙유기물이나 황산근을 가진 비료의 사용을 삼가고, 천층시비로 뿌리 분포를 천층으로 유도한다. 습해가 나타나면 엽면시비를 하여 회복을 꾀하는 것이 좋다.

③ 멜론은 내습성이 약하다.

11 **작물재배 관리기술에 대한 설명으로 옳지 않은 것은?**

① 사과, 배의 재배에서 화분공급을 위해 수분수를 적정비율로 심어야 한다.

② 결과조절 및 가지의 갱신을 위해 과수의 가지를 잘라 주는 작업이 필요하다.

③ 멀칭은 동해 경감, 잡초발생 억제, 토양 보호의 효과가 있다.

④ 사과의 적과를 위해 사용되는 일반적인 약제는 2,4-D이다.

12 **작물의 시비관리에 대한 설명으로 옳지 않은 것은?**

① 벼 만식(晩植)재배 시 생장촉진을 위해 질소 시비량을 증대한다.

② 생육기간이 길고 시비량이 많은 작물은 밑거름을 줄이고 덧거름을 많이 준다.

③ 엽면시비는 미량요소의 공급 및 뿌리의 흡수력이 약해졌을 때 효과적이다.

④ 과수의 결과기(結果期)에 인 및 칼리질 비료가 충분해야 과실발육과 품질향상에 유리하다.

13 **수확 후 농산물의 호흡억제를 위한 목적으로 사용되는 방법이 아닌 것은?**

① 청과물의 예냉

② 서류의 큐어링

③ 엽근채류의 0~4℃ 저온저장

④ 과실의 CA저장

ANSWER 11.④ 12.① 13.②

11 ④ 사과의 적과를 위해 사용되는 일반적인 약제는 에틸렌이다.

12 ① 벼 만식재배 시에는 도열병 발생의 방지를 위해 질소 시비량을 줄여야 한다.

13 ② 큐어링은 고구마나 감자, 양파 등의 물리적 상처를 아물게 하거나 코르크층을 형성시켜 수분 증발 및 미생물의 침입을 줄이기 위해 실시한다.

14 우리나라 토마토 시설재배 농가에서 사용하는 탄산시비에 대한 설명으로 옳지 않은 것은?

① 탄산시비하면 수확량 증대 효과가 있다.
② 탄산시비 공급원으로 액화탄산가스가 이용된다.
③ 광합성능력이 가장 높은 오후에 탄산시비효과가 크다.
④ 탄산시비의 효과는 시설 내 환경 변화에 따라 달라진다.

15 병충해 방제법에 대한 설명으로 옳지 않은 것은?

① 밀의 곡실선충병은 종자를 소독하여 방제한다.
② 배나무 붉은별무늬병을 방제하기 위하여 중간기주인 향나무를 제거한다.
③ 풀잠자리, 됫박벌레, 진딧물은 기생성 곤충으로 천적으로 이용된다.
④ 벼 줄무늬잎마름병에 대한 대책으로 저항성품종을 선택하여 재배한다.

16 농산물 저장에 대한 설명으로 옳지 않은 것은?

① 마늘은 수확 직후 예건을 거쳐 수분함량을 65% 정도로 낮춘다.
② 바나나는 10℃ 미만의 온도에서 저장하면 냉해를 입는다.
③ 농산물 저장 시 CO_2나 N_2 가스를 주입하면 저장성이 향상된다.
④ 고춧가루의 수분함량이 20% 이상이면 탈색된다.

ANSWER 14.③ 15.③ 16.④

14 ③ 광합성능력이 가장 낮은 오후에는 탄산시비효과가 작다. 탄산시비는 일출 후 30분부터 약 2~3시간이 적당하다.

15 ③ 풀잠자리, 됫박벌레(무당벌레)는 다른 곤충을 잡아먹는 포식성 곤충으로 진딧물의 천적으로 이용된다.

16 ④ 고춧가루의 수분함량이 20% 이상이면 갈변하기 쉽다. 탈색은 수분함량이 10% 이하일 때 발생한다.

17 종자의 발아와 휴면에 대한 설명으로 옳지 않은 것은?

① 배(胚)휴면의 경우 저온습윤 처리로 휴면을 타파할 수 있다.
② 상추종자의 발아과정에 일시적으로 수분흡수가 정체되고 효소들이 활성화되는 단계가 있다.
③ 맥류종자의 휴면은 수발아(穗發芽) 억제에 효과가 있고 감자의 휴면은 저장에 유리하다.
④ 상추종자의 발아실험에서 적색광과 근적외광전환계라는 광가역 반응은 관찰되지 않는다.

18 다음 내용에서 F_2의 현미 종피색이 백색인 비율은?(단, 각 유전자는 완전 독립유전하며 대립유전자 C, A는 대립유전자 c, a에 대해 완전우성이다)

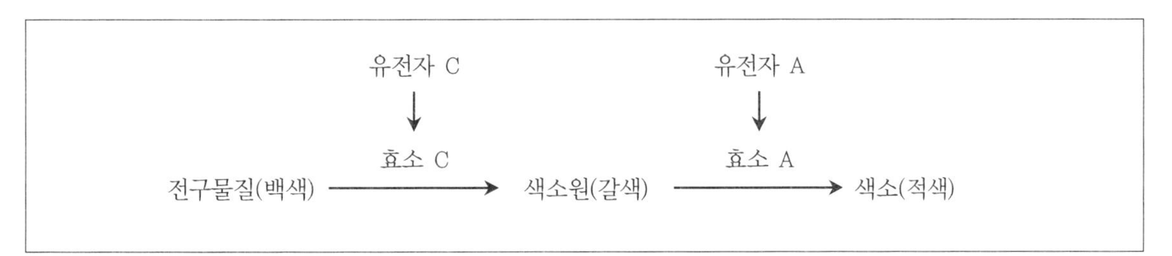

- 현미의 종피색이 붉은 적색미는 색소원 유전자 C와 활성유전자 A의 상호작용에 의하여 나타난다.
- 이 상호작용은 두 단계의 대사과정을 거쳐서 이루어진다.
- 유전자형이 CCaa(갈색)와 ccAA(백색)인 모본과 부본을 교배하였을 때 F_1의 종피색이 적색이다.
- 이 F_1을 자가 교배한 F_2에서 유전자형 C_A_ : C_aa : ccA_ : ccaa의 분리비가 $\frac{9}{16}:\frac{3}{16}:\frac{3}{16}:\frac{1}{16}$이다.

① $\frac{3}{16}$
② $\frac{4}{16}$
③ $\frac{7}{16}$
④ $\frac{9}{16}$

ANSWER 17.④ 18.②

17 ④ 상추종자의 발아실험에서 적색광과 근적외광전환계라는 광가역 반응이 관찰되었다. 광가역 반응이란 상추종자에서 적색광에 의한 발아 촉진 효과가 그 뒤에 조사한 원적색광에 의해 가역적으로 소멸되고, 이러한 반응이 되풀이되어 나타나는 반응을 말한다.

18 유전자 C에서 나온 효소 C와 유전자 A에서 나온 효소 A가 만나 적색 색소를 만들기 때문에 유전자형이 C_A_인 경우에만 표현형이 적색이 된다. C_aa의 경우 A가 없기 때문에 갈색, ccA_, ccaa의 경우 C가 없기 때문에 백색이 된다. 즉, F_2의 표현형 비는 적색 : 갈색 : 백색 = 9 : 3 : 4가 되고, 따라서 현미 종피색이 백색인 비율은 $\frac{4}{16}$이다.

※ **열성상위** … 완전우성 및 열성관계에 있는 2개의 대립유전자가 있을 경우 1개의 열성 동형접합자가 다른 우성 비대립유전자의 효과를 나타내지 못하게 하는 작용

19 토양유기물에 대한 설명으로 옳지 않은 것은?

① 유기물이 분해되어 망간, 붕소, 구리 등 미량원소를 공급한다.
② 유기물의 부식은 토양입단의 형성을 조장한다.
③ 유기물의 부식은 토양반응이 쉽게 변하지 않는 완충능을 증대 시킨다.
④ 유기물의 부식은 토양의 보수력, 보비력을 약화시킨다.

20 목초의 하고현상에 대한 설명으로 옳지 않은 것은?

① 앨팰퍼나 스위트클로버보다 수수나 수단그라스가 하고현상이 더 심하다.
② 한지형 목초의 영양생장은 18~24℃에서 감퇴되며 그 이상의 고온에서는 하고현상이 심해진다.
③ 월동 목초는 대부분 장일식물로 초여름의 장일조건에서 생식생장으로 전환되고 하고현상이 발생한다.
④ 한지형 목초는 이른 봄에 생육이 지나치게 왕성하면 하고현상이 심해진다.

ANSWER 19.④ 20.①

19 ④ 유기물의 부식은 토양입단의 형성을 조장하여 보수력과 보비력을 강화시킨다.

20 ① 하고현상은 여름철 고온으로 인하여 북방형목초가 생육장해를 일으키는 현상으로, 알팔파나 스위트클로버 같은 북방형목포보다 수수나 수단그라스가 하고현상이 덜하다.

재배학개론

2019. 6. 15. 제1회 지방직 시행

1 유전자클로닝을 위해 DNA를 자르는 역할을 하는 효소는?

① 연결효소
② 제한효소
③ 중합효소
④ 역전사효소

2 온도가 작물의 생육에 미치는 영향에 대한 설명으로 옳은 것은?

① 밤의 기온이 어느 정도 높아서 변온이 작은 것이 생장이 빠르다.
② 변온이 어느 정도 작은 것이 동화물질의 축적이 많아진다.
③ 벼는 산간지보다 평야지에서 등숙이 대체로 좋다.
④ 일반적으로 작물은 변온이 작은 것이 개화가 촉진되고 화기도 커진다.

ANSWER 1.② 2.①

1 제한효소 … 유전자클로닝을 위해 DNA의 특정한 염기배열을 식별하고 이중사슬을 절단하는 엔도뉴클레아제이다.
① **연결효소**: ATP 등 뉴클레오티드 3인산의 분해에 따라 새로운 화학결합을 형성하는 반응 혹은 그 역반응을 촉매하는 EC6 군에 속하는 효소의 총칭
③ **중합효소**: 핵산의 중합반응을 일으키는 효소
④ **역전사효소**: RNA를 주형틀로 사용하여 RNA 서열에 상보적인 DNA 가닥을 만드는 작용을 하는 효소

2 ② 변온이 어느 정도 큰 것이 동화물질의 축적이 많아진다.
③ 벼는 평야지보다 산간지에서 등숙이 대체로 좋다.
④ 일반적으로 작물은 변온이 큰 것이 개화가 촉진되고 화기도 커진다.

3 영양번식을 통해 얻을 수 있는 이점이 아닌 것은?

① 종자번식이 어려운 작물의 번식수단이 된다.

② 우량한 유전특성을 쉽게 영속적으로 유지시킬 수 있다.

③ 종자번식보다 생육이 왕성할 수 있다.

④ 유전적 다양성을 확보할 수 있다.

4 우리나라의 주요 논잡초가 아닌 것은?

① 올방개, 여뀌

② 쇠뜨기, 참방동사니

③ 벗풀, 자귀풀

④ 올챙이고랭이, 너도방동사니

ANSWER 3.④ 4.②

3 ④ 영양번식은 식물의 모체로부터 영양기관의 일부가 분리되어 독립적인 새로운 개체가 탄생되는 과정으로, 모체와 유전적으로 완전히 동일한 개체를 얻기 때문에 유전적 다양성을 확보할 수 없다.

4 ② 쇠뜨기, 참방동사니는 우리나라의 주요 논잡초가 아니다. 쇠뜨기는 풀밭, 참방동사니는 양지쪽 습지에서 자란다.

5 육종방법과 그 특성이 옳지 않은 것은?

① 영양번식작물육종 – 동형접합체는 물론 이형접합체도 영양번식에 의하여 유전자형을 그대로 유지할 수 있다.

② 1대잡종육종 – 잡종강세가 큰 교배조합의 1대잡종을 품종으로 육성한다.

③ 돌연변이육종 – 교배육종이 어려운 영양번식작물에 유리하다.

④ 반수체육종 – 반수체에는 상동염색체가 1쌍이므로 열성형질을 선발하기 어렵다.

6 생태종에 대한 설명으로 옳지 않은 것은?

① 생태종은 아종이 특정지역 또는 환경에 적응해서 생긴 것이다.

② 아시아벼의 생태종은 인디카, 열대자포니카, 온대자포니카로 나누어진다.

③ 생태종 내에 재배유형이 다른 것은 생태형으로 구분한다.

④ 생태종 간에는 형질의 특성 차이가 없어서 교잡친화성이 높다.

7 유전자와 형질발현에 대한 설명으로 옳지 않은 것은?

① 유전자 DNA는 단백질을 지정하는 액손과 단백질을 지정하지 않는 인트론을 포함한다.

② DNA의 유전암호는 mRNA로 전사되어 안티코돈을 만들고 mRNA의 안티코돈이 아미노산으로 번역된다.

③ 트랜스포존이란 게놈의 한 장소에서 다른 장소로 이동하여 삽입될 수 있는 DNA단편이다.

④ 플라스미드는 작은 고리모양의 두 가닥 DNA이며, 일반적으로 항생제 및 제초제저항성 유전자 등을 갖고 있다.

ANSWER 5.④ 6.④ 7.②

5 ④ 반수체에는 상동염색체가 1개뿐이므로 이형접합체가 없어 열성형질을 선발하기 쉽다.

6 ④ 생태종이란 같은 종에 속하지만 사는 곳이 달라서 다른 형태나 성질을 가진 종이다. 생태종 간에는 교잡친화성이 낮다.

7 ② DNA의 유전암호는 mRNA로 전사되어 코돈을 만들고 mRNA의 코돈이 아미노산으로 번역된다.

8 **버널리제이션 효과가 저해되는 조건에 해당하지 않는 것은?**

① 산소 공급이 제한되는 경우
② 최아종자의 저온처리 시 광이 없을 경우
③ 처리 중에 종자가 건조하게 되는 경우
④ 배나 생장점에 탄수화물이 공급되지 않을 경우

9 **벼의 조생종과 만생종을 인공교배하기 위해 한 쪽 모본을 일장 또는 온도처리하여 개화시기를 일치시키고자 할 때 사용하는 방법은?**

① 조생종에 단일처리
② 조생종에 고온처리
③ 만생종에 단일처리
④ 만생종에 고온처리

10 **곡물의 저장 과정에서 일어나는 변화에 대한 설명으로 옳지 않은 것은?**

① 저장 중 호흡소모와 수분증발 등으로 중량이 감소한다.
② 저장 중 발아율이 저하된다.
③ 저장 중 지방의 자동산화에 의해 산패가 일어나 유리지방산의 증가로 묵은 냄새가 난다.
④ 저장 중 α -아밀라아제에 의해 전분이 분해되어 환원당 함량이 감소한다.

ANSWER 8.② 9.③ 10.④

8 버널리제이션은 춘화처리이다. 최아종자의 저온처리 시 광이 없어도 버널리제이션 효과가 저해되지 않는다. 단 고온처리 시에는 광이 차단되어야 한다.

9 조생종과 만생종의 개화시기를 일치시키려면, 개화가 늦은 만생종의 개화시기를 앞당기거나 개화가 빠른 조생종의 개화시기를 늦추는 방법이 있는데, 현실적으로 온도에 민감하게 감응하는 조생종의 개화를 늦추는 것보다 만생종을 단일처리하여 개화시기를 앞당기는 것이 수월하므로 이 방법을 사용한다.

10 ④ 저장 중 α -아밀라아제에 의해 전분이 분해되어 환원당 함량이 증가한다.

11 **토성에 영향을 미치는 요인에 대한 설명으로 옳지 않은 것은?**

① 토양의 CEC가 커지면 비료성분의 용탈이 적어진다.
② 식토는 유기질의 분해가 더디고, 습해나 유해물질의 피해를 받기 쉽다.
③ 토양의 3상 중 고상은 기상조건에 따라 크게 변동한다.
④ 부식이 풍부한 사양토~식양토가 작물의 생육에 가장 알맞다.

12 **벼의 수량구성요소에 대한 설명으로 옳지 않은 것은?**

① 수량구성요소 중 수량에 가장 큰 영향을 미치는 것은 단위면적당 수수이다.
② 수량구성요소는 상호 밀접한 관계를 가지며 상보성을 나타낸다.
③ 수량구성요소 중 천립중이 연차간 변이계수가 가장 작다.
④ 단위면적당 영화수가 증가하면 등숙비율이 증가한다.

13 **토양 입단의 형성과 효용에 대한 설명으로 옳지 않은 것은?**

① 한번 형성이 된 입단 구조는 영구적으로 유지가 잘 된다.
② 입단에는 모관공극과 비모관공극이 균형 있게 발달해 있다.
③ 입단이 발달한 토양은 수분과 비료성분의 보유능력이 크다.
④ 입단이 발달한 토양에는 유용미생물의 번식과 활동이 왕성하다.

ANSWER 11.③ 12.④ 13.①

11 ③ 토양의 3상은 고상, 액상, 기상이다. 작물생육에 알맞은 토양의 3상 분포는 고상이 약 50%, 액상 30~35%, 기상 20~15%이다. 기상과 액상의 비율은 기상조건에 따라서 크게 변동하지만 고상은 거의 변동하지 않는다.

12 ④ 단위면적당 영화수(단위면적당 수수 × 1수영화수)가 증가하면 등숙비율은 감소하게 되고 등숙비율이 낮으면 천립중이 증가한다.

13 ① 한번 형성이 된 입단구조라도 과도한 경운, 토양의 건조와 습윤의 반복, 토양의 동결과 융해의 반복, 강우와 기온 등 기후조건, 유기물 등에 의해 파괴되기도 한다.

14 이식의 이점에 대한 설명으로 옳지 않은 것은?

① 가식은 새로운 잔뿌리의 밀생을 유도하여 정식 시 활착을 빠르게 하는 효과가 있다.
② 채소는 경엽의 도장이 억제되고, 숙기를 늦추며, 상추의 결구를 지연한다.
③ 보온육묘를 통해 초기생육의 촉진 및 생육기간의 연장이 가능하다.
④ 후작물일 경우 앞작물과의 생육시기 조절로 경영을 집약화 할 수 있다.

15 유성생식을 하는 작물의 감수분열(배우자형성과정)에서 일어나는 현상으로 옳지 않은 것은?

① 감수분열은 생식기관의 생식모세포에서 연속적으로 두 번의 분열을 거쳐 이루어진다.
② 제1감수분열 전기 세사기에 상동염색체 간에 교차가 일어난다.
③ 두 유전자가 연관되어 있을 때 교차가 일어나면 재조합형 배우자의 비율이 양친형보다 적게 나온다.
④ 연관된 유전자 사이의 재조합빈도는 0~50% 범위에 있으며, 유전자 사이의 거리가 멀수록 재조합빈도는 높아진다.

16 논토양의 일반적인 특성에 대한 설명으로 옳지 않은 것은?

① 담수 상태에서 물과 접한 부분의 논토양은 환원층을 형성하고, 그 아래 부분의 작토층은 산화층을 형성한다.
② 담수 상태의 논에서 조류가 번식하면 대기 중의 질소를 고정하여 이용한다.
③ 논토양에 존재하는 유기물은 논토양의 건조와 담수를 반복하면 무기화가 촉진되어 암모니아가 생성된다.
④ 암모니아태 질소를 환원층에 주면 절대적 호기균인 질화균의 작용을 받지 않으며, 비효가 오래 지속된다.

ANSWER 14.② 15.② 16.①

14 ② 채소는 이식으로 인한 단근(뿌리끊김)으로 경엽의 도장이 억제되고, 일부 채소에서는 숙기를 앞당기며, 상추의 결구를 촉진한다.

15 ② 제1감수분열 전기 태사기에 상동염색체 간에 교체가 일어난다. 태사기는 제1감수분열 전기의 3번째 단계로 상동염색체의 대합이 완료되며 2가염색체가 굵고 짧아진다. 감수분열로 상동염색체가 접착하여 2가염색체가 될 때, 분열로 생긴 4개의 염색분체 중 2개의 일부가 서로 교환되는 경우가 있는데 이를 교차라 한다.

16 ① 담수 상태에서 물과 접한 부분의 논토양은 산소와 만나 산화층을 형성하고, 그 아래 부분의 작토층은 환원층을 형성한다.

17 유전자원에 대한 설명으로 옳지 않은 것은?

① 유전자원 수집 시 그 지역의 기후, 토양특성, 생육상태 및 특성, 병해충 유무 등 가능한 모든 것을 기록한다.

② 종자수명이 짧은 작물이나 영양번식작물은 조직배양을 하여 기내보존하면 장기간 보존할 수 있다.

③ 소수의 우량 품종을 확대 재배함으로써 병해충이나 기상재해로부터 일시에 급격한 피해를 받을 수 있다.

④ 작물의 재래종 · 육성품종 · 야생종은 유전자원이고, 캘러스와 DNA 등은 유전자원에 포함되지 않는다.

18 종묘 생산을 위한 종자처리에 대한 설명으로 옳은 것은?

① 강낭콩 종자의 침종 시 산소조건은 발아율에 영향을 미치지 않는다.

② 땅콩 종자의 싹을 약간 틔워서 파종하는 것을 경화라고 한다.

③ 종자소독 시 병균이 종자 내부에 들어 있는 경우 물리적 소독을 한다.

④ 담배같이 손으로 다루거나 기계파종이 어려울 경우 프라이밍 방법을 이용한다.

ANSWER 17.④ 18.③

17 ④ 일반적으로 유전자원으로 확보되어 있는 생식질(germ plasm)은 유전적 특성을 가진 계통으로, 재배 품종과 친족관계인 야생종, 근연종, 원생 품종, 지역 품종, 돌연변이 계통, 육성 계통, 중간 모본, 검정 계통, 유전 실험 계통 등은 물론 캘러스와 DNA 등도 포함된다. 종자뿐만 아니라, 개체, 화분, 정자, 조직, 세포, 수정란 등 각종 형태로 보존된다.

18 ① 강낭콩 종자의 침종 시 산소조건은 발아율에 영향을 미친다.

② 땅콩 종자의 싹을 약간 틔워서 파종하는 것을 최아라고 한다.

④ 담배같이 손으로 다루거나 기계파종이 어려울 경우 종자펠릿 방법을 이용한다. 종자프라이밍은 일정 조건에서 종자에 삼투압 용액이나 수용성 화합물 따위를 흡수시켜 종자 내 대사 작용이 진행되지만 발아하지 않도록 처리하는 기술로, 발아 촉진과 발아 후 생육 촉진을 목적으로 실시한다.

19 **식물의 생장과 발육에 영향을 주는 식물생장조절제에 대한 설명으로 옳은 것은?**

① 사과나무에 자연 낙화하기 직전에 ABA를 살포하면 낙과를 방지할 수 있다.

② 포도나무(델라웨어 품종)에 지베렐린을 처리하여 무핵과를 얻을 수 있다.

③ NAA는 잎의 기공을 폐쇄시켜 증산을 억제시킴으로써 위조저항성이 커진다.

④ 시토키닌은 사과나무·서양배 등의 낙엽을 촉진시켜 조기수확을 할 수 있다.

20 **일장효과와 관련된 최화자극에 대한 설명으로 옳지 않은 것은?**

① 정단분열조직에 다량의 동화물질을 공급하는 잎이 일장유도를 받으면 최화자극의 효과적인 공급원이 된다.

② 최화자극은 잎이나 줄기의 체관부, 때로는 피층을 통해 향정적(向頂的)·향기적(向基的)으로 이동한다.

③ 일장처리에 감응하는 부분은 잎이며, 성엽보다 어린잎이 더 잘 감응한다.

④ 최화자극은 물관부는 통하지 않고, 접목부로 이동할 수 있다.

ANSWER 19.② 20.③

19 ① 사과나무에 자연 낙화하기 직전에 옥신(2,4-D, NAA 등)을 살포하면 낙과를 방지할 수 있다.
③ ABA는 잎의 기공을 폐쇄시켜 증산을 억제시킴으로써 위조저항성이 커진다.
④ 에틸렌은 사과나무·서양배 등의 낙엽을 촉진시켜 조기수확을 할 수 있다. 시토키닌은 식물 세포의 세포분열과 세포질 분열을 촉진하는 호르몬이다.

20 ③ 일장처리에 감응하는 부분은 잎이며, 성엽이 어린잎이나 노엽보다 더 잘 감응한다.

재배학개론 | 2019. 6. 15. 제2회 서울특별시 시행

1 재배와 작물의 특징에 대한 설명으로 가장 옳지 않은 것은?

① 재배는 토지를 생산수단으로 하며, 유기생명체를 다룬다.
② 재배는 자연환경의 영향이 크지만 분업적 생산이 용이하다.
③ 작물은 일반식물에 비해 이용성이 높은 식물이다.
④ 작물은 경제성을 높이기 위한 일종의 기형식물이다.

2 종자번식작물의 생식방법에 대한 설명으로 가장 옳은 것은?

① 제2감수분열 전기에 2가염색체를 형성하고 교차가 일어난다.
② 화분에는 2개의 화분관세포와 1개의 정세포가 있다.
③ 종자의 배유(3n)에 우성유전자의 표현형이 나타나는 것을 메타크세니아라고 한다.
④ 아포믹시스에 의하여 생긴 종자는 다음 세대에 유전 분리가 일어나지 않아 곧바로 신품종이 된다.

ANSWER 1.② 2.④

1 재배란 인간이 경지를 이용하여 작물을 기르고 수확을 올리는 경제적 행위이다. 작물은 이용성과 경제성이 높아서 사람의 재배 대상이 되는 식물을 말한다.
② 재배는 자연환경의 영향이 크고 분업적 생산이 용이하지 않다.

2 ① 2가염색체를 형성하고 교차가 일어나는 것은 제1감수분열 전기이다.
② 화분에는 1개의 화분관세포와 2개의 정세포가 있다.
③ 메타크세니아란 과실의 조직의 과피나 종피에 화분친의 표현형이 나타나는 현상으로, 배유에 나타나는 것은 특히 크세니아라고 부르고 메타크세니아에는 포함시키지 않는다.

3 염분이 많고 산성인 토양에 재배가 가장 적합한 작물은?

① 고구마　　② 양파
③ 가지　　④ 목화

4 작물의 내습성에 대한 설명 중 가장 옳지 않은 것은?

① 근계가 깊게 발달하면 내습성이 강하다.
② 뿌리조직이 목화하는 특성은 내습성을 높인다.
③ 경엽에서 뿌리로 산소를 공급하는 능력이 좋을수록 내습성이 강하다.
④ 뿌리가 환원성 유해물질에 대하여 저항성이 클수록 내습성이 강하다.

5 온도에 따른 작물의 여러 생리작용에 대한 설명으로 가장 옳은 것은?

① 이산화탄소 농도, 광의 강도, 수분 등이 제한요소로 작용하지 않을 때, 광합성의 온도계수는 저온보다 고온에서 크다.
② 고온일 때 뿌리의 당류농도가 높아져 잎으로부터의 전류가 억제된다.
③ 온도가 상승하면 수분의 흡수와 이동이 증대되고 증산량도 증가한다.
④ 적온 이상으로 온도가 상승하게 되면 호흡작용에 필요한 산소의 공급량이 늘어나 양분의 흡수가 증가된다.

ANSWER 3.④ 4.① 5.③

3 목화는 내염 적응성이 강해 간척지의 염해지에서도 비교적 잘 적응하고 생육이 일반 밭과 같은 정도의 높은 생산력을 가져오는 작물이다.

4 ① 근계가 얕게 발달하면 내습성이 강하다.

5 ① 광합성의 온도계수는 고온보다 저온에서 크며, 온도가 적온보다 높으면 광합성은 둔화된다.
② 저온일 때 뿌리의 당류농도가 높아져 잎으로부터의 전류가 억제된다. 반면 고온에서는 호흡작용이 왕성해져서 뿌리나 잎에서 당류가 급격히 소모되므로 전류물질이 줄어든다.
④ 적온을 넘어 고온이 되면 체내의 효소계가 파괴되므로 호흡속도가 오히려 감소한다.

6 **가장 다양한 토성에서 재배적지를 보이는 작물은?**

① 감자 ② 옥수수
③ 담배 ④ 밀

7 **종자 발아를 촉진할 목적으로 행하여지는 재배기술에 해당하지 않는 것은?**

① 경실종자에 진한 황산 처리
② 양상추 종자에 근적외광 730nm 처리
③ 벼 종자에 최아(催芽) 처리
④ 당근 종자에 경화(硬化) 처리

8 **포장군락의 단위면적당 동화능력을 구성하는 요인으로 가장 옳지 않은 것은?**

① 평균동화능력
② 수광능률
③ 진정광합성량
④ 총엽면적

ANSWER 6.① 7.② 8.③

6 ① 토성은 토양의 점토 함량을 기준으로 사토 < 사양토 < 양토 < 식양토 < 식토로 구분된다. 감자는 사토부터 식양토까지 잘 재배되며, 식토의 일부에서도 재배할 수 있다.
② 사양토, 양토
③ 사양토, 양토, 식양토 일부
④ 식양토, 식토

7 ② 730nm의 근적외광(Pfr)은 적색광에 의한 촉진효과를 소멸시킨다.

8 포장동화능력이란 포장상태에서의 단위면적당 동화능력으로, 총엽면적 × 수광능률 × 평균동화능력으로 구한다.

9 작물의 영양번식에 관한 설명이 가장 옳은 것은?

① 영양번식은 종자번식이 어려운 감자의 번식수단이 되지만 종자번식보다 생육이 억제된다.

② 성토법, 휘묻이 등은 취목의 한 형태이며 삽목이나 접목이 어려운 종류의 번식에 이용된다.

③ 흡지에 뿌리가 달린 채로 분리하여 번식하는 분주는 늦은 봄 싹이 트고 나서 실시하는 것이 좋다.

④ 채소에서 토양전염병 발생을 억제하고 흡비력을 높이기 위해 주로 엽삽과 녹지삽과 같은 삽목을 한다.

10 일장효과의 농업적 이용에 대한 설명으로 가장 옳지 않은 것은?

① 클로버를 가을철 단일기에 일몰부터 20시경까지 보광하여 장일조건을 만들어 주면 절간신장을 하게 되고, 산초량이 70~80% 증대한다.

② 호프(hop)를 재배할 때 차광을 통해 인위적으로 단일 조건을 주게 되면 개화시기가 빨라져 수량이 증대 한다.

③ 조생국화를 단일처리하면 촉성재배가 가능하고, 단일 처리의 시기를 조금 늦추면 반촉성재배가 가능하다.

④ 고구마순을 나팔꽃 대목에 접목하고 8~10시간 단일 처리하면 개화가 유도된다.

ANSWER 9.② 10.②

9 ① 영양번식은 종자번식보다 생육이 왕성하다.

③ 모주에서 발생하는 흡지를 뿌리가 달린 채로 분리하여 번식시키는 것을 분주라고 한다. 분주는 초봄 눈이 트기 전에 해주는 것이 좋다.

④ 채소에서 토양전염병 발생을 억제하고 흡비력을 높이기 위해 주로 엽삽과 녹지삽과 같은 접목을 한다.

10 ② 호프(hop)는 단일식물로 개화 전 보광을 하여 장일상태로 두면 영양생장을 계속하며, 적기에 보광을 정지하여 자연의 단일상태로 두면 개화하게 된다. 이렇게 하면 꽃은 작으나 수가 많아져서 수량이 증대한다.

11 〈보기〉에서 설명하는 멀칭의 효과에 해당하지 않는 것은?

〈보기〉

- 짚이나 건초를 깔아 작물이 생육하고 있는 입지의 표면을 피복해 주는 것을 멀칭이라고 함.
- 비닐이나 플라스틱필름의 보급이 일반화되어 이들을 멀칭의 재료로 많이 이용하고 있음.

① 한해(旱害)의 경감

② 생육 촉진

③ 토양물리성의 개선

④ 잡초발생 억제

12 작물의 내적 균형과 식물생장조절제에 대한 설명으로 가장 옳은 것은?

① 줄기의 일부분에 환상박피를 하면 그 위쪽 눈에 탄수화물이 축적되어 T/R율이 높아져 화아분화가 촉진된다.

② 사과나무에 천연 옥신(auxin)인 NAA를 처리하면 낙과를 방지할 수 있다.

③ 완두, 진달래에 시토키닌(cytokinin)을 처리하면 정아우세현상을 타파하여 곁눈 발달을 조장한다.

④ 상추와 배추에 저온처리 대신 지베렐린(gibberellin)을 처리하면 추대 및 개화한다.

ANSWER 11.③ 12.④

11 멀칭의 효과

㉠ 우로 표토가 씻겨 나가는 토양의 유실 방지

㉡ 잡초발생의 억제

㉢ 수분증발을 억제하여 한해를 방지

㉣ 토양수분의 유지

㉤ 겨울에 지온을 높여 동해를 방지

㉥ 생장증진 등

12 ① 식물의 환상박피는 보통 형성층 부위인 식물의 체관부를 제거시킴에 따라, 광합성으로 생성된 양분이 아래쪽으로 이동하지 못하게 된다. 즉, 줄기의 일부분에 환상박피를 하면 그 위쪽 눈에 탄수화물이 축적되어 C/N율이 높아져 화아분화가 촉진된다.

② NAA는 합성 옥신 가운데 하나로, 인돌아세트산과 거의 같지만 안정성이 높아서 발근을 촉진하거나 단위 결실을 유도하는 데 쓴다.

③ 시토키닌은 옥신에 의해 생기는 정아우세성을 악화시켜 측아의 생장을 촉진한다.

13 수확물 중에 협잡물, 이물질이나 품질이 낮은 불량품 들이 혼입되어 있는 경우 양질의 산물만 고르는 것은?

① 건조 ② 탈곡
③ 도정 ④ 정선(조제)

14 토양수분에 대한 설명으로 옳은 것을 〈보기〉에서 모두 고른 것은?

〈보기〉

㉠ 점토광물에 결합되어 있어 분리시킬 수 없는 수분을 결합수라 한다.
㉡ 토양입자 표면에 피막상으로 흡착된 수분을 흡습수라고 하며, pF 4.5~7로 식물이 흡수·이용할 수 있는 수분이다.
㉢ 중력수란 중력에 의하여 비모관공극에 스며 흘러 내리는 물을 말하며, pF 2.7 이상으로 식물이 이용하지 못한다.
㉣ 작물이 주로 이용하는 수분은 pF 2.7~4.5의 모관 수이며 표면장력 때문에 토양공극 내에서 중력에 저항하여 유지되는 수분을 말한다.

① ㉠, ㉢ ② ㉠, ㉣
③ ㉡, ㉢ ④ ㉡, ㉣

ANSWER 13.④ 14.②

13 수확물 중에서 이물질이나 불량품들을 골라내어 양질의 산물만 선별하는 것을 정선이라고 한다. 정선이 잘 된 수확물은 높은 등급을 받는 데 이점이 있다.

14 ㉡ 흡습수는 인력에 의해 토양입자의 표면에 물리적으로 결합되어 있는 수분으로 토양입자와 수분 사이의 흡착력이 강하여 식물이 이용하지 못한다.
㉢ 중력수는 중력 작용에 의하여 토양입자로부터 분리되어 토양입자 사이를 자유롭게 이동하거나 공극을 따라 지하로 침투하여 지하수가 되기도 한다. pF 0~2.7로 식물이 유용하게 사용할 수 있다.

15 **종자의 품질과 종자처리에 관한 설명으로 가장 옳지 않은 것은?**

① 파종 전에 종자에 수분을 가하여 발아 속도와 균일성을 높이는 처리를 최아 혹은 종자코팅이라고 한다.

② 종자는 수분함량이 낮을수록 저장력이 좋고, 발아율이 높으며 발아가 빠르고 균일할수록 우량종자이다.

③ 순도분석은 순수종자 외의 이종종자와 이물 확인 시 실시하고, 발아검사는 종자의 발아력을 조사하는 것이다.

④ 물리적 소독법 중 온탕침법은 곡류에, 건열처리는 채소종자에 많이 쓰인다.

16 **다음에 제시된 벼의 생육단계 중 가장 높은 담수를 요구하는 시기로 가장 옳은 것은?**

① 최고분얼기-유수형성기

② 유수형성기-수잉기

③ 활착기-최고분얼기

④ 수잉기-유숙기

ANSWER 15.① 16.④

15 ① 프라이밍은 파종 전에 수분을 가하여 종자가 발아에 필요한 생리적인 준비를 갖추게 함으로써 발아의 속도와 균일성을 높이려는 처리기술이다.

16 벼의 생육단계 중 가장 높은 담수를 요구하는 시기는 수잉기와 유숙기이다.

※ 벼의 생육단계별 용수량

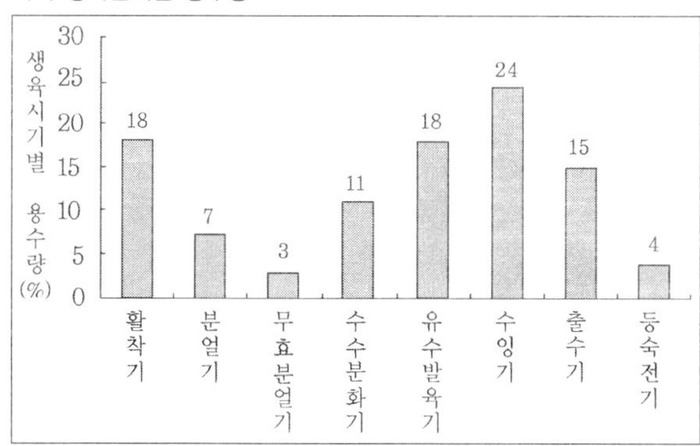

17 **작물을 재배하는 작부방식에 대한 설명으로 가장 옳지 않은 것은?**

① 지속적인 경작으로 지력이 떨어지고 잡초가 번성하면 다른 곳으로 이동하여 경작하는 것을 대전법이라고 한다.

② 3포식 농법은 경작지의 2/3에 추파 또는 춘파 곡류를 심고, 1/3은 휴한하면서 해마다 휴한지를 이동하여 경작하는 방식이다.

③ 3포식 농법에서 휴한지에 콩과식물을 재배하여 사료도 얻고 지력을 높이는 방법을 개량 3포식 농법이라고 한다.

④ 정착농업을 하면서 지력을 높이기 위해 콩과작물을 재배하는 것을 휴한농법이라고 한다.

18 **관개의 효과와 관개방법에 대한 설명이 가장 옳은 것은?**

① 논에 담수관개를 하면 작물 생육초기 저온기에는 보온효과가 작고 혹서기에는 지온과 수온을 높이는 효과가 있다.

② 논에 담수관개를 하면 해충이 만연하고 토양전염병이 늘어난다.

③ 밭에 관개를 하면 한해(旱害)가 방지되고 토양함수량을 알맞게 유지할 수 있어 생육이 촉진된다.

④ 밭에 관개하고 다비재배를 하면 병충해와 잡초 발생이 적어진다.

ANSWER 17.④ 18.③

17 ④ 휴한농법은 흙을 개량하기 위하여 어느 기간 동안 작물 재배를 중지하는 방법을 말한다.

18 ① 논에 담수관개를 하면 작물 생육초기 저온기에는 보온효과가 크고 혹서기에는 지온과 수온을 낮추는 효과가 있다.

② 담수관개는 잡초억제, 분얼촉진, 병충해억제, 온도조절, 연작장해 회피 등의 장점을 가지고 있다.

④ 관개와 다비재배를 하면 병충해 · 잡초의 발생이 많아지기 때문에 병충해 · 제초를 방제해야 한다.

19 **일장과 온도에 따른 작물의 발육에 대한 설명으로 가장 옳은 것은?**

① 토마토는 감온상(온도)과 감광상(일장)이 모두 뚜렷하지만 추파맥류는 그 구분이 뚜렷하지 않다.

② 꽃눈의 분화 · 발육을 촉진하기 위해 일정기간의 일장 처리를 하는 것을 버널리제이션(vernalization)이라고 한다.

③ 일반적으로 월년생 장일식물은 0~10℃ 저온처리에 의해 화아분화가 촉진된다.

④ 밀에 35℃ 정도의 고온처리 후 일정기간의 저온을 처리하면 춘화처리 효과가 상실되며 이를 이춘화라 한다.

20 **배수체의 특성을 이용하여 신품종을 육성하는 육종 방법에 대한 설명으로 가장 옳은 것은?**

① 4배체(♀)×2배체(♂)에서 나온 동질 3배체(♀)에 2배체(♂)의 화분을 수분하여 만든 수박 종자를 파종하면 과실은 종자를 맺지 않는다.

② 배수체를 만들기 위해서는 세포분열이 왕성하지 않은 곳을 선택하여 콜히친을 처리해야 한다.

③ 콜히친을 처리하게 되면 분열 중인 세포에서 정상적으로 방추사 형성을 가능하게 하지만 동원체 분할을 방해하기 때문에 염색체가 분리하지 못한다.

④ 반수체는 생육이 불량하고 완전불임이기 때문에 반수체의 염색체를 배가하면 이형접합체를 얻을 수 있으므로 육종연한을 대폭 줄일 수 있다.

ANSWER 19.③ 20.①

19 ① 토마토의 경우 중일성 식물로 감온상, 감광상 모두 잘 나타나지 않는다. 추파맥류는 저온 감온상과 장일 감광상이 뚜렷하다.
② 꽃눈의 분화 · 발육을 촉진하기 위해 일정기간의 온도처리(주로 저온처리)를 하는 것을 버널리제이션(춘화처리)이라고 한다.
④ 이춘화란 춘화의 효과가 상실되는 현상으로, 춘화처리를 받은 후 고온이나 건조상태에 두면 춘화처리의 효과가 상실된다.

20 ① 무핵화에 대한 설명이다. 씨 없는 수박이나 포도에 적용된다.
② 배수체를 만들기 위해서는 세포분열이 왕성한 곳을 선택하여 콜히친을 처리해야 한다.
③ 콜히친을 처리하게 되면 분열 중인 세포에서 정상적으로 방추사 형성을 하지 못해, 동원체 분할을 방해하기 때문에 염색체가 분리하지 못한다.
④ 반수체는 생육이 불량하고 완전불임이기 때문에 반수체의 염색체를 배가하면 동형접합체를 얻을 수 있으므로 육종연한을 대폭 줄일 수 있다.

재배학개론

2020. 6. 13. 제1회 지방직 시행

1 **바빌로프가 주장한 작물의 기원지별 작물 분류로 옳지 않은 것은?**

① 코카서스 · 중동지역 – 보통밀, 사과
② 중국지역 – 조, 진주조
③ 남아메리카지역 – 감자, 고추
④ 중앙아프리카지역 – 수수, 수박

2 **무배유종자에 해당하는 작물은?**

① 상추
② 벼
③ 보리
④ 양파

ANSWER 1.② 2.①

1 바빌로프(Vavilov)의 유전자중심설 … 바빌로프는 유전자 분포의 중심지를 찾는 것을 바탕으로 작물의 기원지를 추정하였다. 유전자 분포의 중심지에서는 그 식물종의 변이가 가장 풍부하고 다른 지방에 없는 변이가 보이며 원시적인 우성형질도 많이 보이는 특징이 있다.

② 조는 중국지역이 기원지인 작물이 맞지만, 진주조는 중앙아프리카지역이 기원지인 작물에 해당한다.

※ 재배작물의 기원중심지

기원지별	작물
중국	6조보리, 피, 콩, 팥, 메밀, 배추, 파, 인삼, 감, 복숭아 등
인도 · 동남아시아	벼, 참깨, 사탕수수, 모시풀, 왕골, 오이, 가지, 생강 등
중앙아시아	귀리, 기장, 완두, 삼, 당근, 양파, 무화과 등
코카서스 · 중동	2조보리, 보통밀, 호밀, 유채, 아마, 마늘, 시금치, 포도 등
지중해 연안	완두, 사탕무, 티머시, 화이트클로버, 순무, 우엉, 양배추, 올리브 등
중앙아프리카	보리, 진주조, 동부, 아마, 참깨, 아주까리, 커피, 수수 등
중앙아메리카	옥수수, 고구마, 강낭콩, 고추 등
남아메리카	감자, 토마토, 담배, 호박, 파파야, 딸기, 땅콩, 카사바 등

2 무배유종자는 배낭 속에 배만 있고 배젖이 없으며 떡잎 속에 많은 양분을 저장하고 있어 배젖의 기능을 대신하는 종자를 말한다. 무배유종자에 해당하는 작물로는 국화과(상추, 쑥갓 등), 배추과(배추, 무 등), 박과(호박, 오이 등), 콩과(콩, 팥, 완두, 녹두 등) 등이 있다.

3 신품종의 3대 구비조건에 해당하지 않는 것은?

① 구별성
② 안정성
③ 우수성
④ 균일성

4 작물의 한해(旱害)에 대한 대책으로 옳지 않은 것은?

① 내건성이 강한 작물이나 품종을 선택한다.
② 인산과 칼리의 시비를 피하고 질소의 시용을 늘린다.
③ 보리나 밀은 봄철 건조할 때 밟아준다.
④ 수리불안전답은 건답직파나 만식적응재배를 고려한다.

5 유전적 침식에 대한 설명으로 옳은 것은?

① 작물이 원산지에서 멀어질수록 우성보다 열성형질이 증가하는 현상
② 우량품종의 육성·보급에 따라 유전적으로 다양한 재래종이 사라지는 현상
③ 소수의 우량품종을 확대 재배함으로써 병충해나 자연재해로부터 일시에 급격한 피해를 받는 현상
④ 세대가 경과함에 따라 자연교잡, 돌연변이 등으로 종자가 유전적으로 순수하지 못하게 되는 현상

ANSWER 3.③ 4.② 5.②

3 신품종의 3대 구비조건은 구별성(Distinctness), 균일성(Uniformity), 안정성(Stability)이다.
㉠ **구별성**: 출원서 제출 시 일반인에게 알려진 타 품종과 분명하게 구별되어야 한다.
㉡ **균일성**: 번식 방법상 예상되는 변이를 고려한 상태에서 관련 특성이 충분히 균일하여야 한다.
㉢ **안정성**: 반복 번식 후(번식주기 고려) 관련 특성이 변하지 아니하여야 한다.
※ 「식물신품종 보호법」 제18조(구별성), 제19조(균일성), 제20조(안정성) 참고

4 ② 질소의 과다 시용을 삼가고 인산과 칼리의 시용을 늘린다. 칼리질 비료는 작물의 한해를 방지한다.

5 유전적 침식이란 자연재해, 우량품종의 육성 · 보급 등과 같이 자연적 · 인위적 원인에 의해 유전적으로 다양한 재래종이 사라지는 현상을 말한다.
① 우전자중심설
③ 유전적 취약성
④ 유전적 퇴화

6 밭작물의 토양처리제초제로 적합하지 않은 것은?

① Propanil
② Alachlor
③ Simazine
④ Linuron

7 화본과(禾本科) 작물의 화분과 배낭 발달 및 수정에 대한 설명으로 옳지 않은 것은?

① 화분모세포가 두 번의 체세포분열이 일어나 화분으로 성숙한다.
② 각 화분에는 2개의 정세포와 1개의 화분관세포가 있다.
③ 배낭모세포로부터 분화하여 성숙된 배낭에는 반족세포, 극핵, 난세포, 조세포가 존재한다.
④ 배낭의 난세포와 극핵은 각각 정세포와 수정하여 배와 배유로 발달한다.

8 종자번식작물의 생식에 대한 설명으로 옳지 않은 것은?

① 수정에 의하여 접합자(2n)를 형성하고, 접합자는 개체발생을 하여 식물체로 자란다.
② 수분(受粉)의 자극을 받아 난세포가 배로 발달하는 것을 위수정생식이라고 한다.
③ 감수분열 전기의 대합기에는 상동염색체 간에 교차가 일어나 키아스마(chiasma)가 관찰된다.
④ 종자의 배유(3n)에 우성유전자의 표현형이 나타나는 것을 크세니아(xenia)라고 한다.

ANSWER 6.① 7.① 8.③

6 ① Propanil은 산아미드계 제초제로, 벼에는 Propanil을 가수분해시키는 효소가 많아 무독화되지만 피, 물달개비 등에는 이 효소가 적어 제초제로 작용한다.

7 ① 화분모세포(2n)는 감수분열을 통해 4개의 화분세포(n)를 만든다.
※ 점차막형성과 동시막형성
㉠ 점차막형성 : 제1감수분열 뒤 세포 사이에 격막이 생기고, 제2감수분열 뒤 4개의 화분세포 사이에 격막이 생기는 방식
㉡ 동시막형성 : 4개의 화분세포가 생긴 후 한꺼번에 모든 격막이 생기는 방식

8 ③ 상동염색체 간의 교차가 일어나 키아스마가 관찰되는 것은 태사기에 해당한다. 대합기에는 상동염색체가 짝을 지어 2가 염색체를 형성한다.

9 토양산성화의 원인이 아닌 것은?

① 토양 중의 치환성 염기가 용탈되어 미포화 교질이 늘어난 경우
② 산성비료의 연용
③ 토양 중에 탄산, 유기산의 존재
④ 규산염 광물의 가수분해가 일어나는 지역

10 다음 설명에 해당하는 식물 호르몬은?

잎의 노화 · 낙엽을 촉진하고, 휴면을 유도하며 잎의 기공을 폐쇄시켜 증산을 억제함으로써 건조조건에서 식물을 견디게 한다.

① 옥신
② 시토키닌
③ 아브시스산
④ 에틸렌

ANSWER 9.④ 10.③

9 ④ 무기질 토양이 산성화될 때 주원인 중 하나는 점토광물과 Al의 화수산화물이다. 규산염 광물이 가수분해되면 그 환경에 따라 다양한 종류의 점토광물로 변화하는데, 따라서 규산염 광물의 가수분해가 일어나는 지역이 모두 토양 산성화가 일어나는 것은 아니다.

※ 토양산성화의 원인
㉠ 기후와 토양의 반응
㉡ 규산염 광물과 가수의 분해
㉢ 부식에 의한 산성
㉣ 비료에 의한 산성화
㉤ 산성강하물에 의한 산성화

10 제시된 내용은 식물의 성장 중에 일어나는 여러 과정을 억제하는 식물호르몬인 아브시스산(ABA)에 대한 설명이다.
① 옥신은 특히 줄기의 신장에 관여하는 식물호르몬이다.
② 시토키닌은 생장을 조절하고 세포분열을 촉진하는 역할을 한다.
④ 에틸렌은 기체로 된 식물호르몬으로 식물의 성숙을 촉진하는 기능을 한다.

11 토양수분 중에서 pF 2.7~4.5로서 작물이 주로 이용하는 토양수분의 형태는?

① 결합수 ② 모관수
③ 중력수 ④ 지하수

12 벼의 도복(倒伏)에 대한 경감대책으로 옳지 않은 것은?

① 키가 작고 줄기가 튼튼한 품종을 선택한다.
② 지베렐린(GA3)를 처리한다.
③ 배토(培土)를 실시한다.
④ 규산질비료와 석회를 충분히 시용한다.

13 혼파의 이로운 점이 아닌 것은?

① 공간의 효율적 이용
② 질소질 비료의 절약
③ 잡초 경감
④ 종자 채종의 용이

14 우리나라에서 농작업의 기계화율이 가장 높은 작물은?

① 고구마 ② 고추
③ 콩 ④ 논벼

ANSWER 11.② 12.② 13.④ 14.④

11 토양수분은 흙 입자에 결합된 장력의 정도에 따라 결합수, 흡착수, 모관수, 중력수, 지하수 등으로 구분된다. 이중 작물이 수분보충에 이용하는 대부분은 모관수이다.

12 ② 벼의 하위절간을 단축시키는 생장조절제인 이나벤파이드(inabenfide) 처리를 하면 도복을 경감시킬 수 있다.

13 ④ 혼파는 종자 채용이 곤란하다. 이밖에 파종 및 시비, 수확작업이 불편하고 병해충 방제가 어려운 단점이 있다.

14 우리나라 농작업의 기계화율이 가장 높은 작물은 논벼이다. 통계청에 따르면 2019년 기준 벼농사의 기계화율은 98.40%로, 60.20%의 밭농사에 비해 월등히 높은 편이다.

15 돌연변이 육종에 대한 설명으로 옳은 것은?

① 돌연변이율이 낮고 열성돌연변이가 적게 생성된다.
② 유발원 중 많이 쓰이는 X선과 감마(γ)선은 잔류방사능이 있어 지속적으로 효과를 발휘한다.
③ 대상식물로는 영양번식작물이 유리한데 이는 체세포돌연변이를 쉽게 얻을 수 있기 때문이다.
④ 타식성작물은 이형접합체가 많으므로 돌연변이체를 선발하기가 쉬워 많이 이용한다.

16 동일한 포장에서 같은 작물을 연작하면 생육이 뚜렷하게 나빠지는 작물로만 묶은 것은?

① 콩, 딸기
② 고구마, 시금치
③ 옥수수, 감자
④ 수박, 인삼

17 굴광성에 대한 설명으로 옳지 않은 것은?

① 광이 조사된 쪽의 옥신 농도가 낮아지고 반대쪽의 옥신 농도가 높아진다.
② 이 현상에는 청색광이 유효하다.
③ 이 현상으로 생물검정법 중 하나인 귀리만곡측정법(avena curvature test)이 확립되었다.
④ 줄기나 초엽에서는 옥신의 농도가 낮은 쪽의 생장속도가 반대쪽보다 높아져서 광을 향하여 구부러진다.

ANSWER 15.③ 16.④ 17.④

15 돌연변이 육종 … 돌연변이 현상을 이용하여 새로운 유전변이를 유도함으로써 육종적 가치가 높은 개체를 만드는 방법이다.
① 돌연변이율이 낮고 열성돌연변이가 많이 생성된다.
② 엑스선과 감마선은 잔류방사능이 없어 유발원으로 많이 쓰인다.
④ 타식성작물은 이형접합체가 많으므로 돌연변이체를 선발하기가 어렵다.

16 ④ 수박은 5~7년, 인삼은 10년 이상의 휴작이 필요하다.
① 콩 – 1년
② 시금치 – 1년
③ 감자 – 2~3년
※ 벼, 맥류, 옥수수, 고구마, 무, 딸기, 양파 등은 연작의 해가 적은 작물이다.

17 ④ 줄기나 초엽에서는 줄기의 생장에 관여하는 옥신의 농도가 높은 쪽의 생장속도가 반대쪽보다 높아져서 광을 향하여 구부러진다.

18 **농작물 관리에서 중경의 이로운 점이 아닌 것은?**

① 파종 후 비가 와서 표층에 굳은 피막이 생겼을 때 가볍게 중경을 하면 발아가 조장된다.
② 중경을 하면 토양 중에 산소 공급이 많아져 뿌리의 생장과 활동이 왕성해진다.
③ 중경을 해서 표토가 부서지면 토양 모세관이 절단되므로 토양수분의 증발이 경감된다.
④ 논에 요소 · 황산암모늄 등을 덧거름으로 주고 중경을 하면 비료가 산화층으로 섞여 들어가 비효가 증진된다.

19 **식물생장조절제의 재배적 이용성에 대한 설명으로 옳지 않은 것은?**

① 삽목이나 취목 등 영양번식을 할 때 옥신을 처리하면 발근이 촉진된다.
② 지베렐린은 저온처리와 장일조건을 필요로 하는 식물의 개화를 촉진한다.
③ 시토키닌을 처리하면 굴지성 · 굴광성이 없어져서 뒤틀리고 꼬이는 생장을 한다.
④ 에틸렌을 처리하면 발아촉진과 정아우세타파 효과가 있다.

20 **유전자 A와 유전자 B가 서로 다른 염색체에 있을 때, 유전자형이 AaBb인 작물에 대한 설명으로 옳지 않은 것은? (단, 멘델의 유전법칙을 따르며, 유전자 A는 유전자 a에, 유전자 B는 유전자 b에 대하여 완전우성이다)**

① 유전자 A와 유전자 B는 독립적으로 작용한다.
② 자식을 했을 때 나올 수 있는 유전자형은 16가지이다.
③ 자식을 했을 때 나올 수 있는 표현형은 4가지이다.
④ 배우자의 유전자형은 4가지이다.

ANSWER 18.④ 19.③ 20.②

18 ④ 논에 요소 · 황산암모늄 등을 덧거름으로 주고 중경을 하면 비료가 환원층으로 섞여 들어가 비효가 증진된다.

19 ③ 모르파크틴을 처리하면 생장억제 작용과 함께 식물의 굴지성 · 굴과성이 없어져서 뒤틀리고 꼬이는 생장을 한다. 시토키닌은 생장을 조절하고 세포분열을 촉진하는 역할을 한다.

20 ② 자식을 했을 때 나올 수 있는 유전자형은 AABB, AABb, AAbb, AaBB, AaBb, Aabb, aaBB, aaBb, aabb의 9가지이다.

재배학개론

2020. 7. 11. 인사혁신처 시행

1 **식물학적 기준에 따라 작물을 분류하였을 때, 연결이 옳지 않은 것은?**

① 십자화과 식물 – 무, 배추, 고추, 겨자
② 화본과 식물 – 벼, 옥수수, 수수, 호밀
③ 콩과 식물 – 동부, 팥, 땅콩, 자운영
④ 가지과 식물 – 감자, 담배, 토마토, 가지

2 **식물의 염색체에 일어나는 수적 변이에서 염색체 수가 게놈의 기본 수와 같거나 정의 배수 관계가 아닌 것은?**

① 이수체
② 반수체
③ 동질배수체
④ 이질배수체

3 **작물 수량 삼각형에 대한 설명으로 옳지 않은 것은?**

① 유전성, 재배환경 및 재배기술을 세 변으로 한다.
② 작물의 최대수량을 얻기 위해서는 좋은 환경에서 우수한 품종을 선택하여 적절한 재배기술을 적용한다.
③ 3요소 중 어느 한 요소가 가장 클 때 최대수량을 얻을 수 있다.
④ 삼각형의 면적은 생산량을 표시한다.

ANSWER 1.① 2.① 3.③

1 ① 고추는 가지과 식물에 해당한다.

2 염색체 수의 변화와 유전
㉠ 정배수체 : 염색체 세트가 배수로 증감된 경우
• 반수체 : 염색체 세트의 수가 절반으로 줄어든 것
• 배수체
– 동질배수체 : 서로 같은 종류의 염색체가 배가 된 것
– 이질배수체 : 서로 다른 종류의 염색체가 배가 된 것
㉡ 이수체 : 염색체 세트에 염색체가 +1 또는 −1된 것

3 ③ 유전성, 재배환경, 재배기술의 3요소가 균등할 때 최대수량을 얻을 수 있다.

4 일장처리에 따른 개화 여부가 나머지 셋과 다른 것은?

① 장일식물

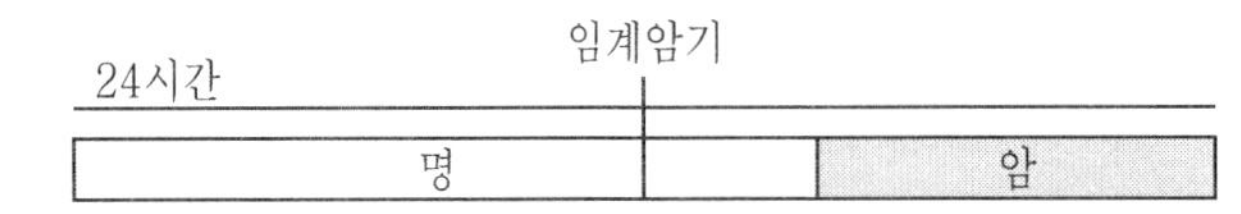

② 장일식물

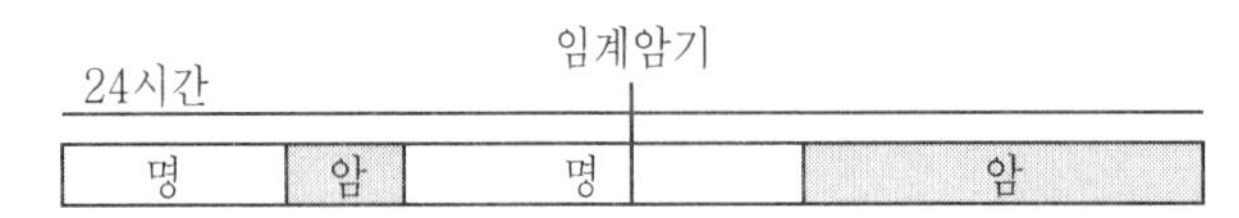

③ 단일식물

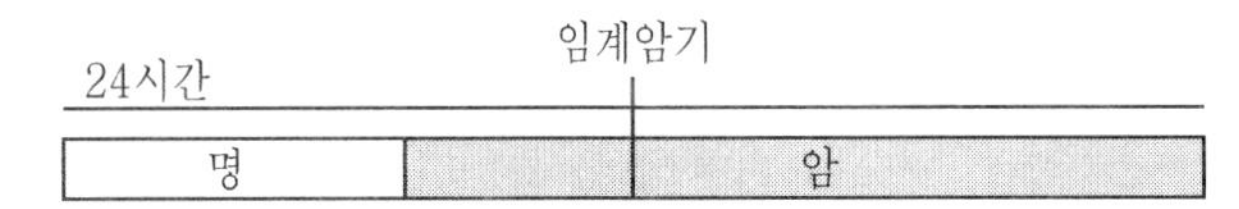

④ 단일식물

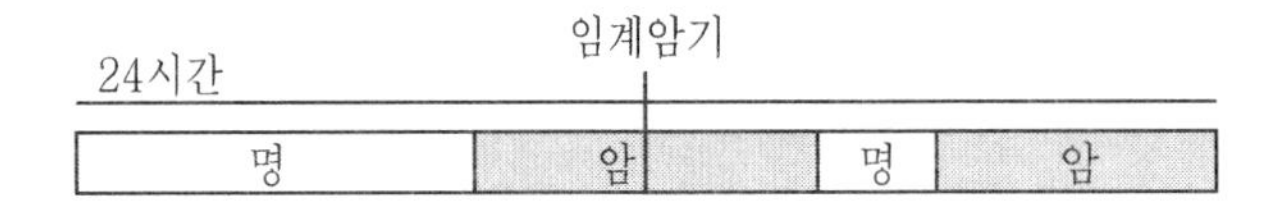

5 다음 글에서 설명하는 원소는?

> 작물 재배에 있어 필수원소는 아니지만 셀러리, 사탕무, 목화, 양배추 등에서 시용 효과가 인정되며, 기능적으로 칼륨과 배타적 관계이지만 제한적으로 칼륨의 기능을 대신할 수 있다.

① 나트륨(Na)　　② 코발트(Co)

③ 염소(Cl)　　④ 몰리브덴(Mo)

ANSWER 4.④ 5.①

4 ①②③은 개화하고 ④는 개화하지 않는다. 단일식물의 연속암기 중에 광을 조사하면 총 암기가 총 명기보다 길다고 해도 단일효과가 나타나지 않는 야간조파가 발생한다.

5 제시된 내용은 나트륨에 대한 설명이다. 나트륨은 필수원소는 아니지만 셀러리, 사탕무, 순무, 목화, 양배추, 근대 등에서는 시용 효과가 인정된다. 나트륨은 기능적으로 칼륨과 배타적 관계이지만, 제한적으로 칼륨의 기능을 대신 할 수 있으며 C4 식물에서 요구도가 높다.

6 **내건성이 큰 작물의 특징에 대한 설명으로 옳지 않은 것은?**

① 건조할 때 호흡이 낮아지는 정도가 크고, 광합성이 감퇴하는 정도가 낮다.
② 건조할 때 단백질 및 당분의 소실이 늦다.
③ 뿌리 조직이 목화된 작물이 일반적으로 내건성이 강하다.
④ 세포의 크기가 작은 작물이 일반적으로 내건성이 강하다.

7 **표는 무 종자 100립을 치상하여 5일 동안 발아시킨 결과이다. 발아율(發芽率), 발아세(發芽勢) 및 발아전(發芽揃) 일수(日數)는? (단, 발아세 중간조사일은 4일이다)**

치상 후 일수	1	2	3	4	5	계
발아종자 수	2	20	30	30	10	92

	발아율(%)	발아세(%)	발아전 일수
①	92	82	치상 후 4일
②	92	82	치상 후 3일
③	82	92	치상 후 4일
④	82	92	치상 후 3일

8 **귀리의 외영색이 흑색인 것(AABB)과 백색인 것(aabb)을 교배한 F_1의 외영은 흑색(AaBb)이고 자식세대인 F_2에서는 흑색(A_B_, A_bb)과 회색(aaB_) 및 백색(aabb)이 12 : 3 : 1로 분리한다. 이러한 유전자 상호작용은?**

① 우성상위(피복유전자)
② 열성상위(조건유전자)
③ 억제유전자
④ 이중열성상위(보족유전자)

ANSWER 6.③ 7.① 8.①

6 ③ 뿌리 조직이 목화(木化)된 작물은 환원성 유해물질의 침입을 막아 일반적으로 내습성이 강하다.

7
- 발아율 = 파종된 종자수에 대한 발아종자수의 비율 = $\frac{92}{100} \times 100 = 92\%$
- 발아세 = 치상 후 일정기간까지의 발아율 = $\frac{2+20+30+30}{100} \times 100 = 82\%$
- 발아전 = 80% 발아, ∴ 100립 중 80% 이상이 발아한 치상 후 4일

8 우성상위란 상위성 관계에 있는 2개의 유전자좌에서, 상위를 나타내는 유전자의 우성대립유전자가 하위를 나타내는 유전자좌의 어떠한 대립유전자와의 조합에 상관없이 그 고유의 특성을 발현하는 것을 말한다. F_1을 자가수정한 F_2에서 A가 B의 상위에서 기능을 방해하여 AAbb 또는 Aabb의 유전형을 가진 개체가 흑색을 띠게 된다.

9 **선택성 제초제인 2,4-D를 처리했을 때 효과적으로 제거할 수 있는 잡초는?**

① 돌피 ② 바랭이
③ 나도겨풀 ④ 개비름

10 **필수원소인 황(S)의 결핍에 대한 설명으로 옳지 않은 것은?**

① 단백질의 생성이 억제된다.
② 콩과 작물의 뿌리혹박테리아에 의한 질소고정이 감소한다.
③ 체내 이동성이 높아 황백화는 오래된 조직에서 먼저 나타난다.
④ 세포분열이 억제되기도 한다.

11 **종자 수명에 대한 설명으로 옳은 것은?**

① 알팔파와 수박 등은 단명종자이고, 메밀과 양파 등은 장명종자로 분류된다.
② 종자의 원형질을 구성하는 단백질의 응고는 저장종자 발아력 상실의 원인 중 하나이다.
③ 수분 함량이 높은 종자를 밀폐 저장하면 수명이 연장된다.
④ 종자 저장 중 산소가 충분하면 유기호흡이 조장되어 생성된 에너지를 이용하여 수명이 연장된다.

ANSWER 9.④ 10.③ 11.②

9 2,4-D는 모노클로로아세트산과 2,4-다이클로로페놀과의 반응으로 합성되는 제초제 농약으로 주성분은 2,4-다이클로로페녹시아세트산이고, 일반적으로 잎이 넓은 잡초를 제거하는 데 쓰인다. 쌍떡잎식물에서는 줄기 꼭대기에 작용하여 비정상적인 세포분열을 발생시켜 말려 죽이는 작용을 하지만, 벼과 등의 외떡잎식물에는 영향을 주지 않는 선택형 제초제이다.
①② 외떡잎식물 벼목 화본과의 한해살이풀
③ 외떡잎식물 벼목 화본과의 여러해살이풀
④ 쌍떡잎식물 중심자목 비름과의 한해살이풀

10 ③ 황은 체내 이동성이 낮아 결핍증세인 황백화는 오래되지 않은 새 조직에서 먼저 나타난다.

11 ① 알팔파와 수박 등은 장명종자이고, 메밀과 양파 등은 단명종자로 분류된다.
③ 수분 함량이 높은 종자는 건조시켜 밀폐 저장하면 수명이 연장된다.
④ 종자 저장 중에 산소가 충분하면 유기호흡이 조장되어 변질이 발생하고 수명이 감소한다. 종자 저장 중에 산소가 적으면 유기호흡이 억제되어 수명이 연장된다.

12 정밀농업에 대한 설명으로 옳은 것은?

① 작물양분종합관리와 병해충종합관리를 기반으로 화학비료와 농약 사용량을 크게 줄이는 것을 목표로 하는 농업이다.

② 궁극적인 목표는 비료, 농약, 종자의 투입량을 동일하게 표준화하여 과학적으로 작물을 관리하는 것이다.

③ 농산물의 안전성을 추구하는 농업으로 소비자의 알 권리를 위해 시행하는 우수농산물관리제도(GAP)이다.

④ 작물의 생육상태를 센서를 이용하여 측정하고, 원하는 위치에 원하는 농자재를 필요한 양만큼 투입하는 농업이다.

13 생태종(生態種)과 생태형(生態型)에 대한 설명으로 옳은 것만을 모두 고르면?

㉠ 하나의 종 내에서 형질의 특성이 다른 개체군을 아종(亞種)이라 한다.
㉡ 아종(亞種)은 특정지역에 적응해서 생긴 것으로 작물학에서는 생태종(生態種)이라고 부른다.
㉢ 1년에 2~3작의 벼농사가 이루어지는 인디카 벼는 재배양식에 따라 겨울벼, 여름벼, 가을벼 등의 생태형(生態型)으로 분화되었다.
㉣ 춘파형과 추파형을 갖는 보리의 생태형(生態型) 간에는 교잡친화성이 낮아 유전자교환이 잘 일어나지 않는다.

① ㉠
② ㉠, ㉡
③ ㉠, ㉡, ㉢
④ ㉠, ㉡, ㉢, ㉣

ANSWER 12.④ 13.③

12 정밀농업은 토양, 작물, 기상 등 영농에 필요한 정보를 바탕으로 농작업기계를 사용해서 과학적이고 효율적으로 친환경 고품질농업을 구현할 수 있는 좋은 영농방법

※ **친환경농업** … 지속 가능한 농업 또는 지속농업(Sustainable Agriculture)이라고도 하며, 농업과 환경을 조화시켜 농업의 생산을 지속 가능하게 하는 농업형태로서 농업생산의 경제성 확보, 농산물의 안전성 및 환경보존을 동시 추구하는 농업

13 ㉣ 춘파형과 추파형을 갖는 보리의 생태형(生態型) 간에는 교잡친화성이 높아 유전자교환이 잘 일어난다.

14 **사토(砂土)부터 식토(埴土) 사이의 토성을 갖는 모든 토양에서 재배 가능한 작물만을 모두 고르면?**

㉠ 콩	㉡ 팥
㉢ 오이	㉣ 보리
㉤ 고구마	㉥ 감자

① ㉠, ㉡, ㉢

② ㉠, ㉡, ㉥

③ ㉢, ㉣, ㉤

④ ㉣, ㉤, ㉥

15 **일장효과와 춘화처리에 대한 설명으로 옳은 것은?**

① 춘화처리는 광주기와 피토크롬(phytochrome)에 의해 결정된다.

② 일장효과는 생장점에서 감응하고 춘화처리는 잎에서 감응한다.

③ 대부분의 단일식물은 개화를 위해 저온춘화가 요구된다.

④ 지베렐린은 저온과 장일을 대체하여 화성을 유도하는 효과가 있다.

ANSWER 14.② 15.④

14 사토(砂土)부터 식토(埴土) 사이의 토성을 갖는 모든 토양에서 재배 가능한 작물은 콩, 팥, 감자이다.
㉢ 오이는 사토부터 양토 사이가 재배적지이다.
㉣ 보리는 세사토부터 양토 사이가 재배적지이다.
㉤ 고구마는 사토부터 식양토 사이가 재배적지이다.

15 ① 춘화처리는 개화를 유도하기 위하여 생육기간 중의 일정시기에 저온처리를 하는 것으로 온도에 의해 결정된다. 광주기와 피토크롬(phytochrome)은 일장효과와 관련된다.
② 일장효과는 잎에서 감응하고 춘화처리는 생장점에서 감응한다.
③ 대부분의 장일식물은 개화를 위해 저온춘화가 요구된다.

16 토양반응과 작물생육에 대한 설명으로 옳은 것은?

① 곰팡이는 넓은 범위의 토양반응에 적응하고 특히 알칼리성 토양에서 가장 번식이 좋다.

② 토양이 강알칼리성이 되면 질소(N), 철(Fe), 망간(Mn) 등의 용해도가 감소해 작물생육에 불리하다.

③ 몰리브덴(Mo)은 pH 8.5 이상에서 용해도가 급격히 감소하는 경향이 있다.

④ 근대, 완두, 상추와 같은 작물은 산성 토양에 대해서 강한 적응성을 보인다.

17 다음 특성을 갖는 토양에서 재배 적응성이 낮은 작물은?

- 황산암모늄이나 염화칼륨과 같은 비료를 장기간 과량 연용한 지역에 토양개량 없이 작물을 계속해서 재배하고자 하는 토양
- 인산(P)의 가급도가 급격히 감소한 토양

① 토란, 당근

② 시금치, 부추

③ 감자, 호박

④ 토마토, 수박

ANSWER 16.② 17.②

16 ① 곰팡이는 넓은 범위의 토양반응에 적응하고 특히 약산성 토양에서 가장 번식이 좋다.
③ 몰리브덴(Mo)은 pH 8.5 이상에서 용해도가 급격히 증가하는 경향이 있다.
④ 근대, 완두, 상추와 같은 작물은 산성 토양에 대해서 약한 적응성을 보인다.

17 제시된 특징을 갖는 토양은 강산성을 띤다. 보기 중 산성토양에 적응성이 낮은 작물은 시금치, 부추이다.

18 다음 (가)와 (나)에 해당하는 박과(Cucurbitaceae) 채소의 접목 방법을 바르게 연결한 것은?

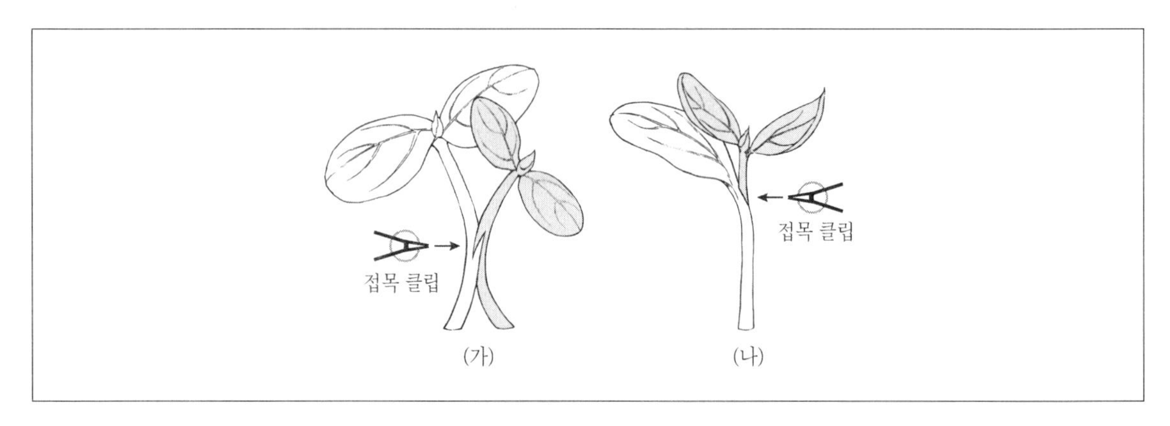

(가)	(나)
① 삽접	합접
② 호접	합접
③ 삽접	핀접
④ 호접	핀접

19 다음 글에서 설명하는 피해에 대한 대책은?

> 논으로 사용하는 농지에 밀을 재배하였는데, 이로 인하여 종자근(種子根)이 암회색으로 되면서 쇠약해지고, 관근(冠根)의 선단이 진갈색으로 변하여 생장이 정지되고, 목화(木化)도 보였다.

① 뿌림골을 낮게 관리한다.
② 봄철 답압을 실시한다.
③ 모래를 객토한다.
④ 황과 철 비료를 사용한다.

ANSWER 18.② 19.③

18 (가) **호접**: 뿌리를 가진 접수와 대목을 접목하여 활착한 다음에는 접수 쪽의 뿌리 부분을 절단하는 접목 방법
(나) **합접**: 접붙이할 나무와 접가지가 비슷한 크기일 때 서로 비스듬히 깎아 맞붙이는 접목 방법

19 제시된 내용은 토양 중에서 이산화철이 검출되고 황화수소가 생성되는 춘계습해로 인한 피해이다. 이에 대한 대책으로는 배수하거나 모래를 객토한다.

20 결실을 직접적으로 조절·조장하는 방법에 대한 설명으로 옳지 않은 것은?

① 적화 및 적과는 과실의 품질 향상과 해거리를 방지하는 효과가 있다.

② 상품성 높은 씨 없는 과실을 만들기 위해 수박은 배수성 육종을 이용하고, 포도는 지베렐린 처리로 단위결과를 유도한다.

③ 과수의 적화제(摘花劑)로는 주로 꽃봉오리나 꽃의 화기에 장해를 주는 약제로 카르바릴과 NAA가 이용된다.

④ 옥신계통의 식물생장조절제를 살포하면 이층의 형성을 억제하여 후기낙과를 방지하는 효과가 크다.

ANSWER 20.③

20 ③ 적화제는 과수의 결실량을 조절하기 위해 화분의 발아를 저지하거나 억제하여 꽃이 떨어지게 하는 약제이다. 적화제의 종류로 DNOC, 석회유황합제, 질산암모늄, 요소, 계면활성제 등이 있다. 카르바릴과 NAA는 쓸모없는 과실을 따낼 때 사용하는 적과제이다.

재배학개론 | 2021. 4. 17. 인사혁신처 시행

1 다음 중 작물의 화성을 유도하는 데 가장 큰 영향을 미치는 외적 환경 요인은?

① 수분과 광도
② 수분과 온도
③ 온도와 일장
④ 토양과 질소

2 신품종의 종자증식 보급체계를 순서대로 바르게 나열한 것은?

① 기본식물 → 원원종 → 원종 → 보급종
② 기본식물 → 원종 → 원원종 → 보급종
③ 원원종 → 원종 → 기본식물 → 보급종
④ 원종 → 원원종 → 기본식물 → 보급종

3 우량품종이 확대되는 과정에서 나타나는 '유전적 취약성'에 대한 설명으로 옳은 것은?

① 자연에 있는 유전변이 중에서 인류가 이용할 수 있거나 앞으로 이용 가능한 것
② 대립유전자에서 그 빈도가 무작위적으로 변동하는 것
③ 소수의 우량품종으로 인해 유전적 다양성이 줄어드는 것
④ 병해충이나 냉해 등 재해로부터 급격한 피해를 받게 되는 것

ANSWER 1.③ 2.① 3.④

1 화성유도
㉠ 내적요인 : 영양상태(C/N율), 식물호르몬(옥신, 지베렐린)
㉡ 외족요인 : 광조건(감광성), 온도조건(감온성)

2 우리나라에서 신품종을 보급할 때 종자증식 보급체계는 기본식물 → 원원종 → 원종 → 보급종 순서이다.

3 ④ 유전적 취약성이란 소수의 우량품종을 확대 재배함으로써 병해충이나 냉해 등 재해로부터 일시에 급격한 피해를 받게 되는 현상을 말한다.

4 종자의 발아과정 단계를 순서대로 바르게 나열한 것은?

① 분해효소의 활성화 → 수분흡수 → 배의 생장 → 종피의 파열
② 분해효소의 활성화 → 종피의 파열 → 수분흡수 → 배의 생장
③ 수분흡수 → 분해효소의 활성화 → 종피의 파열 → 배의 생장
④ 수분흡수 → 분해효소의 활성화 → 배의 생장 → 종피의 파열

5 작물의 내동성을 증대시키는 요인으로 옳지 않은 것은?

① 원형질단백질에 – SH기가 많다.
② 원형질의 수분투과성이 크다.
③ 세포 내에 전분과 지방 함량이 높다.
④ 원형질에 친수성 콜로이드가 많다.

6 토양의 수분항수에 대한 설명으로 옳지 않은 것은?

① 최대용수량은 모관수가 최대로 포함된 상태로 pF는 0이다.
② 포장용수량은 중력수를 배제하고 남은 상태의 수분으로 pF는 1.0~2.0이다.
③ 초기위조점은 식물이 마르기 시작하는 수분 상태로 pF는 약 3.9이다.
④ 흡습계수는 상대습도 98%(25℃)의 공기 중에서 건조토양이 흡수하는 수분 상태로 pF는 4.5이다.

ANSWER 4.④ 5.③ 6.②

4 종자의 발아 순서 : 수분 흡수 → 효소의 활성 → 씨눈의 생장 개시 → 껍질의 열림 → 싹, 뿌리 출현

5 ③ 세포 내의 전분함량이 적으면 내동성이 강하다.

6 ② 포장용수량은 중력수를 배제하고 남은 상태의 수분으로 pF는 2.7이다.

7 다음에서 설명하는 원소를 옳게 짝지은 것은?

(가) 필수원소는 아니지만, 화곡류에는 그 함량이 많으며 병충해 저항성을 높이고 수광태세를 좋게 한다.
(나) 두과작물에서 뿌리혹 발달이나 질소고정에 관여하며 결핍되면 단백질 합성이 저해된다.

	(가)	(나)
①	규소	나트륨
②	나트륨	셀레늄
③	셀레늄	코발트
④	규소	코발트

8 작물별 안전 저장조건으로 옳지 않은 것은?

① 가공용 감자는 온도 3~4℃, 상대습도 85~90%이다.
② 고구마는 온도 13~15℃, 상대습도 85~90%이다.
③ 상추는 온도 0~4℃, 상대습도 90~95 %이다.
④ 벼는 온도 15℃이하, 상대습도 약 70%이다.

ANSWER 7.④ 8.①

7 ㉠ **규소**: 광합성 능력의 향상(단엽에 있어서 물 수지 균형의 양화, 군락에 있어서 엽신의 직립성 향상에 의한 수광태세의 개선), 뿌리의 산화력의 향상, 내병성의 강화, 내도복성의 향상
㉡ **코발트**: 콩과식물, 오리나무, 남조류 등의 뿌리혹 발달이나 질소고정에 필요하고, 조효소인 비타민 B12의 구성분이므로 부족시 단백질합성이 저해된다.

8 ① 식용 감자는 온도 3~4℃, 가공용 감자는 온도 10℃이다.

9 **일반적인 재배 조건에서 탄산가스 시비에 대한 설명으로 옳지 않은 것은?**

① 시설재배 과채류의 착과율을 증대시킨다.
② 시설 내 탄산가스 농도는 일출 직전이 가장 높다.
③ 온도와 광도가 높아지면 탄산시비 효과가 더 높아진다.
④ 탄산가스의 공급 시기는 오전보다 오후가 더 효과적이다.

10 **원예작물의 수확 후 손실에 대한 설명으로 옳지 않은 것은?**

① 수분 손실의 대부분은 호흡작용에 의한 것이다.
② 수확 후에도 계속되는 호흡으로 중량이 감소하고 수분과 열이 발생한다.
③ 수확 후 에틸렌 발생량은 비호흡급등형보다 호흡급등형 과실에서 더 많다.
④ 일반적으로 식량작물에 비해 원예작물은 수분손실률이 더 크다.

11 **야생식물에 비해 재배식물의 특성으로 옳은 것은?**

① 열매나 과실의 탈립성이 크다.
② 일정 기간에 개화기가 집중된다.
③ 종자에 발아억제물질이 많다.
④ 종자나 식물체의 휴면성이 크다.

ANSWER 9.④ 10.① 11.②

9 ④ 탄산가스의 공급 시기는 오전이 더 효과적이다. 하우스 내 작물의 광합성은 이른 아침(일출 후 30분)부터 시작되고 오전 중에 전체 광합성 전량의 70%가 진행되어 일출 후 1~2시간 후면 탄산가스가 급격히 저하된다. 따라서 이 시기에 탄산가스를 공급하여야 광합성의 증가로 인한 식물성장을 촉진시키게 된다.

10 ① 수분 손실의 대부분은 증산작용에 의한 것이다.

11 ① 열매나 과실의 탈립성이 적다.
③ 종자에 발아억제물질이 적다.
④ 종자나 식물체의 휴면성이 적다.

12 해충에 대한 생물적 방제법이 아닌 것은?

① 길항미생물을 살포한다.
② 생물농약을 사용한다.
③ 저항성 품종을 재배한다.
④ 천적을 이용한다.

13 다음에서 설명하는 용어로 옳은 것은?

> 작물의 생식에서 수정과정을 거치지 않고 배가 만들어져 종자를 형성하는 것으로 무수정생식이라고도 한다.

① 아포믹시스
② 영양생식
③ 웅성불임
④ 자가불화합성

14 기지현상과 작부체계에 대한 설명으로 옳지 않은 것은?

① 답리작으로 채소를 재배하면 기지현상이 줄어든다.
② 순3포식 농법은 휴한기에 두과나 녹비작물을 재배한다.
③ 연작장해로 1년 휴작이 필요한 작물은 시금치, 파 등이다.
④ 중경작물이나 피복작물을 윤작하면 잡초 경감에 효과적이다.

ANSWER 12.③ 13.① 14.②

12 ③ 경종적 방제에 해당한다. 경종적 방제란 병해충, 잡초의 생태적 특징을 이용하여 작물의 재배조건을 변경시키고 내충, 내병성 품종의 이용, 토양관리의 개선 등에 의하여 병충해, 잡초의 발생을 억제하여 피해를 경감시키는 방법으로 병충해 방제의 보호적인 방지법이다.

※ 해충의 방제
- ㉠ 경종적방제 : 윤작, 혼작과 소식, 포장위생
- ㉡ 화학적방제 : 소화중독제, 접촉제, 침투성 살충제, 훈증제, 유인제, 기피제, 불임제 등
- ㉢ 생물적방제 : 천적, 척추동물 이용, 거미 이용, 병원미생물 등
- ㉣ 물리적 방제 : 온도, 물, 감압, 고압전기, 방사선, 고주파, 초음파 등
- ㉤ 해충종합관리

13 ① 아포믹시스(apomixis)란 수정과정을 거치지 않고 배(胚, 임신할 배)가 만들어져 종자를 형성되어 번식하는 것을 뜻한다.

14 ② 개량3포식 농법은 휴한기에 두과나 녹비작물을 재배한다.

15 식물의 광합성에 관한 설명으로 옳은 것은?

① C_3 식물은 C_4 식물에 비해 이산화탄소의 보상점과 포화점이 모두 낮다.
② 강광이고 고온이며 O_2 농도가 낮고 CO_2 농도가 높을 때 광호흡이 높다.
③ 일반적인 재배조건에서 온도계수(Q_{10})는 저온보다 고온에서 더 크다.
④ 양지식물은 음지식물에 비해 광보상점과 광포화점이 모두 높다.

16 1㎡에 재배한 벼의 수량구성요소가 다음과 같을 때, 10a당 수량[kg]은?

- 유효분얼수 : 400개
- 1수영화수 : 100개
- 등숙률 : 80%
- 천립중 : 25g

① 400
② 500
③ 750
④ 800

17 조합능력에 대한 설명으로 옳지 않은 것은?

① 상호순환선발법을 통해 일반조합능력과 특정조합능력을 개량한다.
② 일반조합능력은 어떤 자식계통이 다른 많은 검정계통과 교배되어 나타나는 1대잡종의 평균잡종강세이다.
③ 조합능력은 1대잡종이 잡종강세를 나타내는 교배친의 상대적 능력이다.
④ 특정조합능력은 다계교배법을 통해 자연방임으로 자가수분시켜 검정한다.

ANSWER 15.④ 16.④ 17.④

15 ① C_4 식물은 C_3 식물에 비해 이산화탄소의 보상점이 낮고 포화점이 높아 광합성효율이 뛰어나다.
② 강광이고 고온이며 CO_2 농도가 낮고 O_2 농도가 높을 때 광호흡이 높다.
③ 일반적인 재배조건에서 온도계수(Q_{10})는 고온보다 저온에서 더 크다.

16 $\frac{400 \times 100 \times 0.025 \times 80}{100} = 800$

17 ④ 특정조합능력은 특정한 교배조합의 F_1에서만 나타나는 잡종강세이다.

18 아조변이에 대한 설명으로 옳지 않은 것은?

① 주로 생식세포에서 일어나는 돌연변이이다.
② 생장점에서 돌연변이가 발생하는 경우가 많다.
③ 햇가지에서 생기는 돌연변이의 일종이다.
④ '후지' 사과와 '신고' 배는 아조변이로 얻어진 것이다.

19 작물의 생육에서 변온의 효과에 대한 설명으로 옳은 것은?

① 고구마는 변온보다 30℃ 항온에서 괴근 형성이 촉진된다.
② 감자는 밤의 기온이 10~14℃로 저하되는 변온에서는 괴경의 발달이 느려진다.
③ 맥류는 야간온도가 높고 변온의 정도가 상대적으로 작을 때 개화가 촉진된다.
④ 벼는 밤낮의 온도차이가 작을 때 등숙에 유리하다.

20 종자의 형태나 조성에 대한 설명으로 옳지 않은 것은?

① 종자가 발아할 때 배반은 배유의 영양분을 배축에 전달하는 역할을 한다.
② 벼와 겉보리는 과실이 영(穎)에 싸여있는 영과이다.
③ 쌍떡잎식물의 저장조직인 떡잎은 유전자형이 3n이다.
④ 옥수수 종자는 전분 세포층이 배유의 대부분을 차지한다.

ANSWER 18.① 19.③ 20.③

18 ① 주로 생장 중인 가지와 줄기의 생장점의 유전자에 일어나는 돌연변이이다.

19 ① 고구마는 항온보다 변온에서 괴근 형성이 촉진된다.
② 감자는 변온에서는 괴경의 발달이 촉진된다.
④ 벼는 변온조건에서 등숙에 유리하다.

20 ③ 배유의 유전자형이 3n이다.

재배학개론

2021. 6. 5. 제1회 지방직 시행

1 **우리나라 식량작물 생산에 대한 설명으로 옳지 않은 것은?**

① 옥수수, 밀, 콩 등의 국내 생산이 크게 부족하여 사료용을 포함한 전체 곡물자급률은 30% 미만으로 매우 낮다.

② 사료용을 포함한 곡물의 전체 자급률은 서류 > 보리쌀 > 두류 > 옥수수 순이다.

③ 곡물도입량은 옥수수 > 밀 > 콩 > 쌀 순이다.

④ 쌀을 제외한 생산량은 콩 > 감자 > 옥수수 > 보리 순이다.

2 **작물의 생장과 발육에 대한 설명으로 옳지 않은 것은?**

① 밤의 기온이 어느 정도 높아서 일중 변온이 작을 때 생장이 느리다.

② 작물의 생장은 진정광합성량과 호흡량 간의 차이에 영향을 받는다.

③ 토마토의 발육상은 감온상과 감광상을 뚜렷하게 구분할 수 없다.

④ 추파맥류의 발육상은 감온상과 감광상이 모두 뚜렷하다.

ANSWER 1.④ 2.①

1 ④ 쌀을 제외한 생산량은 감자>보리>콩>옥수수 순이다.
※ 곡물생산량(천톤) : 쌀 5,000 감자 643, 보리 177, 콩 139, 옥수수 78

2 ① 밤의 기온이 어느 정도 높아서 일중 변온이 작을 때 생장이 빠르다.

3 일장효과의 농업적 이용에 대한 설명으로 옳지 않은 것은?

① 고구마의 개화 유도를 위해 나팔꽃에 접목 후 장일처리를 한다.

② 국화는 조생국을 단일처리할 경우 촉성재배가 가능하다.

③ 일장처리를 통해 육종연한 단축이 가능하다.

④ 들깨는 장일조건에서 화성이 저해된다.

4 1대잡종(F_1) 품종의 종자를 효율적으로 생산하기 위하여 이용되는 작물의 특성은?

① 제웅, 자가수정

② 웅성불임성, 자가불화합성

③ 영양번식, 웅성불임성

④ 자가수정, 타가수정

ANSWER 3.① 4.②

3 ① 나팔꽃은 단일식물로, 고구마의 개화 유도를 위해 나팔꽃에 접목 후 단일처리를 한다.

※ 장일식물과 단일식물

㉠ 장일식물 : 시금치, 완두, 아마, 맥류, 양귀비, 양파, 감자, 상추

㉡ 단일식물 : 샐비어, 코스모스, 목화, 도꼬마리, 국화, 들깨, 콩, 나팔꽃, 담배, 벼

4 ② 1대잡종(F_1) 종자의 채종은 인공교배, 웅성불임성, 자가불화합성을 이용한다.

※ 1대잡종(F_1) 종자의 채종

㉠ 웅성불임성 : 웅성불임성은 자연계에서 일어나는 일종의 돌연변이로 웅성기관, 즉 수술의 결함으로 수정능력이 있는 화분을 생산하지 못하는 현상이다.

㉡ 자가불화합성 : 십자화과 채소나 목초류 식물에서 자주 보이는 식물 불임성의 한 종류로, 자가수정을 억제하고 타가수정을 조장하기 위하여 적응된 특성이다. 수분된 화분과 배주가 외관상 완전함에도 불구하고 그 조합에 따라 수정, 결실하지 못하는 현상으로 주두와 동일한 인자형의 화분보다 상이한 화분이 수분할 경우 더 빨리 수정할 수 있도록 하는 기작이다.

5 염색체상에 연관된 대립유전자 a, b, c가 순서대로 존재할 때, a – b 사이에 염색체의 교차가 일어날 확률은 10%, b – c 사이에 염색체의 교차가 일어날 확률은 20%이다. 여기서 a – c 사이에 염색체의 이중교차형이 1.4%가 관찰될 때 간섭계수는?

① 0.7

② 0.3

③ 0.07

④ 0.03

6 이질배수체(복2배체)에 대한 설명으로 옳지 않은 것은?

① 게놈이 다른 양친을 각각 동질4배체로 만든 후 교배하여 육성할 수 있다.

② 이종게놈의 양친을 교배한 F1의 염색체를 배가하여 육성할 수 있다.

③ 임성이 낮아지고 생육이 지연되지만 영양 및 생식 기관의 생육이 증진된다.

④ 맥류 중 트리티케일은 대표적인 이질배수체이다.

ANSWER 5.② 6.③

5 a–c 사이에 이중교차가 일어날 확률 : $\frac{2}{100} \times 100 = 2(\%)$

그러나 a–c 사이에 염색체 이중교차형이 1.4%만 관찰되었으므로 이중교차에 간섭의 영향을 받은 것이다.

간섭계수=2중교차 갑섭/2중교차 기대= $\frac{0.6}{2} = 0.3$

6 ③ 동질배수체의 특징이다.

※ 이질배수체

동질배수체가 같은 게놈이 여러 세트 있는 것에 비해, 이질배수체는 부친과 모친으로부터 배수체 게놈을 받아 수정이 잘 된다. 단, 게놈을 n개씩 받을 수도 있고, 2n개씩 혹은 3n개씩 받을 수도 있다. 사람은 아버지로부터 한벌, 어머니로부터 한벌의 게놈을 물려받아 수정되어 두벌의 게놈인 이질이배체이다. 담배는 양친으로부터 각각 두벌씩 받아서 이질 4배체이다. 빵밀은 부모로부터 3벌씩의 게놈을 물려받아 이질 6배체이다. 이질배수체는 유전물질이 풍부하기 때문에 부모의 중간 형질이 나타나고 적응력도 뛰어나다. 또한, 같은 유전형질을 나타나내는 게놈이 2, 4, 6벌씩 있지만, 부모로부터 반반씩 물려받았기 때문에, 감수분열할 때 염색체가 양쪽으로 잘 나뉘어지므로 생식세포가 잘 만들어지고, 수정이 잘 되기도 한다.

7 **토양 입단에 대한 설명으로 옳은 것은?**

① 칼슘이온의 첨가는 토양 입단을 파괴한다.
② 모관공극이 발달하면 토양의 함수 상태가 좋아지나, 비모관공극이 발달하면 토양 통기가 나빠진다.
③ 유기물 시용은 토양 입단 형성에 효과적이나 석회의 시용은 토양 입단을 파괴한다.
④ 콩과작물은 토양 입단을 형성하는 효과가 크다.

8 **군락의 수광태세가 좋아지는 벼의 초형이 아닌 것은?**

① 잎이 얇고 약간 넓다.
② 분얼이 약간 개산형이다.
③ 각 잎이 공간적으로 균일하게 분포한다.
④ 상위엽이 직립한다.

9 **식물의 굴광성에 대한 설명으로 옳은 것은?**

① 뿌리는 양성 굴광성을 나타낸다.
② 광을 생장점 한쪽에 조사하면 조사된 쪽의 옥신 농도가 높아진다.
③ 덩굴손의 감는 현상은 굴광성으로 설명할 수 있다.
④ 굴광성에는 청색광이 가장 유효하다.

ANSWER 7.④ 8.① 9.④

7 ④ 콩과작물은 토양 입단을 파괴한다.

8 ① 군락의 수광태세가 좋아지는 벼는 잎이 얇지 않고 좁으며, 상위엽 직립이다.

9 ① 뿌리는 양성 배광성을 나타낸다.
② 광을 생장점 한쪽에 조사하면 조사된 반대쪽의 옥신 농도가 높아진다.
③ 덩굴손의 현상은 굴광성으로 설명할 수 없다.

10 화본과작물의 군락상태에서 최적엽면적지수에 대한 설명으로 옳지 않은 것은?

① 일사량이 줄어들면 최적엽면적지수는 작아진다.

② 최적엽면적지수가 커지면 군락의 건물 생산이 늘어나 수량이 증대된다.

③ 수평엽 품종은 직립엽 품종에 비해 최적엽면적지수가 크다.

④ 최적엽면적지수 이상으로 엽면적지수가 늘어나면 건물 생산은 감소한다.

11 우리나라 잡초 중 주로 밭에서 발생하는 잡초로만 짝지어진 것은?

① 돌피 – 올방개 – 바랭이

② 알방동사니 – 가막사리 – 물피

③ 둑새풀 – 가막사리 – 돌피

④ 바랭이 – 깨풀 – 둑새풀

ANSWER 10.③ 11.④

10 ③ 직립엽 품종은 직립엽 품종에 비해 최적엽면적지수가 크다.

※ 최적엽면적지수

순광합성량이 최대가 되는 엽면적지수(LAI)이다. 엽면적이 증가함에 따라 호흡량도 따라 증가하므로 엽면적 최대인 시기가 순광합성이 최대가 되지 않는다.

11 경지잡초의 종류

㉠ 논잡초

- 화본과1년생잡초 : 피, 둑새풀
- 화본과다년생잡초 : 나도겨풀
- 방동사니과 1년생잡초 : 알방동사니, 참방동사니, 바람하늘지기, 바늘골
- 방동사니과 다년생잡초 : 너도방동사니, 매자기, 올방개, 올챙이고랭이, 쇠털골, 파대가리
- 광엽1년생잡초 : 물달개비, 물옥잠, 사마귀풀, 여뀌, 여뀌바늘, 마디꽃, 밭뚝외풀, 생이가래, 곡정초, 자귀풀, 중대가리풀
- 광엽다년생잡초 : 가래, 버술, 올미, 개구리밥, 좀개구리밥, 네가래, 미나리

㉡ 밭잡초

- 화본과1년생잡초 : 강아지풀, 개기장, 바랭이
- 방동사니과 1년생잡초 : 참방동사니, 바람하늘지기, 파대가리
- 광엽1년생잡초 : 개비름, 까마중, 명아주, 쇠비름, 여뀌, 자귀풀, 환삼덩굴, 주름잎, 석류풀, 도꼬마리
- 광엽월년생잡초 : 망초, 중대가리풀, 황새냉이
- 광엽다년생잡초 : 반하, 쇠뜨기, 쑥, 토끼풀, 메꽃

12 콩과에 속하지 않는 사료작물은?

① 앨팰퍼 ② 화이트클로버
③ 티머시 ④ 레드클로버

13 제초제의 활성에 따른 분류에 대한 설명으로 옳은 것은?

① bentazon, 2,4-D 등 선택성 제초제는 작물에는 피해가 없고 잡초에만 피해를 준다.
② simazine, alachlor 등 비선택성 제초제는 작물과 잡초가 혼재되어 있지 않은 곳에서 사용된다.
③ bentazon, diquat 등 접촉형 제초제는 처리된 부위로부터 양분이나 수분의 이동을 통하여 다른 부위에도 약효가 나타난다.
④ paraquat, glyphosate 등 이행형 제초제는 처리된 부위에서 제초효과가 일어난다.

14 비료요소에 대한 설명으로 옳지 않은 것은?

① 유기물을 함유하지 않은 암모니아태질소를 해마다 사용하면 지력 소모가 일어나고 토양이 산성화된다.
② 과인산석회의 인산은 대부분 수용성이고 속효성이며, 산성토양에서는 철·알루미늄과 반응하여 토양에 고정되므로 흡수율이 높다.
③ 칼리질 비료로 사용되는 칼리는 거의 수용성이고 속효성이다.
④ 칼슘은 다량으로 요구되는 필수원소이나 간접적으로는 토양의 물리적, 화학적 성질을 개선한다.

ANSWER 12.③ 13.① 14.②

12 ③ 볏과에 속하는 사료작물이다.
※ 사료작물
㉠ 볏과 : 옥수수, 호밀, 오차드그라스, 티머시, 라이그래스
㉡ 콩과 : 알팔파, 화이트클로버, 레드클로버

13 제초제의 종류
㉠ 선택성 제초제 : 2,4-D, 뷰티크로르, 벤타존, 프로파닐
㉡ 비선택성 제초제 : 글리포사이트(근사미), 파라콰트
㉢ 접촉형 제초제 : 파라콰트, 다아이쿼트, 프로파닐
㉣ 이행형 제초제 : 글리포사이트, 벤타존

14 ② 과인산석회의 인산은 대부분 수용성이고 속효성이며, 산성토양에서는 철·알루미늄과 반응하여 토양에 고정되므로 흡수율이 낮다.

15 정밀농업에 대한 설명으로 옳지 않은 것은?

① 첨단공학기술과 과학적인 측정수단을 통하여 토양의 특성과 작물의 생육 상황을 포장 수 미터 단위로 파악하여 활용하는 농업기술이다.

② 대형 농기계를 이용하여 포장 단위로 일정한 양의 농약과 비료를 균등하게 살포하는 기술이다.

③ 전산화된 지리정보시스템 지도와 데이터베이스를 기반으로 생육환경 정보를 처리하여 농자재 투입 처방을 결정한다.

④ 농업 생산성 증대, 오염의 최소화, 농산물의 안전성 확보, 농가 소득 증대 등의 효과가 있다.

16 목초의 하고현상에 대한 설명으로 옳지 않은 것은?

① 스프링플러시가 심할수록 하고가 심하다.

② 초여름의 장일조건은 하고를 조장한다.

③ 여름철 기온이 서늘하고 토양수분함량이 높을수록 촉진된다.

④ 사료의 공급을 계절적으로 평준화하는 데 불리하다.

ANSWER 15.③ 16.③

15 ③ 대형 농기계를 이용하여 포장 단위로 일정한 양의 농약과 비료 투입량을 달리하여 살포하는 기술이다.

※ 정밀농업

정밀농업이란 한마디로 말해 농업에 ICT 기술을 활용하는 것으로 농작물 재배에 영향을 미치는 요인에 관한 정보를 수집하고, 이를 분석하여 불필요한 농자재 및 작업을 최소화함으로써 농산물 생산 관리의 효율을 최적화하는 시스템이다. 정밀농업은 '관찰'과 '처방', 그리고 '농작업' 및 '피드백' 등 총 4단계에 걸쳐 진행된다. 1단계인 관찰 단계에서는 기초 정보를 수집해서 센서 및 토양 지도를 만들어내고, 2단계인 처방 단계에서는 센서 기술로 얻은 정보를 기반으로 농약과 비료의 알맞은 양을 결정해 정보 처리 분석 기술로 이용한다. 3단계인 농작업 단계에서는 최적화된 정보에 따라 필요한 양의 농자재와 비료를 투입하고, 마지막 4단계인 피드백 단계에서는 모든 농작업을 마치고 기존의 수확량과 비교하면서 데이터를 수정 보완하여 축적한다.

16 ③ 여름철 기온이 높고 토양수분함량이 낮을수록 촉진된다.

※ 하고현상

북방형 다년생 목초는 내한성이 강하여 겨울을 잘 넘기지만 여름철 고온기에는 생육이 쇠퇴하거나 정지하고 심하면 황하·고사하여 여름철 목초 생산량이 급격히 감소하는데, 이러한 현상을 목초의 하고현상이라고 한다. 이면 생육이 정지상태에 이르고 하고현상이 심해진다.

17 작휴방법별 특징을 기술한 것으로 옳은 것은?

① 평휴법으로 재배 시 건조해와 습해 발생의 우려가 커진다.

② 휴립구파법은 맥류 재배 시 한해(旱害)와 동해를 방지할 목적으로 이용된다.

③ 휴립휴파법으로 재배 시 토양통기와 배수가 불량해진다.

④ 성휴법으로 맥류 답리작 산파 재배 시 생장은 촉진되나 파종 노력이 많이 든다.

18 토양에 유안과 요소 비료를 각각 10kg 시비하였다면 이를 통해서 공급하는 질소(N)의 양[kg]은?

	유안	요소
①	1.0	1.0
②	2.1	2.5
③	2.1	4.6
④	3.3	2.2

ANSWER 17.② 18.③

17 ① 평휴법으로 재배 시 건조해와 습해가 동시에 완화된다.
③ 휴립휴파법으로 재배 시 토양통기와 배수가 좋아진다.
④ 성휴법으로 맥류 답리작 산파 재배 시 파종이 편리하다.

18 유안 : $10 \times \frac{21}{100} = 2.1$

요소 : $10 \times \frac{46}{100} = 4.6$

※ 비료별 질소 함유율

종류	질소(%)
황산암모늄(유안)	21
석회질소	21
염화암모늄	25
질산암모늄	33
요소	46

19 맥류의 기계화재배 적응품종에 대한 설명으로 옳지 않은 것은?

① 조숙성, 다수성, 내습성, 양질성 등의 특성을 지니고 있어야 한다.

② 기계 수확을 하게 되므로 초장은 100cm 이상이 적합하다.

③ 골과 골 사이가 같은 높이로 편평하게 되므로 한랭지에서는 내한성이 강해야 한다.

④ 잎이 짧고 빳빳하여 초형이 직립인 것이 알맞다.

20 퇴비 제조에 사용되는 재료 중 C/N율이 가장 높은 것은?

① 자운영

② 쌀겨

③ 밀짚

④ 콩깻묵

ANSWER 19.② 20.③

19 ② 기계 수확을 하게 되므로 초장은 70cm 정도가 적합하다.

20 ① 보리짚과 밀짚이 C/N율이 가장 높다.

※ 퇴비 제조 재료별 C/N율

재료	C/N율
보리짚	72
밀짚	72
볏짚	67
감자	29
낙엽	25
쌀겨	22
자운영	16
앨팰퍼	13
면실박	3.2
콩깻묵	2.4

재배학개론 | 2022. 4. 2. 인사혁신처 시행

1 다음에서 설명하는 식물생장조절제는?

> • 완두, 뽕, 진달래에 처리하면 정아우세를 타파하여 곁눈의 발달을 조장한다.
> • 옥수수, 당근, 토마토에 처리하면 생육 속도가 늦어지거나 생육이 정지된다.
> • 사과나무, 서양배, 양앵두나무에 처리하면 낙엽을 촉진하여 조기 수확할 수 있다.

① Ethephon ② Amo－1618
③ B－Nine ④ Phosfon－D

2 10a의 논에 질소 성분 10kg을 시비할 경우, 복합비료(20－10－12)의 시비량[kg]은?

① 20 ② 30
③ 50 ④ 80

ANSWER 1.① 2.③

1 ① 사과와 토마토의 과실성숙, 귤의 녹색제거, 파인애플 개화시기 조절, 꽃과 과실의 탈리조절 목적

2 복합비료량 중 질소를 기준으로 시비량을 구하면, 20-10-12의 복합비료이기 때문에

$10\text{kg} \times \frac{100}{20} = 50\text{kg}$

∴ 복합비료의 시비량은 50kg

3 페녹시(phenoxy)계로 이행성이 크고 일년생 광엽잡초 제초제는?

① Alachlor
② Simazine
③ Paraquat
④ 2,4-D

4 종자펠릿 처리의 이유가 아닌 것은?

① 종자의 크기가 매우 미세한 경우
② 종자의 표면이 매우 불균일한 경우
③ 종자가 가벼워서 손으로 다루기 어려운 경우
④ 종자의 식별이 어려운 경우

5 종자소독에 대한 설명으로 옳은 것은?

① 화학적 소독은 세균 및 바이러스를 모두 제거할 수 있다.
② 맥류에서 냉수온탕침법 시 온탕 처리는 100℃에서 2분간 실시한다.
③ 곡류종자는 온탕침법을 이용하고, 채소종자는 건열처리를 이용한다.
④ 친환경농업에서는 화학적 소독을 선호한다.

ANSWER 3.④ 4.④ 5.③

3 ④ 2,4-디클로로페녹시아세트산(2,4-Dichlorophenoxyacetic acid, 이사디. 간단히 2,4-D)는 잎이 넓은 잡초를 제어하는 데 쓰이는 일반적인 제초제 농약 가운데 하나이다. 전 세계에서 가장 널리 쓰이고 있는 제초제이며 북아메리카에서 세 번째로 많이 쓰인다.

4 ④ 펠렛의 목적은 종자크기를 증가시켜 기계화 파종을 가능하게 하여 파종과 솎음노력을 절감하고 종자를 절약하는데 있다.

5 ① 화학적 소독이 모든 세균 및 바이러스를 제거할 수 있는 것은 아니다.
② 맥류에서 냉수온탕침법 시 온탕 처리는 45~50℃에서 2분간 실시한다.
④ 친환경 농업은 농림축산물 생산 과정에서 화학 농약이나 비료를 최소한으로 투입하여 생물 환. 경(물, 토양 등)의 오염을 최소화하는 농법이다.

6 목초의 혼파에 대한 설명으로 옳지 않은 것은?

① 화본과목초와 콩과목초가 섞이면 가축의 영양상 유리하다.
② 잡초 경감 효과가 있으나, 병충해 방제와 채종작업이 곤란하다.
③ 상번초와 하번초가 섞이면 광을 입체적으로 이용할 수 있다.
④ 화본과목초와 콩과목초가 섞이면 콩과목초만 파종할 때보다 건초 제조가 어렵다.

7 대기조성 변화에 따른 작물의 생리현상으로 옳지 않은 것은?

① 광포화점에 있어서 이산화탄소 농도는 광합성의 제한요인이 아니다.
② 산소 농도에 따라 호흡에 지장을 초래한다.
③ 과일, 채소 등을 이산화탄소 중에 저장하면 pH 변화가 유발된다.
④ 암모니아 가스는 잎의 변색을 초래한다.

8 습답에 대한 설명으로 옳지 않은 것은?

① 작물의 뿌리 호흡장해를 유발하여 무기성분의 흡수를 저해한다.
② 토양산소 부족으로 인한 벼의 장해는 습해로 볼 수 없다.
③ 지온이 높아지면 메탄가스 및 질소가스의 생성이 많아진다.
④ 토양전염병해의 전파가 많아지고, 작물도 쇠약해져 병해 발생이 증가한다.

ANSWER 6.④ 7.① 8.②

6 ④ 목초를 혼파하면 유리한 점 건초, 사일리지, 방목 등 이용방법의 선택이 쉬워진다.

7 광합성에 영향을 주는 요인으로는 빛의 세기, 이산화 탄소 농도, 온도가 있다. 이 중 한 가지 요인이라도 부족하면 부족한 요인에 의해 광합성이 억제된다. 이러한 요인을 제한 요인이라고 한다.
㉠ 빛의 세기 어느 한계 이상의 빛의 세기(광포화점)가 되면 광합성량이 증가하다가 일정해진다.
㉡ 이산화 탄소 농도 어느 한계 이상으로 이산화 탄소 농도가 높아지면 광합성량이 증가하다가 일정해진다.
㉢ 온도 최적 온도까지 온도 상승에 따라 광합성량이 증가하다가 최적 온도 이상이 되면 광합성량이 급격히 감소한다.

8 ② 습해란 토양 공극이 물로 차서 뿌리가 산소 부족으로 호흡을 못해서 해를 입는 것이다.

9 산성토양에 강한 작물로만 묶인 것은?

① 벼, 메밀, 콩, 상추

② 감자, 귀리, 땅콩, 수박

③ 밀, 기장, 가지, 고추

④ 보리, 옥수수, 팥, 딸기

10 다음 그림의 게놈 돌연변이에 해당하는 것은?

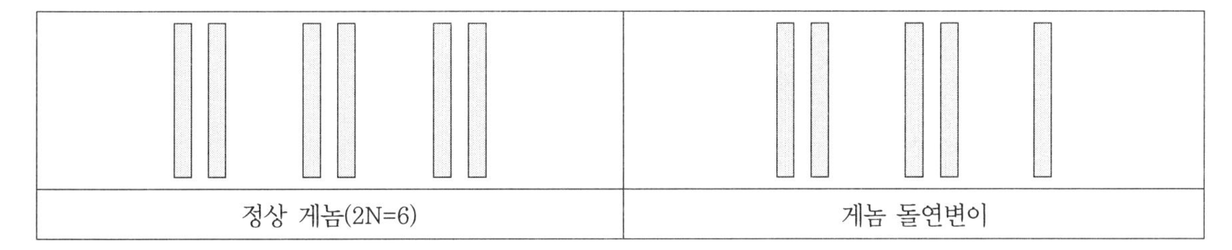

① 3배체

② 반수체

③ 1염색체

④ 3염색체

ANSWER 9.② 10.③

9 ㉠ 산성토양에 강한 작물 : 고구마, 감자, 토란, 수박

㉡ 산성토양에 보통 작물 : 무, 토마토, 고추, 가지, 당근, 우엉, 파

㉢ 산성토양에 강한 작물 : 시금치, 상추, 양파

10 ① 3배체

③ 1염색체 생물

④ 3염색체 생물

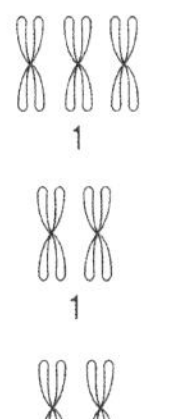
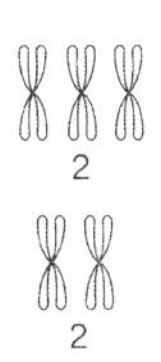
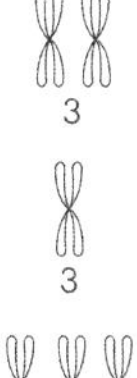
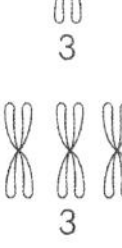

11 식용작물이면서 전분작물인 것으로만 묶인 것은?

① 옥수수, 감자
② 콩, 밀
③ 땅콩, 옥수수
④ 완두, 아주까리

12 합성품종의 특성에 대한 설명으로 옳지 않은 것은?

① 5 ~ 6개의 자식계통을 다계교배한 품종이다.
② 타식성 사료작물에 많이 쓰인다.
③ 환경변동에 대한 안정성이 높다.
④ 자연수분에 의한 유지가 불가능하다.

13 웅성불임성을 이용하여 일대잡종(F1)종자를 생산하는 작물로만 묶인 것은?

① 오이, 수박, 호박, 멜론
② 당근, 상추, 고추, 쑥갓
③ 무, 양배추, 배추, 브로콜리
④ 토마토, 가지, 피망, 순무

ANSWER 11.① 12.④ 13.②

11 식용작물이면서 전분작물인 것 : 옥수수, 감자
전분작물로 분류되는 공예작물 : 옥수수, 고구마

12 ④ 합성품종은 여러 계통이 관여된 것이기 때문에 세대가 진전되어도 비교적 높은 잡종강세가 나타나고, 유전적 폭이 넓어 환경변동에 대한 안정성이 높으며, 자연수분에 의해 유지하므로 채종노력과 경비 채종노력과 경비가 절감된다.

13 ② 웅성불임성이란 웅성기관의 이상으로 말미암아 종자가 형성되지 않고 따라서 차대식물을 얻을 수 없는 현상을 말하는 것으로 양파, 당근, 고추, 토마토, 옥수수 등의 일대잡종 채종에 널리 이용되고 있다.

14 다음 그림은 세포질－유전자적 웅성불임성(CGMS)을 이용한 일대잡종(F1)종자 생산체계이다. ㈎ ~ ㈑에 들어갈 핵과 세포질의 유전조성을 바르게 연결한 것은? (단, S는 웅성불임세포질, N은 웅성가임세포질, Rf는 임성회복유전자이다)

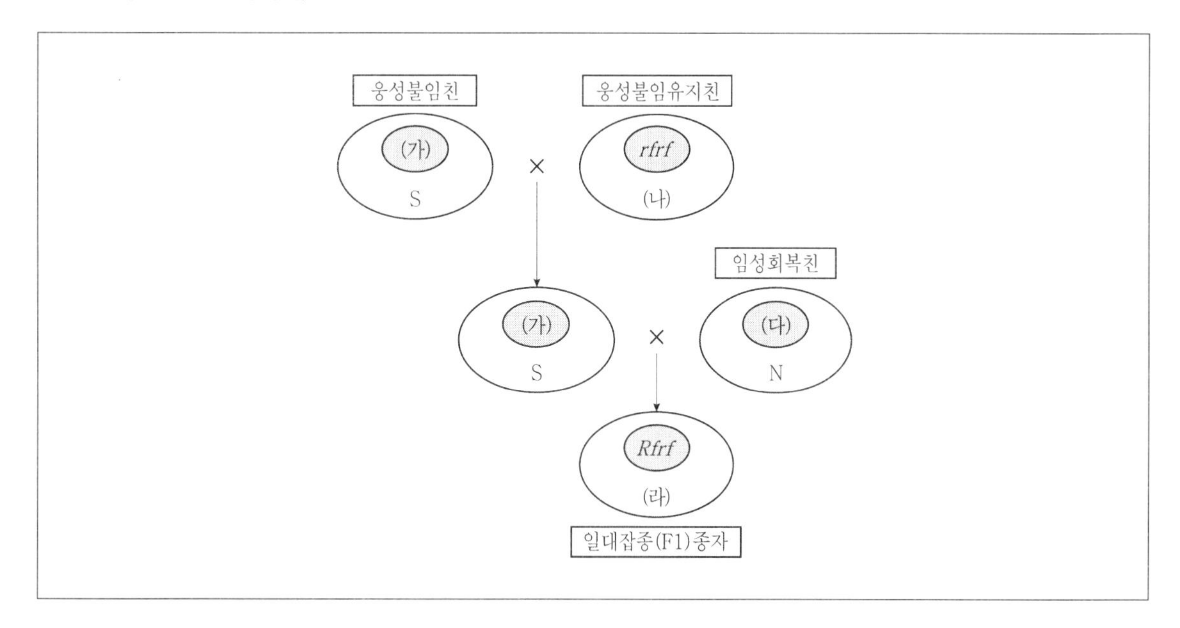

	㈎	㈏	㈐	㈑
①	rfrf	S	RfRf	N
②	rfrf	N	RfRf	S
③	RfRf	S	rfrf	N
④	RfRf	N	rfrf	S

ANSWER 14.②

14

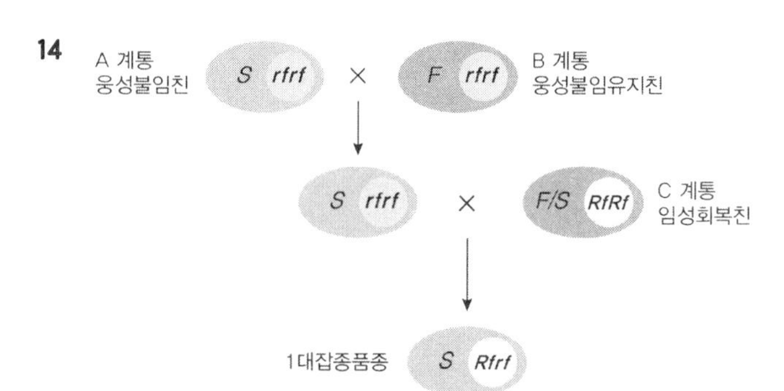

15 **작물의 수분과 수정에 대한 설명으로 옳지 않은 것은?**

① 한 개체에서 암술과 수술의 성숙시기가 다르면 타가수분이 이루어지기 쉽다.

② 타식성 작물은 자식성 작물보다 유전변이가 크다.

③ 속씨식물과 겉씨식물은 모두 중복수정을 한다.

④ 옥수수는 2n의 배와 3n의 배유가 형성된다.

16 **자식성 작물의 육종방법에 대한 설명으로 옳지 않은 것은?**

① 계통육종은 세대를 진전하면서 개체선발과 계통재배 및 계통선발을 반복하여 우량한 순계를 육성한다.

② 집단육종은 초기세대부터 선발을 진행하고 후기세대에서 혼합채종과 집단재배를 실시한다.

③ 여교배육종에서 처음 한 번만 사용하는 교배친은 1회친이다.

④ 여교배육종은 우량품종의 한두 가지 결점 보완에 효과적인 방법이다.

17 **다음 일장효과에 대한 설명으로 옳은 것만을 모두 고르면?**

㉠ 빛을 흡수하는 피토크롬이라는 색소단백질과 연관되어 있다.
㉡ 일장효과에 유효한 광의 파장은 일장형에 따라 다르다.
㉢ 명기에는 약광일지라도 일장효과에 작용하고, 일반적으로 광량이 증가할 때 효과가 커진다.
㉣ 도꼬마리의 경우 8시간 이하의 연속암기를 주더라도 상대적 장일상태를 만들면 개화가 촉진된다.
㉤ 장일식물의 경우 야간조파 해도 개화유도에 지장을 주지 않는다.
㉥ 장일식물은 질소가 풍부하면 생장속도가 빨라져서 개화가 촉진된다.

① ㉠, ㉢, ㉤ ② ㉠, ㉣, ㉥

③ ㉡, ㉢, ㉤ ④ ㉡, ㉣, ㉥

ANSWER 15.③ 16.② 17.①

15 ③ 겉씨식물은 속씨식물과 달리 중복수정을 하지 않는다.

16 ② 집단육종은 초기세대까지는 그냥 한 곳에 집단으로 재배하여 씨앗을 얻고, 집단의 80% 정도가 동형접합체가 된 다음부터 개체를 선발하여 순계를 육성하는 방법이다.

17 ㉡ 일장효과에 유효한 광의 파장은 장일식물이나 단일식물이나 같다.
㉣ 도꼬마리의 경우 10시간 이상 연속암기를 주면 개화가 촉진된다.
㉥ 질소가 부족한 경우 장일식물은 개화가 촉진된다.

18 토양의 특성에 대한 설명으로 옳지 않은 것은?

① 토양의 pH가 올라감에 따라 토양의 산화환원전위는 내려간다.
② 암모니아태질소를 논토양의 환원층에 공급하면 비효가 짧다.
③ 공중질소 고정균으로 호기성인 Azotobacter, 혐기성인 Clostridium이 있다.
④ 담수조건의 작토 환원층에서는 황산염이 환원되어 황화수소(H2S)가 생성된다.

19 기지 현상이 나타나는 정도를 순서대로 바르게 나열한 것은?

① 아마 > 삼 > 토란 > 벼
② 인삼 > 담배 > 마 > 생강
③ 수박 > 감자> 시금치 > 딸기
④ 포도나무 > 감나무 > 사과나무 > 감귤류

20 작물의 이식재배에 대한 설명으로 옳지 않은 것은?

① 보온육묘를 하면 생육기간이 연장되어 증수를 기대할 수 있다.
② 본포에 전작물(前作物)이 있을 경우 전작물 수확 후 이식함으로써 경영 집약화가 가능하다.
③ 시비는 이식하기 전에 실시하며, 미숙퇴비는 작물의 뿌리에 접촉되지 않도록 주의해야 한다.
④ 묘상에 묻혔던 깊이로 이식하는 것이 원칙이나 건조지에서는 다소 얕게 심고, 습지에서는 다소 깊게 심는다.

ANSWER 18.② 19.③ 20.①

18 ② 암모니아태 질소를 미리 환원층에 주면 토양에 흡착된 채 변하지 않으므로 비효가 증진된다.

19 동일한 포장에 같은 종류의 작물을 계속해서 재배하는 것을 연작이라고 하는데, 연작을 할 때 작물의 생육이 뚜렷하게 나빠지는 것을 기지라고 하며 이러한 현상을 기지현상이라고 한다. 기지현상은 작물의 종류에 따라 큰 차이가 있다.

※ 작물의 기지 정도
- ㉠ 연작의 해가 적은 작물 : 벼, 맥류, 조, 수수, 옥수수, 고구마, 무, 당근, 연, 순무, 뽕나무, 아스파라거스, 토당귀, 미나리, 딸기, 양배추, 꽃양배추, 목화, 삼, 양파, 담배, 사탕수수, 호박
- ㉡ 1년 휴작이 필요한 작물 : 쪽파, 시금치, 콩, 파, 생강 등
- ㉢ 2년 휴작이 필요한 작물 : 마, 감자, 잠두, 오이, 땅콩 등
- ㉣ 3년 휴작이 필요한 작물 : 쑥갓, 토란, 참외, 강낭콩 등
- ㉤ 5년~7년 휴작이 필요한 작물 : 수박, 가지, 완두, 우엉, 고추, 토마토, 레드클로버, 사탕무 등
- ㉥ 10년 이상 휴작이 필요한 작물 : 아마, 인삼 등

20 ④ 묘상에 묻혔던 깊이로 이식하는 것이 원칙이나 건조지에서는 다소 깊게 심고, 습지에서는 다소 얕게 심는다.

재배학개론

2022. 6. 18. 제1회 지방직 시행

21 생력기계화재배의 전제조건이 아닌 것은?

① 경지정리를 한다.
② 집단재배를 한다.
③ 잉여노력의 수익화를 도모한다.
④ 제초제를 이용하지 않는다.

22 다음에서 설명하는 효과로 옳지 않은 것은?

가축용 조사료를 생산하기 위해 사료용 옥수수와 콩과식물을 함께 섞어서 심는 재배기술이다.

① 가축의 영양상 유리하다.
② 질소질 비료를 절약할 수 있다.
③ 토양에 존재하는 양분을 효율적으로 이용할 수 있다.
④ 제초제를 이용한 잡초 방제가 쉽다.

ANSWER 1.④ 2.④

1 생력재배의 전제조건
㉠ 경지정리가 되어 있어야 한다.
㉡ 잡단재배 또는 공동 재배하는 것이 유리하다.
㉢ 제초제의 사용
㉣ 적응 재배체계를 확립할 수 있다.
㉤ 잉여 노동력을 수익화에 활용해야 한다.

2 ④ 혼파의 단점은 파종작업이 불편하며 목초별로 생장이 달라 시비, 병충해 방제, 수확작업 등이 불편하며 채종이 곤란하다.

23 멀칭에 대한 설명으로 옳지 않은 것은?

① 생육 일수를 단축할 수 있다.
② 잡초의 발생을 억제할 수 있다.
③ 작물의 수분이용효율을 감소시킨다.
④ 재료는 비닐을 많이 사용한다.

24 잡초와 제초제에 대한 설명으로 옳은 것은?

① 클로버는 목야지에서는 목초이나 잔디밭에서는 잡초이다.
② 대부분의 경지 잡초들은 혐광성 식물이다.
③ 2,4-D는 비선택성 제초제로 최근에 개발되었다.
④ 가래와 올미는 1년생 논잡초이다.

25 토양의 입단에 대한 설명으로 옳지 않은 것은?

① 농경지에서는 입단의 생성과 붕괴가 끊임없이 이루어진다.
② 나트륨 이온은 점토 입자의 응집현상을 유발한다.
③ 수분보유력과 통기성이 향상되어 작물생육에 유리하다.
④ 건조한 토양이 강한 비를 맞으면 입단이 파괴된다.

ANSWER 3.③ 4.① 5.②

3 ③ 멀칭은 수분의 함유량을 증가시키며 수분의 이용 효율을 좋게 한다.

4 ② 대부분의 경지잡초들은 호광성 식물로서 광에 노출되는 표토에서 발아한다.
③ 2,4-D는 선택성 제초제로 수도본답과 잔디밭에 이용된다.
④ 가래와 올미는 광엽다년생잡초이다.

5 ② 나트륨 이온은 점토의 결합을 느슨하게 하여 입단을 파괴한다.

26 작물의 신품종이 보호품종으로 보호받기 위하여 갖추어야 할 요건이 아닌 것은?

① 구별성
② 균일성
③ 안전성
④ 고유한 품종 명칭

27 우리나라 자식성 작물의 종자증식에 대한 설명으로 옳지 않은 것은?

① 원원종은 기본 식물을 증식하여 생산한 종자이다.
② 원종은 원원종을 각 도 농산물 원종장에서 1세대 증식한 종자이다.
③ 보급종은 기본식물의 종자를 곧바로 증식한 것으로 농가에 보급할 목적으로 생산한 종자이다.
④ 기본식물은 신품종 증식의 기본이 되는 종자로 육종가가 직접 생산한 종자이다.

28 우리나라 농업의 특색에 대한 설명으로 옳지 않은 것은?

① 토양 모암이 화강암이고 강우가 여름에 집중되므로 무기양분이 용탈되어 토양비옥도가 낮은 편이다.
② 좁은 경지면적에 다양한 작물을 재배하여 작부체계가 잘 발달하였으며 우수한 윤작체계를 갖추고 있다.
③ 옥수수, 밀 등은 국내 생산이 부족하여 많은 양의 곡물을 수입에 의존하고 있다.
④ 경영규모가 영세하므로 수익을 극대화하기 위해 다비농업이 발전하였다.

ANSWER 6.③ 7.③ 8.②

6 ③ 안전성이 아닌 안정성이다.

※ **품종보호제도** … 식물 신품종 육성자의 권리를 법적으로 보장하여 주는 지적재산권의 한 형태이다.

※ **품종보호제도의 요건**

㉠ 신규성(Novelty) : 출원 전에 품종의 종자와 수확물의 상업적 처분이 없어야 한다.
㉡ 구별성(Distinctness) : 출원시에 일반인들에게 알려진 다른 품종과 분명하게 구별되어야 한다.
㉢ 균일성(Uniformity) : 번식을 할 때 예상되는 변이를 고려해서 관련 특성이 균일하게 분포해야 한다.
㉣ 안정성(Stability) : 반복으로 번식하여도 관련특성이 안정성을 유지하여야 한다.
㉤ 품종의 명칭(Denomination) : 모든 품종은 하나의 고유한 품종 명칭을 가져야 한다.

7 ③ 보급종은 원원종 또는 원종에서 1세대 증식하여 농가에 보급되는 종자를 말한다.

8 ② 우리나라는 경지의 제약이 있어 밭에서 이와 같은 윤작이 발달되지 못하였으며, 화학공업의 발달로 다비, 다농약에 의한 단위면적당 수량증대가 가능해짐에 따라 윤작이 경시되어 단작화 및 연작화되어 왔었다. 그러나 근래에 와서 남부지대의 일부에서 논에 시설채소를 재배한 후 토양 중 염농도가 상승되면 주기적으로 다시 논으로 전환하여 벼를 재배하는 답전윤환의 작부 방식이 행해지고 있다.

29 식물체 내의 수분퍼텐셜에 대한 설명으로 옳지 않은 것은?

① 매트릭퍼텐셜은 식물체 내에서 거의 영향을 미치지 않는다.
② 압력퍼텐셜과 삼투퍼텐셜이 같으면 원형질분리가 일어난다.
③ 수분퍼텐셜은 토양이 가장 높고 식물체가 중간이며 대기가 가장 낮다.
④ 식물이 잘 자라는 포장용수량은 중력수를 완전히 배제하고 남은 수분상태이다.

30 작물의 광합성에 대한 설명으로 옳지 않은 것은?

① 광보상점에서는 이산화탄소의 방출 속도와 흡수 속도가 같다.
② 광포화점에서는 광도를 증가시켜도 광합성이 더 이상 증가하지 않는다.
③ 군락 상태의 광포화점은 고립 상태의 광포화점보다 낮다.
④ 진정광합성은 호흡을 빼지 않은 총광합성을 말한다.

31 유전자 간의 상호작용에 대한 설명으로 옳은 것은?

① 비대립유전자 상호작용의 유형에서 억제유전자의 F2 표현형 분리비는 12 : 3 : 1이다.
② 우성이나 불완전우성은 대립유전자에서 나타나고 비대립유전자 간에는 공우성과 상위성이 나타난다.
③ 우성유전자 2개가 상호작용하여 다른 형질을 나타내는 보족유전자의 F2 표현형 분리비는 9 : 7이다.
④ 유전자 2개가 같은 형질에 작용하는 중복유전자이면 F2 표현형 분리비가 9 : 3 : 4이다.

ANSWER 9.② 10.③ 11.③

9 ② 압력퍼텐셜과 삼투퍼텐셜이 같으면 세포의 수분퍼텐셜이 0이 되므로 팽만상태가 된다.

10 ③ 고립상태의 광포화점은 전광의 30~60% 범위에 있고, 군락상태의 광포화점은 고립상태보다 높다.

11 ① 비대립유전자 상호작용의 유형에서 억제유전자의 F_2 표현형 분리비는 3 : 13이다.
② 완전우성, 불완전우성, 공우성은 대립유전자에서 나타나고 비대립유전자 간에는 상위성이 나타난다.
④ 유전자 2개가 같은 형질에 작용하는 중복유전자이면 F_2 표현형 분리비가 15 : 1이다.

32 온도가 작물 생육에 미치는 영향에 대한 설명으로 옳지 않은 것은?

① 벼에 알맞은 등숙기간의 일평균기온은 21~23℃이다.
② 감자는 밤 기온이 25℃ 정도일 때 덩이줄기 발달이 잘된다.
③ 맥류는 밤 기온이 높고 변온이 작을 때 개화가 촉진된다.
④ 콩은 밤 기온이 20℃ 정도일 때 꼬투리가 맺히는 비율이 높다.

33 작물의 육종에 대한 설명으로 옳은 것은?

① 자식성 작물은 자식에 의해 집단 내에서 동형접합체의 비율이 감소한다.
② 계통육종은 양적 형질을, 집단육종은 질적 형질을 개량하는 데 유리하다.
③ 타식성 작물의 분리육종은 순계 선발 후, 집단선발 또는 계통집단선발을 한다.
④ 배수성육종은 염색체 수를 배가하는 것으로 일반적으로 식물체의 크기가 커진다.

34 밀폐된 무가온 온실에 대한 설명으로 옳지 않은 것은?

① 오후 2~3시경부터 방열량이 많아 기온이 급격히 하강한다.
② 오전 9시경에는 온실 내의 기온이 외부 기온보다 낮다.
③ 노지와 온실 내의 온도 차이는 오후 3시경에 최대가 된다.
④ 야간의 유입 열량은 낮에 저장해 둔 지중전열량에 대부분 의존한다.

ANSWER 12.② 13.④ 14.②

12 ② 감자가 자라기 적당한 온도는 14~23℃이며, 덩이줄기가 굵어지는 데는 낮 온도가 23~24℃, 밤 온도가 10~14℃일 때가 가장 좋다.

13 ① 자식성 식물은 자식을 거듭함에 따라 동형접합체의 비율이 증가한다.
② 계통육종은 질적 형질의 개량에 유리하며 집단육종은 양적형질을 개량하는 데 유리하다.
③ 타식성 작물의 분리 육종은 순계선발을 하지 않고 집단선발이나 계통집단선발을 한다.

14 ② 오전 9시경에는 온실 내의 기온이 외부 기온보다 높다.
※ 무가온 온실
온풍기와 같은 별도의 난방기구를 사용하지 않고 온실을 난방 할 수 있는 시스템으로, 주간에 온실 내의 더운 공기를 이용하여 축열을 하고 이렇게 축열된 에너지를 야간에 사용할 수 있도록 한다.

35 내건성이 강한 작물의 일반적인 특성으로 옳은 것은?

① 체적에 대한 표면적의 비율이 높고 전체적으로 왜소하다.
② 잎의 표피에 각피의 발달이 빈약하고 기공의 크기도 크다.
③ 잎의 조직이 치밀하고 엽맥과 울타리 조직이 잘 발달되어 있다.
④ 세포 중에 원형질이나 저장양분이 차지하는 비율이 아주 낮다.

36 재배적 방제에 대한 설명으로 옳지 않은 것은?

① 토양 유래성 병원균의 방제를 위해서 윤작을 실시하면 효과적이다.
② 감자를 늦게 파종하여 늦게 수확하면 역병이나 해충의 피해가 적어진다.
③ 질소비료를 과용하고 칼리비료나 규소비료가 결핍되면 병충해의 발생이 많아진다.
④ 콩, 토마토와 같은 작물에 발생하는 바이러스병은 무병 종자를 선택하여 줄인다.

37 우리나라의 작물 재배에 대한 설명으로 옳지 않은 것은?

① 농업생산에서 식량작물은 감소하고 원예작물이 확대되었다.
② 작부체계에서 연작의 해가 적은 작물은 벼, 옥수수, 고구마 등이다.
③ 윤작의 효과는 토양 보호, 기지의 회피, 잡초의 경감, 수량 증대 등이 있다.
④ 시설재배 면적은 과수류와 화훼류를 합치면 채소류보다 많다.

ANSWER 15.③ 16.② 17.④

15 ① 표면적, 체적의 비가 작고, 지상부가 왜생화되었다.
② 표피에 각피가 잘 발달하고, 기곡이 작고 수가 적다.
④ 세포에 원형질이나 저장양분이 차지하는 비율이 높아서 수분 보유력이 강하다.

16 ② 수확 시기를 늦추면 감자가 많이 굵어져 일부 품종의 경우 터질 가능성이 20~40까지 높아진다.

17 ④ 우리나라의 시설하우스 재배 면적은 52,000ha로 대부분은 비닐하우스다. 채소류의 재배에 가장 많이 쓰이며 화훼류, 과수류의 재배에도 이용된다.

38 발아를 촉진하는 방법에 대한 설명으로 옳은 것은?

① 벼과 목초의 종자에 질산염류를 처리한다.
② 감자에 말레산하이드라자이드(MH)를 처리한다.
③ 알팔파와 레드클로버는 105℃에서 습열처리를 한다.
④ 당근, 양파 등에 감마선(γ－ray)을 조사한다.

39 작물 재배에서 기상재해의 대처 방안에 대한 설명으로 옳은 것은?

① 습해는 배수가 잘되게 하고 휴립재배를 실시한다.
② 수해는 내비성 작물을 재배하고 관수기간을 길게 한다.
③ 풍해는 내한성 작물을 재배하고 질소비료를 시비한다.
④ 가뭄해는 내풍성 작물을 재배하고 배수를 양호하게 한다.

40 친환경 재배에서 태양열 소독에 대한 설명으로 옳은 것만을 모두 고르면?

> ㉠ 별도의 장비나 시설이 불필요하여 비용이 적게 든다.
> ㉡ 크기가 큰 진균(곰팡이)보다 세균의 방제가 잘된다.
> ㉢ 비닐하우스가 노지보다 태양열 소독의 효과가 크다.
> ㉣ 선충이나 토양해충, 잡초종자의 방제에 효과가 있다.

① ㉠, ㉡
② ㉠, ㉢, ㉣
③ ㉡, ㉢, ㉣
④ ㉠, ㉡, ㉢, ㉣

ANSWER 18.① 19.① 20.②

18 ② 감자에 지베렐린을 처리한다.
③ 알팔파, 레드클로버 등은 105°C에 4분간 종자를 처리한다.
④ 당근, 양파 등에 감마선(γ－ray)을 조사하면 발아가 억제된다.

19 ② 볏과목초, 피, 수수, 옥수수, 땅콩 등이 침수에 강하며, 관수기간을 짧게 해야 한다.
③ 내풍성 작물을 선택하고, 칼리, 인산비료를 증시한다. 질산비료 과용은 피해야 한다.
④ 내건성 작물을 선택하고, 건조한 환경에서 생육시켜 내건성을 증대시켜야 한다.

20 ㉡ 크기가 비교적 큰 곰팡이 병균은 잘 방제가 되지만 세균 중에는 잘 죽지 않는 것도 있으며 토양 깊이 분포하고 있는 균에 대해서는 비교적 효과가 적다.

재배학개론

2023. 4. 8. 인사혁신처 시행

1 **작물의 생태적 분류에 대한 설명으로 옳지 않은 것은?**

① 오처드그래스와 같은 직립형 목초는 줄기가 곧게 자란다.

② 버뮤다그래스와 같은 난지형 목초는 여름철 고온기에 하고현상을 나타낸다.

③ 가을밀과 같이 가을에 파종하여 그다음 해에 성숙하는 작물은 월년생 작물이다.

④ 사탕무와 같이 봄에 파종하여 그다음 해에 성숙하는 작물은 2년생 작물이다.

2 **비대립유전자 상호작용에 대한 설명으로 옳은 것은?**

① 멘델의 제1법칙은 비대립유전자쌍이 분리된다는 것이다.

② 비대립유전자의 기능에 의해 완전우성, 불완전우성, 공우성이 나타난다.

③ 중복유전자와 복수유전자는 같은 형질에 작용하는 비대립유전자의 기능이다.

④ 작물의 자가불화합성은 S유전자좌의 복수 비대립유전자가 지배한다.

ANSWER 1.② 2.③

1 ② 버뮤다그래스와 같은 난지형 목초는 여름철 고온기에 생육이 양호하다. 여름철 고온기에 하고현상을 나타내는 식물은 한지형 목초이다.

2 ① 멘델의 제1법칙은 대립유전자쌍이 분리된다는 것이다.
② 대립유전자의 기능에 의해 완전우성, 불완전우성, 공우성이 나타난다.
④ 작물의 자가불화합성은 S유전자좌의 복수 대립유전자가 지배한다.

3 경종적 방제법만을 나열한 것은?

① 재식밀도 조정, 윤작, 토양개량
② 재배시기의 개선, 비닐피복, 기피제 사용
③ 태양열 소독, 장기간 담수, 화학적 불임제 사용
④ 병충해저항성 품종 선택, 무병종자의 선택, 천적곤충 이용

4 식물학상 과실이 나출된 종자(가)와 무배유 종자(나)로 분류할 때 옳게 짝 지은 것은?

	(가)	(나)
①	메밀, 겉보리	밀, 피마자
②	밀, 귀리	콩, 보리
③	벼, 복숭아	옥수수, 양파
④	옥수수, 메밀	완두, 상추

ANSWER 3.① 4.④

3 경종적 방제법
㉠ 건전 종묘 및 저항성 품종 이용
㉡ 파종시기(생육기) 조절
㉢ 합리적 시비 : 질소비료 과용 금지, 적절한 규산질 비료 사용
㉣ 토양개량제(규산, 고토석회) 사용
㉤ 윤작
㉥ 답전윤환
㉦ 접목(박과류 덩굴쪼김병 예방)
㉧ 멀칭 재배 : 객토 및 환토

4 ㉠ 과실이 나출된 종자 : 쌀보리, 밀, 옥수수, 메밀, 들깨, 호프, 삼, 차조기, 박하, 제충국, 상추, 우엉, 쑥갓, 미나리, 근대, 비트시금치 등
㉡ 무배유 종자 : 콩, 팥, 완두 등의 콩과 종자, 상추, 오이 등

5 건토효과에 대한 설명으로 옳은 것만을 모두 고르면?

> ㉠ 유기물 함량이 적을수록 효과가 크게 나타난다.
> ㉡ 밭토양보다 논토양에서 효과가 더 크다.
> ㉢ 건조 후 담수하면 다량의 암모니아가 생성된다.
> ㉣ 건조 후 담수하면 토양미생물의 활동이 촉진되어 유기물이 잘 분해된다.

① ㉠, ㉡
② ㉠, ㉢
③ ㉡, ㉣
④ ㉡, ㉢, ㉣

6 단위결과를 유도하기 위해 사용하는 생장조절물질로만 묶은 것은?

① 옥신, 에틸렌
② 옥신, 지베렐린
③ 시토키닌, 에틸렌
④ 시토키닌, 지베렐린

7 생물공학적 작물육종 기술에 대한 설명으로 옳지 않은 것은?

① 식물의 조직배양은 세포가 가지고 있는 전형성능을 이용한다.
② 세포융합을 통한 체세포잡종은 원하는 유전자만 도입하는 데 효과적이다.
③ 인공종자는 체세포 조직배양으로 유기된 체세포배를 캡슐에 넣어 만든다.
④ 형질전환육종은 외래 유전자를 목표식물에 도입하는 유전자전환기술을 이용한다.

ANSWER 5.④ 6.② 7.②

5 ㉠ 유기물 함량이 많을수록 효과가 크게 나타난다.

6 ㉠ 옥신 : 세포신장에 관여하며 식물의 생장을 촉진하는 호르몬, 줄기, 뿌리의 선단에 생성되어 체내를 이동하면서 주로 세포의 신장 촉진을 통하여 조직, 기관의 생장을 조정한다.
㉡ 지베렐린 : 포도의 무핵과 형성을 유도한다.

7 ② 원하는 유전자만 도입하는 데 효과적인 것은 형질전환육종이다.

8 **자식성 작물의 육종에 대한 설명으로 옳지 않은 것은?**

① 여교배육종은 우량품종에 1~2가지 결점이 있을 때 이를 보완하는 데 효과적이다.
② 초월육종은 같은 형질에 대하여 양친보다 더 우수한 특성이 나타나는 것이다.
③ 자식성 작물에서 분리육종은 주로 집단선발이나 계통집단선발을 이용한다.
④ 조합육종은 교배를 통해 서로 다른 품종이 별도로 가진 우량형질을 한 개체에 조합하는 것이다.

9 **강우로 인한 토양침식의 대책으로 적절하지 않은 것은?**

① 과수원에 목초나 녹비작물 등을 재배하는 초생재배를 한다.
② 경사지에서는 등고선을 따라 이랑을 만드는 등고선 경작을 한다.
③ 경사가 심하지 않은 곳은 일정한 간격의 목초대를 두는 단구식 재배를 한다.
④ 작토에 내수성 입단이 잘 형성되고 심토의 투수성도 높은 토양으로 개량한다.

10 **작물의 유전적 특성과 육종방법에 대한 설명으로 옳지 않은 것은?**

① 자연수분품종끼리 교배한 1대잡종품종은 자식계통을 교배하였을 때보다 생산성은 낮으나 F1 종자의 채종이 유리하다.
② 반수체육종은 반수체의 염색체를 배가하면 육종연한을 단축할 수 있고 열성형질을 선발하기 쉽다.
③ 돌연변이육종은 돌연변이율이 낮고 열성돌연변이가 많은 것이 특징이며, 영양번식작물에 유리하다.
④ 집단육종은 F_2 세대부터 선발을 시작하므로 육안관찰이나 특성검정이 용이한 질적형질의 개량에 효율적이다.

ANSWER 8.③ 9.③ 10.④

8 ③ 타식성 작물에서 분리육종은 주로 집단선발이나 계통집단선발을 이용한다.

9 ③ 경사가 심한 곳은 일정한 간격의 목초대를 두는 단구식 재배를 한다.

10 ④ 계통육종은 F_2 세대부터 선발을 시작하므로 육안관찰이나 특성검정이 용이한 질적형질의 개량에 효율적이다.

11 이산화탄소 농도와 작물의 생리작용에 대한 설명으로 옳은 것은?

① 이산화탄소 포화점은 유기물의 생성속도와 소모속도가 같아지는 이산화탄소 농도이다.
② 식물이 광포화점에 도달하였을 때 이산화탄소 농도를 높이면 광포화점이 높아진다.
③ 이산화탄소 농도가 높아질수록 광합성 속도는 계속 증대한다.
④ 이산화탄소 보상점은 이산화탄소 농도가 높아져도 광합성 속도가 더 이상 증가하지 않는 농도이다.

12 콩에서 군락의 수광태세가 좋고 밀식적응성이 높은 초형 조건에 해당하지 않는 것은?

① 가지를 적게 치고 가지가 짧다.
② 키가 크고 도복이 잘 되지 않는다.
③ 잎이 작고 가늘며 잎자루가 길고 늘어진다.
④ 꼬투리가 원줄기에 많이 달리고 밑에까지 착생한다.

13 재배시설의 유리온실 지붕 모양이 아닌 것은?

① 아치형
② 벤로형
③ 양지붕형
④ 외지붕형

14 *AABB*와 *aabb*를 교배하여 *AaBb*를 얻는 과정에서 두 쌍의 대립유전자 *Aa*와 *Bb*가 서로 다른 염색체에 있을 때(독립유전) 유전현상으로 옳지 않은 것은?

① 배우자는 4가지가 형성된다.
② AB : Ab : aB : ab는 1 : 1 : 1 : 1로 분리된다.
③ 분리된 배우자 중 *AB*와 *ab*는 재조합형이다.
④ 전체 배우자 중에서 재조합형이 50%이다.

ANSWER 11.② 12.③ 13.① 14.③

11 ① 이산화탄소 보상점은 유기물의 생성속도와 소모속도가 같아지는 이산화탄소 농도이다.
③ 이산화탄소 농도가 높아질수록 광합성 속도는 이산화탄소 포화점까지 증대한다.
④ 이산화탄소 포화점은 이산화탄소 농도가 높아져도 광합성 속도가 더 이상 증가하지 않는 농도이다.

12 ③ 잎이 작고 가늘며 잎자루가 짧고 직립한다.

13 ① 아치형은 플라스틱 온실 지붕 모양이다.

14 ③ 분리된 배우자 중 AB 와 ab 는 양친형이다.

15 작물 종자의 휴면타파에 대한 설명으로 옳지 않은 것은?

① 일반적으로 벼는 50°C에 4~5일간 보관하면 휴면이 타파된다.
② 스위트클로버는 분당 180회씩 10분간 진탕 처리한다.
③ 레드클로버는 진한 황산을 15분간 처리한다.
④ 감자와 양파는 절단해서 2ppm 정도의 MH수용액에 처리한다.

16 작물의 요수량에 대한 설명으로 옳은 것은?

① 대체로 요수량이 적은 작물이 건조한 토양과 한발에 대한 저항성이 강하다.
② 작물의 생체중 1g을 생산하는 데 소비된 수분량을 말한다.
③ 증산계수와 같은 뜻으로 사용되고 증산능률과 같은 개념이다.
④ 수분경제의 척도를 표시하는 것으로 수분의 절대소비량을 나타낸다.

17 광호흡에 대한 설명으로 옳지 않은 것은?

① 광이 강하고 고온일 때 C_3 식물에서 주로 나타난다.
② 건조에 강한 CAM식물은 주로 밤에 광호흡을 한다.
③ 기온이 높고 건조하여 기공이 닫혔을 때 발생한다.
④ 산소농도가 증가하면 광호흡이 증가하고 탄산가스의 흡수는 억제된다.

ANSWER 15.④ 16.① 17.②

15 ④ 감자와 양파는 절단해서 2ppm 정도의 GA수용액에 처리한다.

16 ② 작물의 건물 중 1g을 생산하는 데 소비된 수분량을 말한다.
③ 증산계수와 같은 뜻으로 사용되고 증산능률과 반대 개념이다.
④ 수분경제의 척도를 표시하는 것으로 수분의 절대소비량은 알 수 없다.

17 ② 건조에 강한 CAM식물은 주로 밤에 기공을 열어 이산화탄소를 액포 안에 고정하며,

18 작물의 무병주를 얻기 위한 조직배양과 이용에 대한 설명으로 옳지 않은 것은?

① 유관속 조직이 미발달된 작물의 생장점을 이용하면 감염률이 낮아 유리하다.
② 조직배양한 바이러스 무병주를 포장에서 재배하면 재감염이 되므로 일정주기로 교체해야 한다.
③ 영양번식식물보다 종자번식식물에서 바이러스 문제가 심하기 때문에 더 많이 이용된다.
④ 기내에서 증식한 재료의 조직을 이용하면 페놀물질의 발생이 적어 무병주 확보에 유리하다.

19 감수분열을 통한 화분과 배낭의 발달과정에 대한 설명으로 옳지 않은 것은?

① 배낭세포는 3번의 체세포 분열을 거쳐서 배낭으로 성숙한다.
② 배낭모세포에서 만들어진 4개의 반수체 배낭세포 중 3개는 퇴화하고 1개는 살아남는다.
③ 감수분열을 마친 화분세포는 화분으로 성숙하면서 2개의 정세포와 1개의 화분관세포를 형성한다.
④ 생식모세포가 감수분열을 거쳐서 만들어진 4개의 딸세포는 염색체 구성과 유전자형이 동일하다.

20 작물생육에 필요한 무기원소의 주요 기능으로 옳은 것만을 모두 고르면?

㉠ 철(Fe) – 삼투압 조절과 단백질 대사의 효소기능에 관여한다. ㉡ 칼슘(Ca) – 세포분열에 관여하고 세포벽의 구성성분이다. ㉢ 칼륨(K) – 호흡, 광합성, 질소고정 관련 효소들의 구성성분이다. ㉣ 마그네슘(Mg) – 엽록소의 구성성분이고 많은 효소반응에 관여한다. ㉤ 몰리브덴(Mo) – 콩과 작물의 질소고정에 관여하고 질소대사 등에 필요하다.

① ㉠, ㉡, ㉢
② ㉠, ㉣, ㉤
③ ㉡, ㉢, ㉣
④ ㉡, ㉣, ㉤

ANSWER 18.③ 19.④ 20.④

18 ③ 종자번식식물보다 영양번식식물에서 바이러스 문제가 심하기 때문에 더 많이 이용된다.

19 ④ 생식모세포가 감수분열을 거쳐서 만들어진 4개의 딸세포는 염색체 구성과 유전자형이 상이하다.

20 ㉠ 철(Fe) : 엽록소의 형성에 관여한다.
㉢ 칼륨(K) : 삼투압 조절과 단백질 대사의 효소기능에 관여한다.

재배학개론 | 2023. 6. 10. 제1회 지방직 시행

1 작물의 분류와 해당 작물의 연결로 옳지 않은 것은?

① 녹비작물 – 호밀, 자운영, 베치
② 사료작물 – 옥수수, 티머시, 라이그래스
③ 약용작물 – 제충국, 박하, 호프
④ 유료작물 – 아주까리, 왕골, 어저귀

2 작물의 재배조건과 T/R율의 관계에 대한 설명으로 옳지 않은 것은?

① 토양함수량이 감소하면 T/R율이 증가한다.
② 질소를 다량 시용하면 T/R율이 증가한다.
③ 뿌리의 호기호흡이 저해되면 T/R율은 증가한다.
④ 고구마는 파종기나 이식기가 늦어지면 T/R율이 증가한다.

3 저온처리와 장일조건을 필요로 하는 식물의 화아형성과 개화를 촉진하는 식물생장조절제는?

① ABA
② 지베렐린
③ 시토키닌
④ B-Nine

ANSWER 1.④ 2.① 3.②

1 ④ 유료작물 : 참깨 · 들깨 · 유채 · 땅콩 · 아주까리 · 해바라기

2 ① 토양함수량이 감소하면 지하부의 생장보다 지상부의 생장이 더욱 저해되어 T/R율 감소한다.

3 ① 지베렐린(Gibberellin, GAs)은 줄기 신장, 발아, 휴면, 꽃의 개화 및 성장, 잎과 과일의 노화 등 식물 생장을 조절하는 식물호르몬이다.

4 다음에서 설명하는 관개법은?

• 물을 절약할 수 있다.	• 표토의 유실이 거의 없다.
• 시설재배에서 주로 이용한다.	• 정밀한 양의 물과 양분을 공급할 수 있다.

① 고랑관개
② 살수관개
③ 점적관개
④ 전면관개

5 버널리제이션에 대한 설명으로 옳지 않은 것은?

① 단일식물은 비교적 고온인 10~30°C의 처리가 유효한데 이를 고온버널리제이션이라고 한다.
② 화학물질을 처리해도 버널리제이션과 같은 효과를 얻을 수 있는데 이를 화학적 춘화라고 한다.
③ 배나 생장점에 탄수화물의 공급을 차단하여 버널리제이션의 효과를 증가시킬 수 있다.
④ 월동채소는 버널리제이션을 해서 봄에 파종해도 추대 · 결실하므로 채종에 이용될 수 있다.

6 다음 조건에서 흰색 꽃잎의 개체 빈도가 0.16일 때, 2세대 진전 후 이 집단에서 붉은색 꽃잎의 유전자 빈도는?

- Hardy-Weinberg 유전적 평형이 유지되는 집단에서, 하나의 유전자가 꽃잎 색을 조절한다.
- 우성대립유전자는 붉은색 꽃잎, 열성대립유전자는 흰색 꽃잎이 나타난다.
- 두 대립유전자 사이에는 완전우성이다.

① 0.6
② 0.4
③ 0.36
④ 0.16

ANSWER 4.③ 5.③ 6.①

4 ① 포장에 이랑을 세우고, 고랑에 물을 흘려서 대는 방법이다.
② 공중에 물을 뿌려서 대는 방법이다.
④ 지표면 전면에 물을 흘려 대는 방법이다.

5 ③ 배나 생장점에 당과 같은 탄수화물이 공급되지 않으면 버날리제이션효과가 나타나기 힘들다.

6 한 쌍의 대립유전자 A, a의 빈도를 p, q라고 할 때 유전적 평형집단에서 대립유전자빈도와 유전자형 빈도의 관계
$(qA+qa)^2 = p^2AA + 2pqAa + q^2aa$
$aa = q^2 = 0.4^2 = 0.16$
$p+q=1$이므로 $p=0.6$, $q=0.4$

7 다음 조건에서 F_2의 표현형과 유전자형의 비가 옳지 않은 것은?

- 멘델의 유전법칙을 따른다.
- 유전자 W, G는 각각 유전자 w, g에 대하여 완전우성이다.
- 둥근황색종자의 유전자형은 W_G_이다.
- 주름진녹색종자의 유전자형은 wwgg이다.
- 완두의 종자모양과 색깔에 대한 양성잡종 F_1의 유전자형은 WwGg이다.

표현형	유전자형
① 9/16 둥근황색	1/16 WWGG, 3/16 WwGG, 3/16 WWGg, 2/16 WwGg
② 3/16 둥근녹색	1/16 WWgg, 2/16 Wwgg
③ 3/16 주름진황색	1/16 wwGG, 2/16 wwGg
④ 1/16 주름진녹색	1/16 wwgg

8 작물의 내습성에 대한 설명으로 옳지 않은 것은?

① 뿌리조직의 목화는 내습성을 강하게 한다.
② 작물별로는 미나리 > 옥수수 > 유채 > 감자 > 파의 순으로 내습성이 강하다.
③ 뿌리가 황화수소나 아산화철에 대하여 저항성이 크면 내습성이 강해진다.
④ 근계가 깊게 발달하거나, 습해를 받았을 때 부정근의 발생력이 큰 것은 내습성이 강하다.

ANSWER 7.① 8.④

7

	WG	Wg	wG	wg
WG	WWGG(둥근황색)	WWGg(둥근황색)	WwGG(둥근황색)	WwGg(둥근황색)
Wg	WWGg(둥근황색)	WWgg(둥근녹색)	WwGg(둥근황색)	Wwgg(둥근녹색)
wG	WwGG(둥근황색)	WwGg(둥근황색)	wwGG(주름진황색)	wwGg(주름진황색)
wg	WwGg(둥근황색)	Wwgg(둥근녹색)	wwGg(주름진황색)	wwgg(주름진녹색)

㉠ **표현형** : 9/16 둥근황색
㉡ **유전자형** : 1/16 WWGG, 2/16 WwGG, 2/16 WWGg, 4/16 WwGg

8 ④ 근계가 깊게 발달하거나, 습해를 받았을 때 부정근의 발생력이 큰 것은 내습성을 약화시킨다.

9 **작물의 상적발육에 대한 설명으로 옳지 않은 것은?**

① 고위도 지대에서의 벼 종자 생산은 감광형이 감온형에 비하여 개화와 수확이 안전하다.
② 광중단을 통한 장일유도에는 적색광이 효과가 크다.
③ 오처드그래스와 클로버 등은 야간조파로 단일조건을 파괴하면 산초량이 증대한다.
④ 벼의 묘대일수감응도는 감온형이 높고, 감광형과 기본영양생장형이 낮다.

10 **다음 중 신품종의 특성을 유지하고 품종퇴화를 방지하기 위한 종자갱신의 증수효과가 가장 큰 작물은?**

① 벼 ② 옥수수
③ 보리 ④ 감자

11 **냉해의 대책으로 옳은 것만을 모두 고르면?**

> ㉠ 물이 넓고 얕게 고이는 온수저류지를 설치한다.
> ㉡ 암거배수하여 습답을 개량한다.
> ㉢ 객토를 실시하여 누수답을 개량한다.
> ㉣ 만기재배 · 만식재배를 하여 성숙기를 늦춘다.

① ㉠, ㉡
② ㉠, ㉣
③ ㉠, ㉡, ㉢
④ ㉡, ㉢, ㉣

ANSWER 9.① 10.② 11.③

9 ① 고위도지대에서는 감온형 품종을 심어야 일찍 출수하여 안전하게 수확할 수 있다.

10 종자갱신의 증수효과 : 벼 6%, 맥류 12%, 감자 50%, 옥수수 65%

11 ㉣ 조기재배, 조식재배를 하여 성숙기를 앞당긴다.

12 돌연변이 육종법에 대한 설명으로 옳지 않은 것은?

① 돌연변이 유발원을 처리한 당대에 돌연변이체를 선발한다.
② 돌연변이 유발원으로 X선은 잔류방사능이 없어 많이 이용된다.
③ 인위 돌연변이체는 세포질에 결함이 생기는 등의 원인으로 대부분 수확량이 적다.
④ 이형접합성인 영양번식작물에 돌연변이 유발원 처리로 체세포 돌연변이를 얻는다.

13 다음에서 설명하는 육종방법은?

> 자식성 작물의 육종 방법 중 하나로 F_2 또는 F_3세대에서 질적형질을 개체 선발하여 계통을 만들고 이 계통별로 집단재배를 한 후 $F_5 \sim F_6$세대에 양적형질에 대해 개체 선발하여 품종을 육성한다.

① 계통육종
② 파생계통육종
③ 여교배육종
④ 1개체1계통육종

14 엽면시비에 대한 설명으로 옳은 것은?

① 습해를 받은 맥류는 요소·망간 등의 엽면시비를 삼가야 한다.
② 수확 전의 밀이나 뽕잎에 요소를 엽면시비하면 단백질 함량이 감소한다.
③ 출수 전의 꽃에 엽면시비를 하면 잎이 마르므로 삼가야 한다.
④ 비료를 농약에 혼합해서 살포할 수도 있으므로 시비의 노력이 절감된다.

ANSWER 12.① 13.② 14.④

12 ① 돌연변이 육종에서 타식성 작물은 자식성 작물에 비해 이형접합체가 많으므로 돌연변이원을 종자처리한 후대에는 돌연변이체를 선발하기 어렵다.

13 ① 서로 다른 품종이 따로 따로 가지고 있는 우량형질을 인공교배를 통하여 한 개체로 모으는 교배육종의 한 종류이다.
③ 서로 다른 두 품종의 교잡으로 만들어진 자식세대를 다시 부모 세대와 교잡시키는 육종방법이다.
④ 분리세대 동안 매 세대마다 모든 개체로부터 1립씩 채종해서 집단재배하고 후기세대에 가서 개체별 계통재배를 한다.

14 ① 습해를 받은 맥류는 요소·망간 등의 엽면시비를 해야 한다.
② 수확 전의 밀이나 뽕잎에 요소를 엽면시비하면 단백질 함량이 증가한다.
③ 출수 전의 꽃에 엽면시비를 하면 잎이 싱싱해진다.

15 경종적 방법에 의한 병충해 방제에 해당하지 않는 것은?

① 고랭지는 감자의 바이러스병 발생이 적어서 채종지로 알맞다.
② 감자·콩 등의 바이러스병은 무병종자 선택으로 방제된다.
③ 낙엽에 들어 있는 해충은 낙엽을 소각하면 피해가 경감된다.
④ 기지의 원인이 되는 토양전염성 병해충은 윤작으로 경감된다.

16 종묘로 이용되는 영양기관과 작물을 옳게 짝 지은 것은?

① 지근 – 모시풀, 마늘
② 덩이줄기 – 달리아, 마
③ 덩이뿌리 – 토란, 돼지감자
④ 땅속줄기 – 생강, 박하

ANSWER 15.③ 16.④

15 경종적 방제법
㉠ 건전 종묘 및 저항성 품종 이용
㉡ 파종시기(생육기) 조절
㉢ 합리적 시비 : 질소비료 과용 금지, 적절한 규산질 비료 시용
㉣ 토양개량제(규산, 고토석회) 시용
㉤ 윤작
㉥ 답전윤환
㉦ 접목(박과류 덩굴쪼김병 예방)
㉧ 멀칭 재배 : 객토 및 환토

16 종묘로 이용되는 영양기관의 분류
㉠ 눈(bud) : 마, 포도 나무꽃의 아삼 등
㉡ 잎 : 베고니아 등
㉢ 줄기
- 지상경(지상부에 나온 고등 식물의 줄기) 또는 지조(식물의 줄기) : 사탕수수, 포도나무, 사과나무, 귤나무, 모시풀 등
- 땅속줄기 : 생강, 연, 박하, 호프 등
- 덩이줄기 : 감자, 토란, 돼지감자 등
- 알줄기 : 글라디올러스 등
- 비늘줄기 : 나리, 마늘 등
- 흡지(온대지역 여러해살이풀에 있는 휴면 기관의 일종이다. 각 마디에서 방사상 형태로 발생한 땅속줄기 또는 기는줄기 의 일부로 나온 눈이다) : 박하, 모시풀 등

㉣ 뿌리
- 지근(땅위줄기에서 나온 막뿌리의 하나로 땅속으로 뻗어 들어가 줄기를 버티어 준다):닥나무, 고사리, 부추 등
- 덩이뿌리 : 달리아, 고구마, 마 등

17 (가)~(다)에 들어갈 말을 A~C에서 바르게 연결한 것은?

> (가) 은 광을 잘 투과시켜 지온상승 효과는 크나, 잡초의 발생이 많다.
> (나) 은 광을 잘 흡수하여 지온상승 효과는 적으나, 잡초억제 효과는 크다.
> (다) 은 녹색광과 적외광을 잘 투과시키고, 청색광과 적색광을 강하게 흡수한다.

> A. 녹색 필름
> B. 흑색 필름
> C. 투명 필름

	(가)	(나)	(다)
①	A	B	C
②	B	C	A
③	C	A	B
④	C	B	A

18 작물의 파종량과 파종 시기에 대한 설명으로 옳지 않은 것은?

① 맥류는 녹비용보다 채종용으로 재배할 때 파종량을 늘린다.
② 콩의 경우 단작에 비해 맥후작으로 심을 때는 늦게 심는다.
③ 추파성이 낮은 맥류 품종은 다소 늦게 파종하는 것이 좋다.
④ 파종 시기가 늦을수록 대체로 발육이 부실하므로 파종량을 늘린다.

ANSWER 17.④ 18.①

17 ㉠ **녹색 필름** : 흑색비닐과 투명 비닐의 중간에 있는 비닐로 흑색보단 1~3도 정도 지온을 높여주고 적외선 투과율이 좋은 비닐이다.
㉡ **흑색 필름** : 지온을 내려주며 자외선 차단에 효과적이다.
㉢ **투명 필름** : 광을 잘 투과시켜 지온상승 효과는 크나, 잡초의 발생이 많다.

18 ① 녹비용 재배는 채종용보다 파종량을 늘린다.

19 (가)~(다)에 들어갈 수 있는 원소의 형태를 바르게 연결한 것은?

원소명	밭(산화)	논(환원)
C	CO_2	(가)
N	(나)	NH_4^+
S	SO_4^{2-}	(다)

	(가)	(나)	(다)
①	CH_4	N_2	H_2S
②	CH_4	NO_3^-	H_2S
③	HCO_3^-	NO_3^-	S
④	HCO_3^-	N_2	S

20 작물생육과 무기원소의 과잉에 대한 설명으로 옳지 않은 것은?

① 망간이 과잉되면 잎에 갈색의 반점이 생긴다.

② 아연은 과잉되어도 거의 장해가 나타나지 않는다.

③ 구리가 과잉되면 철 결핍증과 비슷한 황화현상이 나타난다.

④ 알루미늄이 과잉되면 칼슘 · 마그네슘 · 질산의 흡수가 저해된다.

ANSWER 19.② 20.②

19

원소	밭(산화) 상태	논(환원) 상태
C	CO_2	CH_4
N	NO_3^-	N_2, NH_4
Mn	Mn4+Mn3+	Mn^{2+}
Fe	Fe^{3+}	Fe^{2+}
S	SO_4^{2-}	H_2S, S
P	H_2PO_4, $AlPO_4$	$Fe(h_2PO_4)_2$, $Ca(H_2PO_4)_2$
EH	높음	낮음

20 ② 아연은 과잉되면 잎이 황백 되며 콩과 작물에서 잎줄기나 잎의 뒷면이 자줏빛으로 변하는 증상이 생긴다.

재배학개론 | 2024. 3. 23. 인사혁신처 시행

1 작물 및 작물재배에 대한 설명으로 옳지 않은 것은?

① 작물은 이용성과 경제성이 높아서 재배대상이 되는 식물을 말한다.
② 작물재배는 인간이 경지를 이용하여 작물을 기르고 수확하는 행위를 말한다.
③ 작물재배는 자연환경의 영향을 크게 받고, 생산조절이 자유롭지 못하다.
④ 휴한농법은 정착농업이 활성화되기 이전에 지력을 유지하는 방법으로 실시되었다.

2 작물의 재배관리에 대한 설명으로 옳은 것은?

① 중경으로 인한 단근의 피해는 생식생장기보다 어릴 때 더 크다.
② 제초제를 사용하는 잡초방제는 물리적 방제법에 해당된다.
③ 맥류 재배 시 월동 후 답압은 한해(旱害)를 경감하는 효과가 있다.
④ 토양멀칭은 골 사이의 흙을 포기 밑으로 긁어 모아주는 것을 말한다.

ANSWER 1.④ 2.③

1 ④ 휴한농업은 정착농업 이후에 지력감퇴를 방지하기 위하여 농경지의 일부를 몇 년에 한 번씩 휴한하는 작부방식이다. 유럽에서 발달한 3포식 농법이 대표적이다.

2 ① 중경으로 인한 단근의 피해는 작물이 어릴 때는 크지 않지만, 생식생장기에 피해가 커진다.
② 제초제를 사용하는 잡초방제는 화학적 방제법에 해당된다.
④ 토양멀칭은 농작물이 자라고 있는 땅에 잡초 발생을 억제하기 위해 짚이나 비닐 따위로 덮는 일이다.

※ 잡초방제 방법
㉠ 예방적방제 : 잡초위생, 법적장치(검역)
㉡ 생태적(재배적, 경종적) : 방제경합특성이용(재배법), 환경제어
㉢ 물리적(기계적) 방제 : 인, 축, 동력
㉣ 생물적방제 : 균, 충, 어폐류, 동 · 식물
㉤ 화학적방제 : 제초제, PGR
㉥ 종합방제(IPM)

3 **작물의 유전성에 대한 설명으로 옳은 것만을 모두 고르면?**

> ㉠ 표현형 분산에 대한 환경 분산의 비율을 유전력이라고 한다.
> ㉡ 우성유전자와 열성유전자가 연관되어 있는 유전자 배열을 상반이라고 한다.
> ㉢ 하나의 유전자 산물이 여러 형질에 관여하는 것을 유전자 상호작용이라고 한다.
> ㉣ 비대립유전자 사이의 상호작용에서 한쪽 유전자의 기능만 나타나는 현상을 상위성이라고 한다.

① ㉠, ㉡
② ㉠, ㉢
③ ㉡, ㉣
④ ㉢, ㉣

4 **기지(忌地)현상의 원인에 대한 설명으로 옳지 않은 것은?**

① 콩, 땅콩 등을 연작하면 토양선충이 번성한다.
② 심근성 작물을 연작하면 토양의 긴밀화로 그 물리성이 악화된다.
③ 앨팰퍼, 토란을 연작하면 석회가 많이 흡수되어 그 결핍증이 나타나기 쉽다.
④ 가지, 토마토 등을 연작하면 토양 중 특정 병원균이 번성하여 병해를 유발한다.

ANSWER 3.③ 4.②

3 ㉠ 특정 형질의 전체변이 중에 유전효과로 설명될 수 있는 부분의 비율을 유전력이라고 하는데, 이는 표현형분산에 대한 유전 분산의 비율로서 표현된다.
㉢ 하나의 유전자 산물이 여러 형질에 관여하는 것을 유전자 연관이라고 한다.

4 ② 화곡류와 같은 천근성 작물을 연작하면, 토양이 긴밀화해져서 물리성이 악화된다.

5 작물의 병충해 방제법 중 경종적 방제법과 생물학적 방제법을 바르게 연결한 것은?

> ㉠ 과실에 봉지를 씌워 병충해를 차단한다.
> ㉡ 농약을 살포하여 병충해를 방제한다.
> ㉢ 맵시벌, 꼬마벌과 같은 기생성 곤충을 활용한다.
> ㉣ 배나무의 붉은별무늬병은 주변의 향나무를 제거하여 방제한다.

	경종적 방제법	생물학적 방제법
①	㉠	㉡
②	㉠	㉢
③	㉣	㉡
④	㉣	㉢

6 타식성 작물의 육종방법에 대한 설명으로 옳은 것은?

① 집단선발은 기본집단에서 선발한 우량개체를 계통재배하고, 선발된 우량계통을 혼합채종하여 집단을 개량하는 방법이다.

② 순환선발은 우량개체를 선발하고 그들 간에 상호교배를 하더라도 집단 내에 우량유전자의 빈도가 변하지 않는다.

③ 잡종강세는 잡종강세유전자가 이형접합체로 되면 공우성이나 유전자 연관 등에 의하여 잡종강세가 발현된다는 우성설로 설명된다.

④ 상호순환선발은 두 집단에 서로 다른 대립유전자가 많을 때 효과적이며, 일반조합능력과 특정조합능력을 함께 개량할 수 있다.

ANSWER 5.④ 6.④

5 ㉣ 병해충, 잡초의 생태적 특징을 이용하여 작물의 재배조건을 변경시키고 내충, 내병성 품종의 이용, 토양관리의 개선 등에 의하여 병충해, 잡초의 발생을 억제하여 피해를 경감시키는 방법이다.
㉢ 식물체에는 해를 주지 않지만, 식물병원체에는 길항작용을 나타내는 미생물을 이용하여 병해를 방제하는 방법이다.

6 ① 집단선발은 기본집단에서 우량개체를 선발, 혼합채종하여 집단재배하고, 집단 내 우량 개체 간에 타가수분을 유도함으로 품종을 개량한다.
② 순환선발은 우량개체를 선발하고 그들 간에 상호교배를 함으로써 집단 내에 우량 유전자의 빈도를 높여가는 육종방법이다.
④ 타식성 작물의 근친교배로 약세화한 작물체 또는 빈약한 자식계통끼리 교배하면 그 F1은 양친보다 왕성한 생육을 나타내는데, 이를 잡종강세라고 한다.

7 한해(旱害, 건조해)에 대한 설명으로 옳지 않은 것은?

① 내건성이 강한 작물은 건조할 때 광합성이 감퇴하는 정도가 크다.
② 내건성이 강한 작물의 세포는 원형질의 비율이 높아 수분보유력이 강하다.
③ 작물의 내건성은 생육단계에 따라 차이가 있으며 생식생장기에 가장 약하다.
④ 밭작물의 한해대책으로 질소의 다용을 피하고, 퇴비 또는 칼리를 증시한다.

8 자식성 작물과 타식성 작물에 대한 설명으로 옳지 않은 것은?

① 자식성 작물은 세대가 진전됨에 따라 동형접합체 비율이 증가한다.
② 타식성 작물은 자식이나 근친교배에 의해 이형접합체의 열성유전자가 분리된다.
③ 자식성 작물은 타식성 작물과는 달리 자식약세 현상과 잡종강세가 모두 나타나지 않는다.
④ 자식성 및 타식성 작물 모두 영양번식으로 유전자형을 동일하게 유지할 수 있다.

9 작물의 열해에 대한 설명으로 옳지 않은 것은?

① 단백질의 합성이 저해되고 암모니아의 축적이 많아진다.
② 원형질단백의 열응고가 유발되어 열사가 나타난다.
③ 철분이 침전되면 황백화 현상이 일어난다.
④ 작물체의 연령이 높아질수록 내열성이 대체로 감소한다.

ANSWER 7.① 8.③ 9.④

7 ① 내건성이 강한 작물은 건조할 때 광합성이 감퇴하는 정도가 크다.

8 ③ 자식성 작물도 잡종강세가 있지만 타식성 작물에서 월등히 크게 나타난다.

9 ④ 작물체의 연령이 높아질수록 내열성이 증대된다.

10 다음은 보리 종자 100립의 발아조사 결과이다. 이에 대한 설명으로 옳지 않은 것은? (단, 최종 조사일은 파종 후 7일, 발아세 조사일은 파종 후 4일이다. 소수점 이하는 둘째 자리에서 반올림한다)

파종 후 일수(일)	1	2	3	4	5	6	7	합계
조사 당일 발아종자수(개)	0	3	15	40	15	10	2	85

① 발아율은 85%이다.
② 발아세는 58%이다.
③ 평균발아일수는 3.6일이다.
④ 발아전은 파종 후 6일이다.

11 일장과 작물의 화성에 대한 설명으로 옳지 않은 것은?

① 유도일장과 비유도일장의 경계를 한계일장이라고 한다.
② 단일식물은 유도일장의 주체가 단일측에 있고, 한계일장은 보통 장일측에 있다.
③ 장일식물은 24시간 주기가 아니더라도 상대적으로 명기가 암기보다 길면 장일효과가 나타난다.
④ 중간식물은 일정한 한계일장이 없고, 대단히 넓은 범위의 일장에서 화성이 유도된다.

12 작물의 육종방법에 대한 설명으로 옳은 것은?

① 계통육종법은 집단육종법에 비해 유용 유전자형을 상실할 염려가 적다.
② 돌연변이육종법은 돌연변이 유발원이 처리된 M0세대에서 변이체를 선발하는 방법이다.
③ 세포분열이 왕성한 생장점에 콜히친을 처리하면 핵의 발달이 저해되어 배수체가 유도된다.
④ 파생계통육종법은 1개체 1계통법보다 초기세대에서 개체선발을 시작한다.

ANSWER 10.③ 11.④ 12.④

10 평균발아일수

$$=\sum\left\{\frac{(2\times3)+(3\times15)+(4\times40)+(5\times15)+(6\times10)+(7\times2)}{85}\right\}=4.24$$

11 ④ 중성식물(중일성 식물)은 일정한 한계일장이 없고, 대단히 넓은 범위의 일장에서 화성이 유도되며, 화성이 일장의 영향을 받지 않는다고 할 수도 있다.

12 ① 계통육종법은 유용 유전자를 상실할 우려가 있다.
② 돌연변이 육종법은 자체 유전자 변이를 이용하는 것으로, 교배육종이 곤란한 식물종에도 적용이 가능하다는 장점이 있다.
③ 세포분열이 왕성한 생장점에 콜히친을 처리하면 방추체의 형성이 억제된다.

13 다음 설명에 해당하는 토양 무기성분은?

> 감귤류에서 결핍 시 잎무늬병, 소엽병, 결실불량 등을 초래하고, 경작지에 과잉 축적되면 토양오염의 원인이 된다.

① 아연
② 구리
③ 망간
④ 몰리브덴

14 지베렐린에 대한 설명으로 옳은 것만을 모두 고르면?

> ㉠ 세포분열을 촉진하고, 콩과작물의 근류 형성에 필수적이다.
> ㉡ 잎의 노화 · 낙엽촉진 · 휴면유도 · 발아억제 등의 효과가 있다.
> ㉢ 섬유작물, 목초 등에 처리하면 경엽의 신장을 촉진한다.
> ㉣ 종자의 휴면을 타파하여 발아를 촉진하고, 호광성 종자의 발아를 촉진한다.

① ㉠, ㉡
② ㉠, ㉣
③ ㉡, ㉢
④ ㉢, ㉣

ANSWER 13.① 14.④

13 ① 감귤류에서 아연 결핍 시, 황색 반점이 잎맥 사이에 나타난다. 엽맥을 따라 불규칙한 녹색부분이 나타나며, 신초는 더 이상 성장하지 않는다.

14 ㉠ 지베렐린은 세포신장과 세포분열을 모두 증가시킨다.
㉡ 호광성 종자는 적색광에서 발아가 촉진된다.

15 시비방법에 대한 설명으로 옳지 않은 것은?

① 꽃을 수확하는 작물은 꽃망울이 생길 무렵에 질소의 효과가 잘 나타나도록 하면 개화와 발육이 양호하다.
② 뿌리를 수확하는 작물은 초기에는 칼리를 충분히 주고, 양분 저장이 시작될 무렵에는 질소를 충분히 시용한다.
③ 종자를 수확하는 작물은 영양생장기에는 질소의 효과가 크고, 생식생장기에는 인과 칼리의 효과가 크다.
④ 과실을 수확하는 작물은 특히 결과기에 인과 칼리가 충분해야 과실의 발육과 품질의 향상에 유리하다.

16 작물의 수분 흡수에 대한 설명으로 옳지 않은 것은?

① 세포 삼투압과 막압의 차이를 확산압차라고 한다.
② 토양용액 자체의 삼투압이 높으면 수분 흡수를 촉진한다.
③ 세포가 수분을 최대로 흡수하여 팽만상태가 되면 삼투압과 막압이 같아진다.
④ 일비현상은 근압에 의하여 발생하며 적극적 흡수의 일종이다.

17 간척지 토양의 재배환경에 대한 설명으로 옳지 않은 것은?

① 대체로 지하수위가 낮아 산화상태가 발달한다.
② 높은 염분농도 때문에 벼의 생육이 저해된다.
③ 간척지에서는 황화물이 산화되어 강산성을 나타낸다.
④ 점토가 과다하고 나트륨 이온이 많아 뿌리 발달이 저해된다.

ANSWER 15.② 16.② 17.①

15 ② 뿌리를 수확하는 작물은 초기에는 질소를 넉넉히 주어 생장을 촉진시키고, 양분의 저장이 시작될 무렵에는 칼리를 충분히 시용하도록 한다.

16 ② 토양용액의 삼투압이 높아지면 수분과 양분흡수가 방해를 받게 된다.

17 ① 간척지 토양은 지하수위가 높아 배수가 불량하며, 초기 염도가 높고 비옥도가 낮아 밭작물 재배나 녹화가 불리한 여건이다.

18 작물과 대기환경에 대한 설명으로 옳지 않은 것은?

① 작물의 이산화탄소 보상점은 대기 중 평균 이산화탄소 농도보다 높다.
② 이산화탄소, 메탄가스, 아산화질소 등이 온실효과를 유발한다.
③ 풍해로 인한 벼의 백수현상은 대기가 건조할수록 발생하기 쉽다.
④ 시속 4~6km 이하의 약한 바람은 광합성을 증대시키는 효과가 있다.

19 작물의 수확 후 관리에 대한 설명으로 옳지 않은 것은?

① 과실과 채소는 예냉처리를 통해 신선도를 유지하고 저장성을 높일 수 있다.
② 서류는 수확작업 중에 발생한 상처를 큐어링 처리한 후 저장한다.
③ 곡물 저장 시 미생물 번식 억제와 품질 유지를 위해 수분함량을 16~18%로 유지한다.
④ 사과나 참다래는 수확 후 일정기간 후숙처리를 하면 품질이 향상된다.

20 작물의 웅성불임성에 대한 설명으로 옳지 않은 것은?

① 하나의 열성유전자로 유기되는 유전자적 웅성불임성은 불임계와 이형계통을 교배하여 가임종자와 불임종자가 3 : 1로 섞여 있는 상태로 유지되는 단점이 있다.
② 임성회복유전자가 없는 세포질적 웅성불임계를 모계로 사용하여 1대 잡종종자를 생산하면 어떠한 가임계통의 꽃가루로 수분하여도 100% 불임개체만 나오게 된다.
③ 세포질-유전자적 웅성불임성에서 웅성불임성 도입을 위해 여교배를 활용할 수 있다.
④ 감온성 유전자적 웅성불임성을 모계로 이용하는 경우 임성회복유전자가 없더라도 조합능력이 높으면 부계로 이용할 수 있다.

ANSWER 18.① 19.③ 20.①

18 ① 일반적으로 작물의 이산화탄소 보상점은 대기 중의 이산화탄소 농도 370ppm보다 낮은 30~80ppm 수준이다.

19 ③ 곡물 저장 시 수분함량을 15% 이하로 유지하고 저장고 내의 온도는 15℃ 이하, 습도는 70% 이하로 유지해야 한다.

20 ① 웅성불임성은 양파, 당근, 고추, 토마토, 옥수수 등의 일대잡종 채종에 널리 이용되고 있다. 이때 잡종종자는 웅성불임계에서 얻어지므로 채종량의 증대를 위해 불임계 : 가임계의 배식비율은 보통 3:1 이상으로 한다.

재배학개론

2024. 6. 22. 제1회 지방직 시행

1 식물의 진화와 재배작물로의 특성 획득에 대한 설명으로 옳지 않은 것은?

① 식물의 자연교잡과 돌연변이는 유전변이를 일으키는 원인이다.
② 재배작물은 환경에 견디기 위해 휴면이 강해지는 방향으로 발달하였다.
③ 재배작물이 안정상태를 유지하려면 유전적 교섭이 생기지 않아야 한다.
④ 식물이 순화됨에 따라 종자의 탈립성이 작아지는 방향으로 발달하였다.

2 감자와 양파에서 발아억제, 담배의 측아 억제 효과가 있는 약제는?

① MH
② GA
③ CCC
④ B-Nine

ANSWER 1.② 2.①

1 ② 재배작물은 빠른 발아를 위해 휴면이 약해지는 방향으로 발달하였다.

2 발아억제 물질
㉠ Auxin : 측아의 발육 억제
㉡ ABA(Abscisic acid) : 자두, 사과, 단풍나무 동아(동아) 휴면 유도
㉢ 쿠마린(Coumarin) : 토마토, 오이, 참외의 과즙 중에 존재
㉣ MH(Maleic hydrazide) : 감자, 양파의 발아 억제

3 다음 조건에서 양친을 교배했을 때 생성되는 F_1 종자의 유전자형으로 옳은 것은?

> • 모본과 부본의 유전자형은 각각 S_1S_2, S_1S_3이다.
> • 포자체형 자가불화합성을 나타내는 복대립유전자이다.
> • 대립유전자 간 우열관계는 없다.

① S_1S_2, S_2S_3

② S_1S_3, S_2S_3

③ S_1S_2, S_1S_3, S_2S_3

④ 종자가 생성되지 않는다.

4 성분량으로 질소 50kg을 추비하려면 요소비료의 시비량[kg]은?

① 46

② 64

③ 96

④ 109

5 자식계통으로 1대잡종품종 육성 시 단교배의 특징에 대한 설명으로 옳지 않은 것은?

① 생육이 빈약한 교배친을 사용하므로 발아력이 약하다.

② 영양번식이 가능한 사료작물을 육종할 때 널리 이용한다.

③ 잡종강세현상이 뚜렷하고 형질이 균일하다.

④ 생산량이 적고 종자가격이 비싸지만 불량형질은 적게 나타난다.

ANSWER 3.④ 4.④ 5.②

3 모본과 부본의 유전자형에 하나라도 같으면 불화합이다. S_1S_2, S_1S_3에 S_1이 동일하므로 종자가 생성되지 않는다.

4 요소 시비량=질소 시비량/질소 함량
요소 비료의 질소 함량은 46%이므로, 50/0.46=약 109이다.

5 ② 영양번식이 가능한 사료작물을 육종할 때는 3원교배(복교배)를 이용한다.

6 **종자를 토양에 밀착시켜 흡수가 잘 되도록 하여 발아를 조장하는 작업은?**

① 시비
② 이식
③ 진압
④ 경운

7 **춘화처리의 농업적 이용에 대한 설명으로 옳지 않은 것은?**

① 추파밀을 춘화처리해서 파종하면 육종상의 세대단축에 이용할 수 있다.
② 일부 사료작물은 춘화처리 후 발아율로 종이나 품종을 구별할 수 있다.
③ 동계 출하용 딸기는 촉성재배를 위해서 고온으로 화아분화를 유도한다.
④ 월동채소를 봄에 심어도 저온처리를 하면 추대와 결실이 되므로 채종이 가능하다.

8 **답전윤환의 효과로 옳지 않은 것은?**

① 지력 증강
② 잡초 감소
③ 수량 증가
④ 기지현상 증가

ANSWER 6.③ 7.③ 8.④

6 진압 … 종자의 출아를 빠르고 균일하게 하기 위해 파종 전후에 인력 또는 기계로 토양을 눌러주거나 다져주는 작업

7 ③ 동계 출하용 딸기는 촉성재배를 위해서 저온으로 화아분화를 유도한다.

8 답전윤환 … 논 또는 밭을 논 상태와 밭 상태로 몇 해씩 돌려가면서 벼와 밭 작물을 재배하는 방식

※ 답전윤환의 효과
㉠ 지력 증강
㉡ 잡초 감소
㉢ 수량 증가
㉣ 기지현상 감소

9 **토양의 입단을 파괴하는 원인으로 옳은 것은?**

① 유기물 시용
② 나트륨이온 시용
③ 콩과작물 재배
④ 토양개량제 투입

10 **수분의 기본역할에 대한 설명으로 옳지 않은 것은?**

① 작물이 필요물질을 용해상태로 흡수하는 데 용질로서 역할을 한다.
② 다른 성분들과 함께 식물체의 구성물질을 형성하는 데 필요하다.
③ 세포의 긴장상태를 유지하여 식물체의 체제 유지를 가능하게 한다.
④ 식물체 내의 물질분포를 고르게 하는 매개체가 된다.

11 **노지재배에서 광과 온도가 적정 생육 조건일 때 이산화탄소 농도와 작물의 생리작용에 대한 설명으로 옳지 않은 것은?**

① C_4 식물의 이산화탄소 보상점은 30~70ppm 정도이다.
② C_4 식물은 C_3 식물보다 낮은 농도의 이산화탄소 조건에서도 잘 적응한다.
③ 이산화탄소 농도가 높아지면 일반적으로 호흡속도는 감소한다.
④ 이산화탄소 농도가 높아지면 온도가 높아질수록 동화량이 증가한다.

ANSWER 9.② 10.① 11.①

9 ① 토양에 유기물이 결핍되면 입단 구조가 잘 부서진다. 유기물이 분해될 때에는 미생물에 의해 분비되는 점질물질이 토양 입자를 결합시켜 입단이 형성된다.
③ 클로버, 알팔파 등의 콩과작물은 잔뿌리가 많고 석회분이 풍부하여 토양을 잘 피복하여 입단 형성을 조장하는 효과가 크다.
④ 미생물에 분해되지 않고 물에도 안전한 입단을 만드는 점질물을 인공적으로 합성해 낸 것으로 크릴륨이나 아크릴 소일 등을 시용한다.

10 ① 작물이 필요물질을 용해상태로 흡수하는 데 용매로서 역할을 한다.

11 ① C_4 식물의 이산화탄소 보상점은 0~10ppm 정도이다.

12 다음 중 안전저장온도가 가장 낮은 작물은?

① 쌀
② 고구마
③ 식용 감자
④ 가공용 감자

13 채종재배에 대한 설명으로 옳지 않은 것은?

① 채종지의 기상조건으로는 기온이 가장 중요하다.
② 채종포는 개화기부터 등숙기까지 강우량이 많은 곳이 유리하다.
③ 씨감자는 진딧물이 적은 고랭지에서 생산하는 것이 유리하다.
④ 채종포에서 조파(條播)를 하면 이형주 제거와 포장검사가 편리하다.

14 작물의 습해 대책으로 옳지 않은 것은?

① 고휴재배를 한다.
② 세사로 객토한다.
③ 과산화석회를 시용한다.
④ 황산근비료를 시용한다.

ANSWER 12.③ 13.② 14.④

12 ③ 식용 감자의 안전저장온도는 3~4℃이다.
① 15℃
② 13~25℃
④ 10℃

13 ② 채종포는 개화기부터 등숙기까지 강우량이 적은 곳이 유리하다.

14 ④ 작물의 습해 대책으로는 미숙유기물과 황산근비료의 시용을 피한다. 황산근비료는 습해 시 황화수소로 변해 작물 뿌리에 악영향을 미친다.

15 다음은 양성잡종에서 유전자가 독립적으로 분리하는지 알아보는 실험이다. ㈎~㈐에 들어갈 내용을 바르게 연결한 것은?

㈎	열성친(P) 주름진 녹색종자(wwgg) × 이형접합체(F_1) 둥근 황색종자(WwGg)
배우자	wg (난세포) × $\frac{1}{4}$WG $\frac{1}{4}$Wg $\frac{1}{4}$wG $\frac{1}{4}$wg (정세포)
접합자	$\frac{1}{4}$WwGg $\frac{1}{4}$Wwgg $\frac{1}{4}$wwGg $\frac{1}{4}$wwgg
유전자형 빈도	㈏
표현형 빈도	㈐

	㈎	㈏	㈐
①	검정교배	1 : 1 : 1 : 1	1 : 1 : 1 : 1
②	검정교배	4 : 2 : 2 : 1	9 : 3 : 3 : 1
③	정역교배	1 : 1 : 1 : 1	1 : 1 : 1 : 1
④	정역교배	4 : 2 : 2 : 1	9 : 3 : 3 : 1

16 반수체육종법에 대한 설명으로 옳지 않은 것은?

① 반수체는 생육이 불량하고 완전한 불임현상을 나타낸다.
② 반수체를 배가한 2배체에서 열성형질은 발현되지 않는다.
③ 반수체육종법을 이용하면 육종 연한의 단축이 가능하다.
④ 화분배양을 통해 반수체를 확보할 수 있다.

ANSWER 15.① 16.②

15 배우자 wg(난세포)를 통해 열성동형접합체와 교배하는 검정교배임을 알 수 있다. 유전자형 빈도와 표현형 빈도 모두 1:1:1:1을 보인다.

16 ② 반수체를 배가한 2배체에서 열성형질은 발현되지 않는 것은 아니다. 반수체육종법을 통해 열성형질의 선발을 용이하게 할 수 있다.

17 **시설 피복자재에 대한 설명으로 옳지 않은 것은?**

① 연질 필름을 방진처리하면 내구성을 높일 수 있다.
② 적외선을 반사하는 유리는 온실의 고온화를 방지하는 효과가 있다.
③ 무적 필름은 소수성을 친수성 필름으로 변환시킨 것이다.
④ 광파장변환 필름은 녹색파장을 증대시킨 것으로 광합성 효율이 높다.

18 **다음은 콩과식물의 근류균에 관여하는 원소를 설명한 것이다. (가)~(다)에 들어갈 원소를 바르게 연결한 것은?**

- [(가)]은 질산환원효소의 구성성분이며 질소대사와 고정에 필요하고 콩과식물에 많이 함유되어 있다. 결핍 시 잎이 황백화되고 모자이크병에 가까운 증상을 보인다.
- [(나)]가 결핍되면 분열조직에 괴사를 일으키는 일이 많고 수정과 결실이 나빠지며, 사탕무에서는 속썩음병이 발생한다. 특히 콩과식물에서는 근류형성과 질소고정이 저해된다.
- [(다)]은/는 근류균 활동에 필요하고 근류균에는 B_{12}가 많은데 이 원소는 B_{12}의 구성성분이다.

	(가)	(나)	(다)
①	칼슘	붕소	니켈
②	칼슘	규소	코발트
③	몰리브덴	붕소	코발트
④	몰리브덴	규소	니켈

ANSWER 17.④ 18.③

17 ④ 광파장변환 필름은 자외선을 식물에 필요한 적색광으로 광변환할 수 있기 때문에 식물의 성장에 효과적일 것으로 기대된다.

18 (가) 몰리브덴은 질산환원효소의 구성성분이며 질소대사와 고정에 필요하고 콩과식물에 많이 함유되어 있다. 결핍 시 잎이 황백화되고 모자이크병에 가까운 증상을 보인다.
(나) 붕소가 결핍되면 분열조직에 괴사를 일으키는 일이 많고 수정과 결실이 나빠지며, 사탕무에서는 속썩음병이 발생한다. 특히 콩과식물에서는 근류형성과 질소고정이 저해된다.
(다) 코발트는 근류균 활동에 필요하고 근류균에는 B_{12}가 많은데 이 원소는 B_{12}의 구성성분이다.

19 토양수분에 대한 설명으로 옳은 것만을 모두 고르면?

> ㉠ 작물이 생육하는 데 가장 알맞은 토양수분함량을 최대용수량이라고 한다.
> ㉡ 모관수는 응집력에 의해서 유지되므로 작물이 흡수할 수 없는 무효수분이다.
> ㉢ 수분퍼텐셜은 토양이 가장 높고 식물체는 중간이며 대기가 가장 낮다.
> ㉣ 포장용수량과 영구위조점 사이의 수분은 작물이 이용 가능한 유효수분이다.

① ㉠, ㉡
② ㉠, ㉣
③ ㉡, ㉢
④ ㉢, ㉣

20 병해충 관리를 위한 천연살충제가 아닌 것은?

① 보르도액
② 피레드린
③ 니코틴
④ 로테논

ANSWER 19.④ 20.①

19 ㉠ 작물이 생육하는 데 가장 알맞은 토양수분함량을 포장용수량이라고 한다.
㉡ 모관수는 공극에 머물러 있으므로 작물이 흡수할 수 있는 유효수분이다.

20 ① 살균제 농약으로 석회보르도액이라고도 한다.

02

식용작물

2017. 4. 8. 인사혁신처 시행
2017. 6. 17. 제1회 지방직 시행
2017. 6. 24. 재2회 서울특별시 시행
2018. 4. 7. 인사혁신처 시행
2018. 5. 19. 제1회 지방직 시행
2018. 6. 23. 제2회 서울특별시 시행
2019. 4. 6. 인사혁신처 시행
2019. 6. 15. 제1회 지방직 시행
2019. 6. 15. 제2회 서울특별시 시행
2020. 6. 13. 제1회 지방직 시행
2020. 7. 11. 인사혁신처 시행
2021. 4. 17. 인사혁신처 시행
2021. 6. 5. 제1회 지방직 시행
2022. 4. 2. 인사혁신처 시행
2022. 6. 18. 제1회 지방직 시행
2023. 4. 8. 인사혁신처 시행
2023. 6. 10. 제1회 지방직 시행
2024. 3. 23. 인사혁신처 시행
2024. 6. 22. 제1회 지방직 시행
2024. 3. 23 인사혁신처 시행
2024. 6. 22 제1회 자방직 시행

식용작물

2016. 4. 9. 인사혁신처 시행

1 작물의 학명이 옳은 것은?

① 밀 : Triticum aestivum L.
② 옥수수 : Arachis mays L.
③ 강낭콩 : Vigna radiata L.
④ 땅콩 : Zea hypogea L.

2 우리나라 고품질 쌀의 이화학적 특성으로 옳지 않은 것은?

① 단백질 함량이 10% 이상이다.
② 알칼리붕괴도가 다소 높다.
③ Mg/K의 함량비가 높은 편이다.
④ 호화온도는 중간이거나 다소 낮다.

ANSWER 1.① 2.①

1 ② 옥수수 : Zea mays L.
③ 강낭콩 : Phaseolus vulgaris L.
④ 땅콩 : Arachis hypogaea L.

2 우리나라 고품질 쌀의 이화학적 특성
㉠ 단백질 함량은 7% 이하이다.
㉡ 아밀로스 함량은 20% 이하이다.
㉢ 수분함량 15.5~16.5% 범위이다.
㉣ 알칼리붕괴도가 다소 높다.
㉤ 호화온도는 중간이거나 다소 낮다.
㉥ 지방산가는 8~15 범위이다.
㉦ 무기질 중에서 Mg/K의 함량비가 높은 편이다.

3 보리에 대한 설명으로 옳지 않은 것은?

① 사료용, 주정용으로 활용할 수 있다.
② 내도복성 품종은 기계화재배에 용이하다.
③ 맥류 중 수확기가 가장 늦어서 논에서의 답리작에는 불리하다.
④ 일부 산간지대를 제외하면 거의 전국에서 재배가 가능하다.

4 볍씨를 산소가 부족한 심수조건에 파종했을 때 나타나는 현상은?

① 초엽이 길게 신장하고, 유근의 신장은 억제된다.
② 초엽의 신장은 억제되고, 유근의 신장은 촉진된다.
③ 초엽과 유근 모두 길게 신장한다.
④ 초엽과 유근 모두 신장이 억제된다.

5 약배양 육종법으로 육성된 품종은?

① 밀양 23호
② 화성벼
③ 통일벼
④ 남선 13호

6 씨감자 생산에 대한 설명으로 옳지 않은 것은?

① 씨감자의 생리적 퇴화는 수확한 후 저장하는 동안 호흡작용에 의하여 일어난다.
② 씨감자를 생산하는 지역은 병리적 퇴화를 일으키는 매개 진딧물 발생이 적은 고랭지가 적합하다.
③ 기본종은 건전한 감자의 식물체로부터 조직배양을 통해 생산한다.
④ 진정종자를 이용할 경우 바이러스 발병률이 높아서 씨감자를 이용한다.

ANSWER 3.③ 4.① 5.② 6.④

3 ③ 맥류 중에서 수확기가 가장 빨라 밭에서 두과 등과의 이모작, 논에서 답리작을 할 때 가장 유리하다.

4 ① 볍씨 종자가 발아할 때 산소가 부족하면 초엽이 길게 신장하고 유근의 신장은 억제되어 산소 흡수를 유도한다.

5 ② 약배양 육종법으로 육성된 품종은 화성벼, 화진벼, 화청벼, 화영벼, 화선찰벼, 화중벼, 화신벼, 화남벼, 화삼벼, 화명벼, 화동벼, 양조벼 등의 품종이 있다.

6 ④ 대부분의 감자 바이러스는 종자로는 전염되지 않으므로 진정종자를 이용할 경우 바이러스 발병률이 낮아지고, 씨감자 생산에 소요되는 비용이 절감되므로 씨감자 생산에 이용한다.

7 작물의 형질전환에 대한 설명으로 옳지 않은 것은?

① 형질전환 작물은 외래의 유전자를 목표 식물에 도입하여 발현시킨 작물이다.
② 도입 외래 유전자는 동물, 식물, 미생물로부터 분리하여 이용 가능하다.
③ 형질전환으로 도입된 유전자는 식물의 핵내에서 염색체 외부에 별도로 존재하면서 발현된다.
④ 형질전환 방법에는 아그로박테리움 방법, 입자총 방법 등이 있다.

8 벼의 직파재배와 이앙재배에 대한 설명으로 옳지 않은 것은?

① 파종이 동일할 때 직파재배는 이앙재배에 비해 출수기가 다소 빠르다.
② 직파재배는 이앙재배에 비해 잡초가 많이 발생한다.
③ 직파재배는 이앙재배에 비해 분얼이 다소 많고 유효분얼비가 높다.
④ 직파재배는 이앙재배에 비해 출아 및 입모가 불량하고 균일하지 못하다.

9 콩과 팥에 대한 설명으로 옳지 않은 것은?

① 콩과 팥의 꽃에는 암술은 1개, 수술은 10개가 있다.
② 팥은 콩보다 고온다습한 기후에 잘 적응하는 반면에 저온에 약하다.
③ 콩은 발아할 때 떡잎이 지상부로 올라오고, 팥은 떡잎이 땅속에 남아 있다.
④ 팥 종실 내의 성분은 콩에 비해 지방 함량이 높고 탄수화물 함량은 낮다.

ANSWER 7.③ 8.③ 9.④

7 ③ 형질전환으로 도입된 유전자는 식물의 핵 내에서 염색체 상에 고정되어 식물체의 모든 세포에 존재하며 식물의 필요에 따라 발현된다.

8 ③ 직파재배는 이앙재배에 비해 분얼이 다소 많지만, 무효분얼이 많고 유효경 비율이 낮다.

9 ④ 팥 종실 내의 성분은 콩에 비해 지방 함량이 낮고 탄수화물 함량은 높다.

※ 콩과 팥의 성분 함량(종실 100g 중 함량)

성분	콩	팥
열량	335	314
수분(%)	9	14
탄수화물(%)	25.1	59.1
지질(%)	17.6	0.7
난백실(%)	41.3	21

10 벼 재배시 물관리에 대한 설명으로 옳지 않은 것은?

① 물을 가장 많이 필요로 하는 시기는 수잉기이다.
② 무효분얼기에 중간낙수를 하는데 염해답과 직파재배를 한 논에서는 보다 강하게 실시한다.
③ 분얼기에는 분얼수 증가를 위해 물을 얕게 대는 것이 좋다.
④ 등숙기에는 양분의 전류·축적을 위해 물을 얕게 대거나 걸러대기를 한다.

11 트리티케일(triticale)에 대한 설명으로 옳은 것은?

① 밀과 호밀을 인공교배하여 육성한 동질배수체이다.
② 밀과 호밀을 인공교배하여 육성한 이질배수체이다.
③ 밀과 보리를 인공교배하여 육성한 동질배수체이다.
④ 밀과 보리를 인공교배하여 육성한 이질배수체이다.

12 콩의 용도별 품종적 특성에 대한 설명으로 옳지 않은 것은?

① 장콩(두부콩)은 보통 황색 껍질을 가진 것으로 무름성이 좋고 단백질 함량이 높은 것이 좋다.
② 나물콩은 빛이 없는 조건에서 싹을 키워 콩나물로 이용하기 때문에 대립종을 주로 쓴다.
③ 기름콩은 지방함량이 높으면서 지방산 조성이 영양학적으로도 유리한 것이 좋다.
④ 밥밑콩은 껍질이 얇고 물을 잘 흡수하며 당 함량이 높은 것이 좋다.

ANSWER 10.② 11.② 12.②

10 ② 무효분얼기에 중간낙수를 하는데 사질답, 염해답, 생육이 부진한 논에서는 생략하거나 보다 약하게 해야 하고, 직파재배를 한 논에서는 보다 강하게 실시한다.

11 트리티케일(Triticale) … 밀·호밀의 배수성육종을 이용한 속간교잡에 의해 만들어진 식물, 라이밀(wheatrye)이라고도 한다.
㉠ durum(AABB)×호밀(RR)=6배체 트리티케일(AABBRR)
㉡ 보통밀(AABBDD)×호밀(RR)=8배체 트리티케일(AABBDDRR)

12 ② 나물콩은 빛이 없는 조건에서 싹을 키워 콩나물로 이용하기 때문에 수량을 많이 생산할 수 있는 소립종을 주로 쓴다. 쥐눈이콩으로 불리는 것이 많이 이용된다.

13 감자와 고구마에 대한 설명으로 옳지 않은 것은?

① 두 작물은 본저장 전에 큐어링을 하면 상처가 속히 아문다.
② 두 작물의 주요 저장물질은 탄수화물이다.
③ 두 작물은 가지과에 속한다.
④ 감자는 괴경을, 고구마는 괴근을 식용으로 주로 이용한다.

14 다음 중에서 단위면적당 생산열량이 가장 많은 작물은?

① 벼 ② 콩
③ 보리 ④ 고구마

15 메밀(*Fagopyrum esculentum*)에 대한 설명으로 옳지 않은 것은?

① 꽃가루가 쉽게 비산하므로 주로 바람에 의해 수분이 일어난다.
② 자가불화합성을 가진 타식성 작물이다.
③ 종자가 주로 곡물로 이용되나 식물학적으로는 과실(achene)이다.
④ 메밀의 생태형은 여름생태형, 가을생태형 및 중간형으로 구분된다.

ANSWER 13.③ 14.④ 15.①

13 ③ 감자는 가지과, 고구마는 메꽃과에 속한다.

14 작물별 단위면적 당 생산량, 생산열량, 부양가능인구 및 열량단위당 가격

작물	수량 (kg/10a)	열량 (kcal/100g)	ha당 생산열량 (kcal)	부양가능 인구 (인/ha)	열량단위당 가격 (원/kcal)
벼	451	359	16,190	17.7	415
보리	254	337	8,560	9.4	281
콩	178	410	7,298	8.0	332
고구마	2,238	113	25,300	27.7	91
감자	1,782	75	13,365	14.6	386
옥수수	630	355	22,365	24.5	129

15 ① 메밀은 꽃에 꿀이 많아 벌꿀의 밀원이 되고, 곤충에 의한 타가수정을 주로 한다.

16 벼에서 키다리병에 대한 설명으로 옳지 않은 것은?

① 우리나라 전 지역에서 못자리 때부터 발생한다.
② 병에 걸리면 일반적으로 식물체가 가늘고 길게 웃자라는 현상이 나타난다.
③ 발생이 많은 지역에서는 파종할 종자를 침지 소독하는 것이 좋다.
④ 세균(*Xanthomonus oryzae*)의 기생에 의해 발병한다.

17 땅콩에 대한 설명으로 옳은 것은?

① 내건성(耐乾性)이 강한 편으로 모래땅에도 잘 적응하는 장점이 있다.
② 식용 두류 중에서 종실 내 단백질 함량이 가장 높다.
③ 꼬투리는 지상에서 비대가 완료된 후에 자방병이 신장되어 지중으로 들어간다.
④ 타식률이 4~5 %로 다른 두류에 비해 높은 편이다.

18 옥수수와 비교하여 벼에서 높거나 많은 항목만을 모두 고른 것은?

㉠ 기본염색체(n)의 수	㉡ 이산화탄소보상점
㉢ 광포화점	㉣ 광호흡량

① ㉡　　② ㉠, ㉢
③ ㉠, ㉡, ㉣　　④ ㉠, ㉡, ㉢, ㉣

ANSWER 16.④ 17.① 18.③

16 ④ 세균(Xanthomonus oryzae)의 기생에 의하여 발병하는 것은 벼흰잎마름병이고, 벼키다리병은 Gibberella fujikuroi라는 곰팡이(진균)에 의하여 발병한다.

17 ② 식용 두류 중에서 종실 내 단백질 함량이 가장 높은 것은 콩이며, 지질 함량이 가장 높은 것은 땅콩이다.
③ 수정 후 5일이 지나면 자방병이 급속히 땅을 향하여 신장한다. 자방병이 땅속에 들어가면 5일 정도 지나서 씨방이 수평으로 비대하기 시작하여 자방병의 신장이 정지된다.
④ 타식률이 0.2~0.5%로 다른 두류에 비해 낮은 편이다.

18 ㉢ 옥수수는 C_4식물이며, 벼는 C_3식물이다. C_4식물은 C_3식물보다 광포화점이 높기 때문에 광합성 효율이 높다.
㉠ 염색체 수는 벼 2n=24개, 옥수수 2n=20개이다.
㉡ C_4식물은 C_3식물보다 이산화탄소 보상점이 낮아서 낮은 농도의 이산화탄소 조건에서도 적응할 수 있다.
㉣ C_4식물은 광호흡을 하지 않거나, 광호흡량이 대단히 낮다.

19 맥류에 대한 설명으로 옳지 않은 것은?

① 밀의 개화온도는 20℃ 내외가 최적이며 70~80% 습도일 때 주로 개화한다.
② 출수 후 밀이 보리에 비해 개화와 수정이 빨리 이루어진다.
③ 우리나라에서는 수발아 억제 방법으로 조숙품종을 재배하는 방법이 있다.
④ 맥주보리는 단백질 함량과 지방 함량이 낮은 것이 좋다.

20 옥수수의 합성품종에 대한 설명으로 옳은 것은?

① 종자회사에서 개발하여 상업적으로 판매하는 품종의 거의 대부분은 합성품종이다.
② 합성품종의 초기 육성과정은 방임수분품종과 유사하고, 후기 육성과정은 1대 잡종품종과 유사하다.
③ 합성품종은 방임수분품종에 비해 개량의 효과가 다소 떨어진다.
④ 합성품종은 1대 잡종품종에 비해 잡종강세의 발현 정도가 낮고 개체 간의 균일성도 떨어진다.

ANSWER 19.② 20.④

19 ② 보리는 출수와 동시에 바로 꽃이 피지만 밀은 출수 3~6일 후에 꽃이 피기 시작하므로 출수 후 밀이 보리에 비해 개화와 수정이 늦게 이루어진다.

20 ① 종자회사에서 개발하여 상업적으로 판매하는 품종의 거의 대부분은 1대잡종품종이다.
② 합성품종의 초기 육성과정은 1대잡종품종과 유사하고, 후기 육성과정은 방임수분품종과 유사하다.
③ 방임수분품종은 합성품종에 비해 개량의 효과가 다소 떨어진다.

식용작물

2016. 6. 18. 제1회 지방직 시행

1 옥수수의 출수 및 개화에 대한 설명으로 옳지 않은 것은?

① 일반적으로 웅성선숙이다.
② 수이삭의 개화기간은 7~10일이다.
③ 암이삭의 수염추출은 수이삭의 개화보다 3~5일 정도 빠르다.
④ 암이삭의 수염은 중앙 하부로부터 추출되기 시작하여 상하로 이행된다.

2 땅콩의 종합적 분류에 있어서 초형, 종실의 크기, 지유함량에 대한 설명으로 옳지 않은 것은?

① 발렌시아형의 초형은 입성이고, 종실의 크기는 작으며, 지유함량은 많다.
② 버지니아형의 초형은 입성 · 포복형이고, 종실의 크기는 크며, 지유함량은 적다.
③ 사우스이스트러너형의 초형은 포복성이고, 종실의 크기는 작으며, 지유함량은 많다.
④ 스페니쉬형의 초형은 입성이고, 종실의 크기는 크며, 지유함량은 적다.

3 맥류에서 흙넣기의 생육상 효과로서 적절하지 않은 것은?

① 수발아
② 잡초억제
③ 도복방지
④ 무효분얼 억제

ANSWER 1.③ 2.④ 3.①

1 ③ 암이삭의 수염추출은 수이삭의 개화보다 3~5일 정도 늦다.

2 ④ 스페니쉬형의 초형은 입성이고, 종실의 크기는 작으며, 지유함량은 많다.

3 흙넣기의 효과
㉠ **월동 조장**: 월동 전 생육 초기에 실시하면 복토를 보강하여 어린 싹들을 추위와 건조로부터 보호한다.
㉡ **월동 후 생육 조장**: 뿌리의 고정 및 발달, 생육을 조장하며, 잡초의 발생을 억제하기도 한다.
㉢ **무효분얼 억제** : 3월 하순~4월 상순에 2~3cm 깊이의 흙넣기를 하면 무효분얼이 억제된다.
㉣ **도복 방지**: 대가 많이 자란 뒤에 3~6cm로 흙을 깊게 넣어주면, 도복이 적어지고 통풍과 일조가 양호해져 생육이 왕성해지게 된다.

4 보리의 파종기가 늦어졌을 때의 대책으로 옳지 않은 것은?

① 파종량을 늘린다.
② 최아하여 파종한다.
③ 골을 낮추어 파종한다.
④ 추파성이 높은 품종을 선택한다.

5 벼 품종의 주요 특성에 대한 설명으로 옳지 않은 것은?

① 조생종은 생육기간이 짧은 고위도 지방에 재배하기 알맞다.
② 동남아시아 저위도 지역에는 기본영양생장성이 작은 품종이 분포한다.
③ 묘대일수감응도는 감온형이 높고 감광형 · 기본영양생장형은 낮다.
④ 만생종은 감온성에 비해 감광성이 크다.

6 메밀에 대한 설명으로 옳지 않은 것은?

① 서리에는 약하나 생육기간이 짧으며 서늘한 기후에 잘 적응한다.
② 수정은 타화수정을 하며, 이형화 사이의 수분을 적법수분이라고 한다.
③ 동일품종에서도 장주화와 단주화가 섞여있는 이형예현상이 나타난다.
④ 생육적온은 17~20℃이고, 일교차가 작은 것이 임실에 좋다.

ANSWER 4.④ 5.② 6.④

4 보리의 파종기가 늦어졌을 때 대책
㉠ 파종량을 기준량의 20~30%까지 늘려 뿌린다.
㉡ 백체가 나올 정도로 최아 파종한다.
㉢ 밑거름 주는 기준량에 인산 · 가리를 20~30%늘려 뿌려 준다.
㉣ 안전하게 월동할 수 있도록 골을 낮추어 파종한다.
㉤ 파종 후 볏짚 · 퇴비 등 유기물을 덮어 준다.
㉥ 추파성이 낮은 품종을 선택한다.

5 ② 동남아시아 저위도 지역에는 기본영양생장성이 큰 품종이 분포한다.

6 ④ 생육적온은 21~31℃이고, 일교차가 큰 것이 임실에 좋다.

7 감자의 성분에 대한 설명으로 옳지 않은 것은?

① 비타민 A보다 비타민 B와 C가 풍부하게 함유되어 있다.
② 괴경의 비대와 더불어 환원당은 감소되고 비환원당이 증가한다.
③ 감자의 솔라닌은 내부보다 껍질과 눈 부위에 많이 함유되어 있다.
④ 괴경 건물 중 14~26%의 전분과 2~10%의 당분이 함유되어 있다.

8 감자의 형태에 대한 설명으로 옳지 않은 것은?

① 줄기의 지하절에는 복지가 발생하고 그 끝이 비대하여 괴경을 형성한다.
② 감자의 뿌리는 비교적 심근성이고, 처음에는 수직으로 퍼지다가 나중에는 수평으로 뻗는다.
③ 괴경에는 눈이 많이 있는데 특히 기부보다 정부에 많다.
④ 감자의 과실은 장과에 속하고 지름이 3cm 정도이다.

9 바이러스에 의한 병이 아닌 것은?

① 감자 더뎅이병
② 보리 황화위축병
③ 벼 줄무늬잎마름병
④ 옥수수 검은줄오갈병

ANSWER 7.④ 8.② 9.①

7 ④ 고구마의 성분에 대한 설명이다. 감자 괴경의 건물을 구성하는 성분 중 60~80%가 전분이며, 감자는 고구마보다 당분이 적어 단맛이 적고 담백하다.

8 ② 감자의 뿌리는 비교적 얕게 퍼지는 천근성이고, 처음에는 수직으로 퍼지다가 나중에는 수평으로 뻗는다.

9 ① 감자 더뎅이병은 방선균에 의한 병이다.

10 밭 작물의 비료 시비 방법에 대한 설명으로 옳지 않은 것은?

① 무경운시비는 작업이 어렵지만 비료의 유실이 적은 편이다.
② 파종렬시비를 할 때는 종자에 비료가 직접 닿지 않게 해야 한다.
③ 전면시비는 밭을 갈고 전체적으로 비료를 시비한 후 흙을 곱게 부수어 준다.
④ 엽면시비는 미량요소를 공급하거나 빠르게 생육을 회복시켜야 할 때 사용된다.

11 보리의 재배적 특성에 대한 설명으로 옳지 않은 것은?

① 내한성이 강할수록 대체로 춘파성 정도가 낮아서 성숙이 늦어진다.
② 수량에 영향이 없는 한 조숙일수록 작부체계상 유리하다.
③ 습해가 우려되는 답리작의 경우 껍질보리보다 쌀보리가 유리하다.
④ 휴면성이 없거나 휴면기간이 짧은 품종은 수발아가 잘된다.

12 콩을 분류할 때, 백목(白目), 적목(赤目), 흑목(黑目)으로 분류하는 기준에 해당하는 것은?

① 종실 배꼽의 빛깔
② 종실의 크기
③ 종피의 빛깔
④ 콩의 생태형

ANSWER 10.① 11.③ 12.①

10 ① 무경운시비는 작업이 용이하지만, 비료의 유실이 많은 편이다.

11 ③ 습해가 우려되는 답리작의 경우 내습성 품종을 선택해야 하는데, 껍질보리는 쌀보리보다 내습성이 강하여 유리하다.

12 콩의 분류
㉠ 쓰임새 : 일반용, 혼반용(밥), 유지용(기름), 두아용(콩나물), 청예용(사료 또는 비료) 등
㉡ 종피의 빛깔 : 흰콩, 노란콩, 푸른콩(청태), 검정콩, 밤콩, 우렁콩, 아주까리콩, 선비제비콩 등
㉢ 종실 배꼽의 빛깔 : 백목, 적목, 흑목 등
㉣ 종실의 크기 : 왕콩, 굵은콩, 중콩, 좀콩, 나물콩 등
㉤ 생태형 : 올콩(조생종), 중간형(중생콩), 그루콩(만생종) 등
㉥ 줄기의 생육 습성 : 정상형, 대화형, 만화형 등

13 벼에서 종실의 형태와 구조에 대한 설명으로 옳지 않은 것은?

① 왕겨는 내영과 외영으로 구분되며, 외영의 끝에는 까락이 붙어 있다.
② 과피는 왕겨에 해당하고, 종피는 현미의 껍질에 해당한다.
③ 현미는 배, 배유 및 종피의 세 부분으로 구성되어 있다.
④ 유근에는 초엽과 근초가 분화되어 있다.

14 벼의 생육특성에 대한 설명으로 옳지 않은 것은?

① 볍씨가 발아하려면 건물중의 30~35% 정도 수분을 흡수해야 한다.
② 우리나라에서 재배하던 통일형 품종은 일반 온대자포니카 품종보다 휴면이 다소 강하다.
③ 모의 질소함량은 제4, 5본엽기에 가장 낮고, 그 후에는 증가하면서 모가 건강해진다.
④ 벼 잎의 활동기간은 하위엽일수록 짧고, 상위엽일수록 길다.

15 벼의 건답직파에 대한 설명으로 옳지 않은 것은?

① 출아일수는 담수직파에 비해 길다.
② 담수직파에 비해 논바닥을 균평하게 정지하기 곤란하다.
③ 결실기에 도복발생이 담수직파에 비해 많이 발생된다.
④ 담수직파보다 잡초발생이 많다.

ANSWER 13.④ 14.③ 15.③

13 ④ 유아에는 초엽이, 유근에는 근초가 보호하는 종근이 분화되어 있다.

14 ③ 모의 질소함량은 제4, 5본엽기에 가장 높고, 그 후에는 감소하면서 C/N율이 높아져 모가 건강해진다.

15 ③ 건답직파보다 담수직파의 경우에 벼 종자가 깊이 심어지지 못하여 뿌리가 얕게 분포하고 약하기 때문에 결실기에 도복되기 쉽다.

16 고구마에서 비료요소의 비효에 대한 설명으로 옳지 않은 것은?

① 질소과다는 괴근의 형성과 비대를 저해한다.
② 고구마는 인산의 흡수량이 적으므로 비료로서의 요구량도 적다.
③ 고구마 재배에서 칼리는 요구량이 가장 많고 시용효과도 가장 크다.
④ 질소가 부족하면 잎이 작아지고 농녹색으로 되며 광택이 나빠진다.

17 볍씨의 발아에 영향을 미치는 요인에 대한 설명으로 옳지 않은 것은?

① 일반적으로 발아 최저온도는 8~10℃, 최적온도는 30~32℃이다.
② 종자의 수분함량은 효소활성기 때 급격하게 증가한다.
③ 볍씨는 무산소 조건하에서도 발아를 할 수 있다.
④ 암흑조건 하에서 발아하면 중배축이 도장한다.

18 벼의 광합성에 영향을 주는 요인에 대한 설명으로 옳은 것은?

① 벼는 대체로 18~34℃의 온도범위에서 광합성량에 큰 차이가 있다.
② 미풍 정도의 적절한 바람은 이산화탄소 공급을 원활히 하여 광합성을 증가시킨다.
③ 벼는 이산화탄소 농도 300ppm에서 최대광합성의 45% 수준이지만, 2,000ppm이 넘어도 광합성은 증가한다.
④ 벼 재배시 광도가 낮아지면 온도가 낮은 쪽이 유리하고, 35℃ 이상의 온도에서는 광도가 높은 쪽이 유리하다.

ANSWER 16.④ 17.② 18.②

16 ④ 인산이 부족하면 잎이 작아지고 농녹색으로 되며 광택이 나빠진다.

17 ② 종자의 수분함량은 발아에 필요한 수분함량에 달할 때까지 발아초기에 급격하게 증가한다.

18 ① 벼의 광합성은 28℃에서 최고로 활발하며, 25~35℃의 온도범위에서는 광합성량에 큰 차이가 없다.
③ 벼는 이산화탄소 농도 300ppm에서 최대광합성의 45% 수준이지만, 2,000ppm이 넘으면 광합성이 더 이상 증가하지 않는다.
④ 벼 재배 시 광도가 낮아지면 온도가 높은 쪽이 유리하고, 35℃ 이상의 온도에서는 광도가 낮은 쪽이 유리하다.

19 벼의 생육기간에 대한 설명으로 옳은 것은?

① 육묘기부터 신장기까지를 영양생장기라고 한다.
② 고온 · 단일 조건에서 가소영양생장기는 길어진다.
③ 모내기 후 분얼수가 급증하는 시기를 최고분얼기라고 한다.
④ 출수 10~12일 전부터 출수 직전까지를 수잉기라고 한다.

20 콩의 특성에 대한 설명으로 옳지 않은 것은?

① 콩은 고온에 의하여 개화일수가 단축되는 조건에서는 개화기간도 단축되고 개화수도 감소되는 것이 일반적이다.
② 자연포장에서 한계일장이 짧은 품종일수록 개화가 빨라지고 한계일장이 긴 품종일수록 개화가 늦어진다.
③ 가을콩은 생육초기의 생육적온이 높고 토양의 산성 및 알칼리성 또는 건조 등에 대한 저항성이 큰 경향이 있다.
④ 먼저 개화한 것의 꼬투리가 비대하는 시기에 개화하게 되는 후기개화의 것이 낙화하기 쉽다.

ANSWER 19.④ 20.②

19 ① 육묘기부터 유수분화 직전까지를 영양생장기라고 한다.
② 가소영양생장기는 고온 · 단일 조건에서 짧아지고, 저온 · 장일 조건에서 길어진다.
③ 모내기 후 분얼수가 급증하는 시기를 분얼최성기라고 하며, 분얼수가 가장 많은 시기는 최고분얼기라고 한다.

20 ② 자연포장에서 한계일장이 짧은 품종일수록 늦게 일장반응이 일어나 개화가 늦어지고, 한계일장이 긴 품종일수록 빨리 일장반응이 일어나 개화가 빨라진다.

식용작물 | 2017. 4. 8. 인사혁신처 시행

1 다음 설명에 해당하는 작물로만 묶은 것은?

> • 양성화로서 자웅동숙이다.
> • 자가불화합성을 나타내지 않는다.
> • 호분층은 배유의 최외곽에 존재한다.

① 호밀, 메밀, 고구마
② 밀, 보리, 호밀
③ 콩, 땅콩, 옥수수
④ 벼, 밀, 보리

2 야생식물에서 재배식물로 순화하는 과정 중에 일어나는 변화가 아닌 것은?

① 종자의 탈락성 획득
② 수량 증대에 관여하는 기관의 대형화
③ 휴면성 약화
④ 볏과작물에서 저장전분의 찰성 증가

3 벼 종자의 발아에 대한 설명으로 옳지 않은 것은?

① 저장기간이 길어질수록 발아율은 저하하고 자연상태에서는 2년이 지나면 발아력이 급격히 떨어진다.
② 이삭의 상위에 있는 종자는 하위에 있는 종자보다 비중이 크고 발아가 빠르다.
③ 광은 발아에는 관계가 없지만 발아 직후부터는 유아 생장에 영향을 끼친다.
④ 발아는 수분 흡수에 의해 시작되고 수분 흡수속도는 온도와 관계가 없다.

ANSWER 1.④ 2.① 3.④

1 • 양성화로서 자웅동숙이다(자식성 작물). → 호밀, 메밀, 옥수수는 타식성 작물이다.
• 호밀, 메밀은 자가불화합성을 나타낸다.
• 호분층이 배유의 최외곽에 존재하는 작물로는 벼, 밀, 보리 등이 있다.

2 ① 종자의 탈락성 획득은 야생식물의 특성이다.

3 ④ 발아는 수분 흡수에 의해 시작되고 수분 흡수속도는 온도가 높을수록 빠르다.

4 **고품질 쌀의 외관과 이화학적 특성에 대한 설명으로 옳지 않은 것은?**

① 쌀알의 모양이 단원형이다.
② 쌀알이 투명하고 맑으며 광택이 있다.
③ 단백질 함량이 7% 이하로 낮다.
④ 아밀로오스 함량이 40% 이상으로 높다.

5 **밭작물 품종에 대한 설명으로 옳지 않은 것은?**

① 풋콩은 일반적으로 조생종이며 당 함량이 높고 무름성이 좋다.
② 사료용으로 많이 재배되는 옥수수의 종류는 마치종이다.
③ 2기작용 감자 품종들은 괴경의 휴면기간이 120~150일 정도이다.
④ 밀에서 직립형 품종은 근계의 발달 각도가 좁고 포복형 품종은 그 각도가 크다.

6 **벼의 분얼에 대한 설명으로 옳지 않은 것은?**

① 적온에서 주야간의 온도교차가 클수록 분얼이 증가한다.
② 분얼이 왕성하기 위해서는 활동엽의 질소 함유율이 2.5% 이하이고 인산 함량은 0.25% 이상이 되어야 한다.
③ 모를 깊게 심거나 재식밀도가 높을수록 개체당 분얼수 증가가 억제된다.
④ 광의 강도가 강하면 분얼수가 증가하는데 특히 분얼 초기와 중기에 그 영향이 크다.

7 **벼의 생육기간 중 무기양분과 영양에 대한 설명으로 옳지 않은 것은?**

① 호숙기에 체내 농도가 가장 높은 무기성분은 질소이다.
② 체내 이동률은 인과 황이 칼슘보다 높다.
③ 줄기와 엽초의 전분 함량은 출수할 때까지 높다가 등숙기 이후에는 감소한다.
④ 철과 마그네슘은 출수 전 10~20일에 1일 최대흡수량을 보인다.

ANSWER 4.④ 5.③ 6.② 7.①

4 ④ 고품질 쌀은 아밀로오스 함량이 20% 이하로 낮다.

5 ③ 2기작용 감자 품종들은 괴경의 휴면기간이 50~60일 정도 짧은 품종을 선택한다.

6 ② 분얼이 왕성하기 위해서는 활동엽의 질소 함유율이 3.5% 정도, 인산 함량은 0.25% 이상이 되어야 한다. 질소 함유율이 2.5% 이하일 때에는 분얼의 발생이 정지한다.

7 ① 호숙기에 체내 농도가 가장 높은 무기성분은 규산이다. 질소는 생육초기에 농도가 높다.

8 벼의 광합성에 대한 설명으로 옳지 않은 것은?

① 외견상광합성량은 대체로 기온이 35℃일 때보다 21℃일 때가 더 높다.

② 단위엽면적당 광합성능력은 생육시기 중 수잉기에 최고로 높다.

③ 1개체당 호흡은 출수기경에 최고가 된다.

④ 출수기 이후에는 하위엽이 고사하여 엽면적이 점차 감소하고 잎이 노화되어 포장의 광합성량이 떨어진다.

9 밀알 및 밀가루의 품질에 대한 설명으로 옳지 않은 것은?

① 출수기 전후의 질소 만기추비는 단백질 함량을 증가시킨다.

② 밀가루에 회분함량이 높으면 부질의 점성이 높아져 가공적성이 높아진다.

③ 입질이 초자질인 것은 분상질보다 조단백질 함량은 높고 무질소침출물은 낮다.

④ 밀 단백질의 약 80%는 부질로 되어 있고 부질의 양과 질이 밀가루의 가공적성을 지배한다.

10 밀과 보리의 뿌리, 줄기, 잎의 특성에 대한 설명으로 옳지 않은 것은?

① 밀은 보리보다 더 심근성이므로 수분과 양분의 흡수력이 강하고 건조한 척박지에서도 잘 견딘다.

② 밀은 보리보다 줄기가 더 빳빳하여 도복에 잘 견딘다.

③ 밀은 보리보다 엽색이 더 진하며 그 끝이 더 뾰족하고 늘어진다.

④ 밀은 보리에 비해 엽설과 엽이가 더 잘 발달되어 있다.

11 벼의 수량 형성에 대한 설명으로 옳지 않은 것은?

① 종실 수량은 출수 전 광합성산물의 축적량과 출수 후 동화량에 영향을 받는다.

② 물질수용능력을 결정하는 요인들은 이앙 후부터 출수 전 1주일까지 질소시용량과 일조량에 큰 영향을 받는다.

③ 일조량이 적을 때 단위면적당 영화수가 많으면 현미수량은 높아진다.

④ 등숙 중 17℃ 이하에서는 동화산물인 탄수화물이 이삭으로 옮겨지는 전류가 억제된다.

ANSWER 8.② 9.② 10.④ 11.③

8 ② 단위엽면적당 광합성능력은 생육시기 중 분얼기에 최고로 높다.

9 ② 밀가루에 회분함량이 높으면 부질의 점성이 낮아져 가공적성이 낮아진다.

10 ④ 밀은 보리에 비해 엽설과 엽이 덜 발달되어 있다.

11 ③ 일조량이 많을 때 단위면적당 영화수가 많으면 현미수량은 높아진다.

12 콩 재배에서 북주기와 순지르기에 대한 설명으로 옳지 않은 것은?

① 북주기는 줄기가 목화되기 전에 하는 것이 효과적이며 만생종에는 북주기의 횟수를 늘리는 것이 좋다.

② 북을 주면 지온조절 및 도복방지의 효과가 있을 뿐만 아니라 새로운 부정근의 발생을 조장한다.

③ 과도생장 억제와 도복 경감을 위한 순지르기는 제5엽기 내지 제7엽기 사이에 하는 것이 효과적이다.

④ 만파한 경우나 생육이 불량할 때 순지르기를 하면 분지의 발육이 좋아져서 수량을 증진시킨다.

13 다음 작물들의 형태적 특징에 대한 설명으로 옳지 않은 것은?

> *Arachis hypogea, Pisum sativum, Phaseolus vulgaris, Vigna unguiculata*

① 엽맥은 망상구조이다.

② 관다발은 복잡하게 배열된 산재유관속으로 이루어져 있다.

③ 종자에는 안쪽에 두 장의 자엽이 있다.

④ 뿌리는 크고 수직으로 된 주근을 형성한다.

14 옥수수 병충해에 대한 설명으로 옳지 않은 것은?

① 그을음무늬병과 깨씨무늬병은 진균병으로 7~8월에 많이 발생한다.

② 검은줄오갈병은 온도와 습도가 높은 곳에서 발생하는 세균병이다.

③ 조명나방 유충은 줄기나 종실에도 피해를 주며 침투성 살충제를 뿌려주면 효과적이다.

④ 멸강나방 유충은 떼를 지어 다니며 주로 밤에 식물체를 폭식하여 피해를 끼친다.

ANSWER 12.④ 13.② 14.②

12 ④ 만파한 경우나 생육이 불량할 때 순지르기를 하면 분지의 발육이 좋아져서 수량을 감소시킨다.

13 Arachis hypogea(땅콩), Pisum sativum(완두), Phaseolus vulgaris(강낭콩), Vigna unguiculata(동부)
② 쌍자엽식물의 관다발은 병립유관속이 환상으로 배열한다.

14 ② 검은줄오갈병은 애멸구와 운계멸구 등 멸구류에 의해 주로 전염하는 바이러스병이다.

15 다음 중 고구마에 발생하는 병을 모두 고른 것은?

㉠ 근부병	㉡ 검은무늬병
㉢ 더뎅이병	㉣ 무름병
㉤ 둘레썩음병	㉥ 덩굴쪼김병

① ㉣, ㉥
② ㉡, ㉣, ㉤
③ ㉠, ㉡, ㉣, ㉥
④ ㉢, ㉣, ㉤, ㉥

16 고구마 유근의 분화에 대한 설명으로 옳지 않은 것은?

① 뿌리 제1기형성층의 활동이 강하고 유조직의 목화가 더디면 계속 세근이 된다.
② 토양이 너무 건조하거나 굳어서 딱딱한 경우 또는 지나친 고온에서는 경근이 형성된다.
③ 괴근 형성은 이식 시 토양 통기가 양호하고 토양 수분, 칼리질 비료 및 일조가 충분하면서 질소질 비료는 과다하지 않은 조건에서 잘 된다.
④ 형성된 괴근의 비대에는 양호한 토양 통기, 풍부한 일조량, 단일 조건, 충분한 칼리질 비료 등이 유리하다.

17 동부에 대한 설명으로 옳지 않은 것은?

① 콩에 비하여 고온발아율이 높은 편이다.
② 단일식물이며 대체로 자가수정을 하지만 자연교잡률도 비교적 높은 편이다.
③ 개화일수에 비하여 결실일수가 상대적으로 매우 긴 편이며 한 꼬투리의 결실기간은 40~60일이다.
④ 재배 시 배수가 잘 되는 양토가 알맞고 산성토양에도 잘 견디며 염분에 대한 저항성도 큰 편이다.

ANSWER 15.③ 16.① 17.③

15 ㉢㉤ 감자에서 발생하는 병이다.

16 ① 뿌리 제1기형성층의 활동이 강하고 유조직의 목화가 더디면 계속 괴근이 된다. 뿌리 제1기형성층의 활동이 약하고 유조직의 목화가 빨리 이루어지면 계속 세근이 된다.

17 ③ 개화일수에 비하여 결실일수가 상대적으로 매우 짧은 편이며 한 꼬투리의 결실기간은 15~30일이다.

18 콩과 옥수수 재배지에서 사용되는 토양처리형 제초제가 옳게 짝지어진 것은?

	콩	옥수수
①	Glyphosate	2,4-D
②	2,4-D	Glyphosate
③	Bentazon	Bentazon
④	Alachlor	Alachlor

19 모의 생장에 대한 설명으로 옳지 않은 것은?

① 출아한 볍씨에서 초엽이 약 1cm 자라면 1엽이 나오기 시작한다.
② 초엽 이후 발생한 1엽은 엽신과 엽초가 모두 있는 완전엽이다.
③ 초엽이 나오면서 종근이 발생한다.
④ 엽령이란 주간의 출엽수에 의해 산출되는 벼의 생리적인 나이를 말한다.

20 잡곡에 대한 설명으로 옳지 않은 것은?

① 율무의 자성화서는 보통 2개의 소수로 형성되지만 그중 1개는 퇴화하고 종실 전분은 메성이다.
② 조에서 봄조는 감온형이고 그루조는 단일감광형인데 봄조는 그루조보다 먼저 출수하여 성숙한다.
③ 기장은 심근성으로 내건성이 강하고 생육기간이 짧아 산간 고지대에도 적응한다.
④ 메밀에서 루틴은 식물체의 각 부위에 존재하며 쓴메밀의 루틴 함량은 보통메밀에 비해 매우 높다.

ANSWER 18.④ 19.② 20.①

18 Alachlor[라쏘] … 콩, 옥수수, 고구마 등 1년생 밭작물에 이용하는 토양처리형 제초제이다.

19 ② 초엽 이후 발생한 1엽은 엽신이 없고 엽초만 자라는 불완전엽이다. 엽신과 엽초가 모두 있는 완전엽은 3엽부터이다.

20 ① 율무의 자성화서는 보통 3개의 소수로 형성되지만 그중 2개는 퇴화하고 종실 전분은 찰성이다.

식용작물 | 2017. 6. 17. 제1회 지방직 시행

1 식용작물 재배에서 토양의 입단화를 촉진시키는 방법으로 옳지 않은 것은?

① 비가 온 후 토양이 젖었을 때 경운한다.
② 유기물을 시용한다.
③ 석회질 비료를 시용한다.
④ 유용미생물들을 접종한다.

2 식용작물의 형태적 특성에 대한 설명으로 옳지 않은 것은?

① 옥수수는 유관속이 분산되어 있다.
② 벼꽃의 수술은 6개이고 암술은 1개이다.
③ 고구마는 잎이 그물맥으로 되어 있다.
④ 콩은 수염뿌리로 되어 있다.

3 수확기에 가까운 보리가 비바람에 쓰러져 젖은 땅에 오래 접촉되어 있을 때 이삭에서 싹이 트는 현상은?

① 도복
② 습해
③ 수발아
④ 재춘화

ANSWER 1.① 2.④ 3.③

1 ① 비와 바람은 토양 입단의 파괴 원인에 해당한다.
※ 토양의 입단화를 촉진시키는 방법
㉠ 유기물과 석회의 사용
㉡ 콩과작물의 재배
㉢ 토양개량제의 사용
㉣ 토양의 피복

2 ④ 콩은 쌍자엽식물로 원뿌리와 곁뿌리의 구분이 뚜렷한 곧은뿌리로 되어 있다.

3 수발아 … 성숙기에 가까운 화곡류의 이삭이 도복이나 강우로 젖은 상태가 오래 지속되면 이삭에서 싹이 트는 것

4 감자 덩이줄기를 비대시키는 재배적 방법으로 옳은 것은?

① 온도가 30~32℃ 정도인 고온기에 재배한다.
② 인산과 칼리 비료를 넉넉하게 시비한다.
③ 엽면적이 최대한 확보되도록 질소비료를 충분히 시비한다.
④ 아밀라아제의 합성이 잘 되도록 지베렐린을 처리한다.

5 벼의 품종에 대한 설명으로 옳지 않은 것은?

① 오대벼와 운봉벼는 만생종 품종이다.
② 남천벼와 다산벼는 초다수성 품종이다.
③ 가공용인 백진주벼는 저아밀로오스 품종이다.
④ 통일벼는 내비성이 크고 도열병 저항성이 강하다.

6 온대자포니카형 벼와 비교할 때 인디카형 벼의 특성으로 옳지 않은 것은?

① 탈립성이 높다.
② 초장이 길다.
③ 쌀알이 길고 가늘다.
④ 저온발아성이 강하다.

7 원예작물과 비교할 때 식용작물의 특성으로 옳은 것은?

① 단위면적당 수익성이 높다.
② 집약적인 재배가 이루어진다.
③ 품질에 대한 요구가 다양하다.
④ 장기간 저장이 가능하다.

ANSWER 4.② 5.① 6.④ 7.④

4 ① 온도가 10~14℃ 정도인 저온기에 재배한다.
③ 엽면적이 최대한 확보되도록 질소비료를 충분히 시비하면 덩이줄기의 형성과 비대가 저해된다.
④ 아밀라아제의 합성이 잘 되도록 지베렐린을 처리하면 전분 축적이 저해되어 덩이줄기의 형성과 비대가 저해된다.

5 ① 오대벼와 운봉벼는 조생종 품종이다.

6 ④ 벼가 저온에서도 잘 발아하는 성질을 저온발아성이라고 하는데 저온발아성이 강한 것은 온대자포니카형 벼이다.

7 ④ 식용작물은 원예작물에 비해 수분함량이 낮아 장기간 저장이 가능하다.
①②③ 원예작물의 특성이다.

8 「친환경농어업 육성 및 유기식품 등의 관리 · 지원에 관한 법률」에서 규정한 목적에 해당하지 않는 것은?

① 농어업의 환경보전기능을 증대시킨다.

② 농어업으로 인한 환경오염을 줄인다.

③ 친환경농수산물과 유기식품 등을 관리하여 생산자보다 소비자를 보호한다.

④ 친환경농어업을 실천하는 농어업인을 육성한다.

9 알벼(조곡) 100kg을 도정하여 현미 80kg, 백미 72kg이 생산되었을 때 도정의 특성으로 옳은 것은?

① 도정률은 72%이고 제현율은 80%이다.

② 도정률은 72%이고 제현율은 90%이다.

③ 도정률은 80%이고 현백률도 80%이다.

④ 도정률은 80%이고 제현율은 90%이다.

10 당분이 전분으로 전환되는 것을 억제시키는 유전자를 가진 옥수수종과 찰기가 있어서 풋옥수수로 수확하여 식용하는 종을 옳게 짝지은 것은?

① 마치종 – 나종

② 감미종 – 경립종

③ 경립종 – 마치종

④ 감미종 – 나종

ANSWER 8.③ 9.① 10.④

8 「친환경농어업 육성 및 유기식품 등의 관리 · 지원에 관한 법률」 제1조(목적) … 이 법은 농어업의 환경보전기능을 증대시키고 농어업으로 인한 환경오염을 줄이며, 친환경농어업을 실천하는 농어업인을 육성하여 지속가능한 친환경농어업을 추구하고 이와 관련된 친환경농수산물과 유기식품 등을 관리하여 생산자와 소비자를 함께 보호하는 것을 목적으로 한다.

9
- 제현율 : 벼 → 현미
- 현백률 : 현미 → 백미
- 도정률 : 벼 → 백미

알벼 100kg을 도정하여 현미 80kg이 생산되었으므로 제현율은 80%이고 백미 72kg이 생산되었으므로 도정률은 72%이다.

10
- 감미종 : 당분이 전분으로 전환되는 것을 억제시키는 유전자를 가지고 있어 당도가 높다.
- 나종(찰옥수수) : 일반옥수수는 아밀로펙틴의 함량이 78% 정도인데 반해 찰옥수수는 99% 정도이다.

11 식물조직배양의 목적과 응용에 대한 설명으로 옳지 않은 것은?

① 기내배양 변이체를 선발할 때 이용한다.
② 유전자변형 식물체를 분화시킬 때 이용한다.
③ 식용작물의 종자를 보존할 때 이용한다.
④ 번식이 어려운 식물을 기내에서 번식시킬 때 이용한다.

12 벼의 광합성량에 대한 설명으로 옳지 않은 것은?

① 엽면적이 같을 때 늘어진 초형이 직립초형보다 광합성량이 많다.
② 최적 엽면적지수에서 순광합성량이 최대가 된다.
③ 광합성량에서 호흡량을 뺀 것을 순생산량이라고 한다.
④ 동화물질의 전류가 빠르면 광합성량이 증가한다.

13 씨감자의 절단에 대한 설명으로 옳은 것은?

① 병의 전염을 막는 데 효과적이다.
② 절단용 칼은 끓는 물에 소독해 사용한다.
③ 감자 눈(맹아)의 중심부를 나눈다.
④ 파종하기 직전에 절단해 사용한다.

ANSWER 11.③ 12.① 13.②

11 식물조직배양의 목적
㉠ 번식이 어려운 식물의 기내 영양번식
㉡ 상업적 목적의 기내 대량생산
㉢ 무병 식물체의 생산
㉣ 퇴화되는 배나 배주의 배양
㉤ 반수체 식물의 생산
㉥ 유전자조작 식물체 분화
㉦ 기내 배양 변이체 선발
㉧ 유전자원의 보존

12 ① 엽면적이 같을 때 직립초형이 늘어진 초형보다 광합성량이 많다.

13 ① 병의 전염을 막는 데에는 통감자를 사용사는 것이 효과적이다.
③ 감자 눈(맹아)이 온전하게 보존되어 있어야 한다.
④ 파종하기 10일 전에 절단해 사용한다.

14 콩과 비교할 때 팥의 특성에 대한 설명으로 옳지 않은 것은?

① 종자수명이 3~4년으로 상대적으로 길다.

② 고온다습한 기후에 잘 적응한다.

③ 발아 시 떡잎은 지상자엽형이다.

④ 탄수화물 함량이 더 높다.

15 적산온도가 큰 작물부터 순서대로 바르게 나열한 것은?

① 벼 > 추파맥류 > 봄보리 > 메밀

② 추파맥류 > 벼 > 메밀 > 봄보리

③ 추파맥류 > 봄보리 > 메밀 > 벼

④ 벼 > 봄보리 > 메밀 > 추파맥류

16 벼에는 잎집과 줄기사이 경계부위에 있지만 잡초인 피에는 없는 조직은?

① 지엽
② 잎혀
③ 초엽
④ 잎맥

17 해충을 방제하기 위해 살충제 500ml의 농약을 4배액으로 희석하여 살포하려고 한다. 준비해야 할 물의 양(L)은?

① 1.00
② 1.25
③ 1.50
④ 2.00

ANSWER 14.③ 15.① 16.② 17.③

14 ③ 발아 시 팥의 떡잎은 지하자엽형이다.

15 벼(3,500~4,500℃) > 추파맥류(1,700~2,300℃) > 봄보리(1,600~1,900℃) > 메밀(1,000~1,200℃)

16 ② 피는 잎혀와 잎기가 없다.

17 4배액으로 희석하여 살포하려고 하므로 농약과 물을 희석한 양이 500ml의 4배인 2L가 되어야 한다. 따라서 물은 1.5L 준비해야 한다.

18 맥류의 출수에 대한 설명으로 옳지 않은 것은?

① 춘화된 식물체는 고온 및 장일조건에서 출수가 빨라진다.
② 최아종자 때와 녹체기 때 춘화처리 효과가 있다.
③ 종자를 저온처리 후 고온에 장기보관하면 이춘화가 일어난다.
④ 추파성이 강한 품종은 추위에 견디는 성질이 약하다.

19 다음에서 설명하는 잡초는?

한 개의 덩이줄기에서 여러 개의 덩이줄기가 번식되며 한 번 형성되면 5~7년을 생존할 수 있다. 이렇게 형성된 덩이줄기는 다음해 맹아율이 80% 정도이며 나머지 20% 정도는 토양에서 휴면을 한다.

① 돌피
② 물달개비
③ 사마귀풀
④ 올방개

20 벼의 분얼에 대한 설명으로 옳지 않은 것은?

① 생육적온에서 주야간의 온도차를 크게 하면 분얼이 감소된다.
② 무효분얼기에 중간낙수를 하면 분얼을 억제시킬 수 있다.
③ 벼를 직파하면 이앙재배에 비해 분얼이 증가한다.
④ 모를 깊이 심으면 발생절위가 높아져 분얼이 감소한다.

ANSWER 18.④ 19.④ 20.①

18 ④ 추파성이 강한 품종은 추위에 견디는 성질이 강하다.

19 제시된 내용은 올방개에 대한 설명이다. 돌피, 물달개비, 사마귀풀은 일년생 잡초이다.

20 ① 생육적온에서 주야간의 온도차를 크게 하면 분얼이 증가한다.

식용작물 | 2017. 6. 24. 제2회 서울특별시 시행

1 볍씨의 발아 과정에 대한 설명으로 옳지 않은 것은?

① 볍씨가 발아하는 과정은 흡수기 → 활성기 → 발아 후 생장기로 구분된다.

② 흡수기에는 볍씨의 수분 함량이 볍씨 무게의 15%가 되는 때부터 배가 활동을 시작한다.

③ 활성기가 끝날 무렵 배에서 어린 싹이 나와 발아를 한다.

④ 발아 후 생장기에는 볍씨가 약 30~35%의 수분 함량을 유지한다.

2 벼의 상자육묘 생육관리에 대한 설명으로 옳은 것은?

① 출아적온은 25~27℃로 유지한다.

② 녹화는 약광조건에서 1~2일간 실시한다.

③ 상자육묘 상토의 pH는 6 이상이어야 한다.

④ 경화는 통풍이 잘되는 저온상태에서 시작한다.

ANSWER 1.④ 2.②

1 ④ 발아 후 생장기에는 볍씨가 약 50%의 수분 함량을 유지한다.

※ 볍씨의 시간에 따른 수분 함량

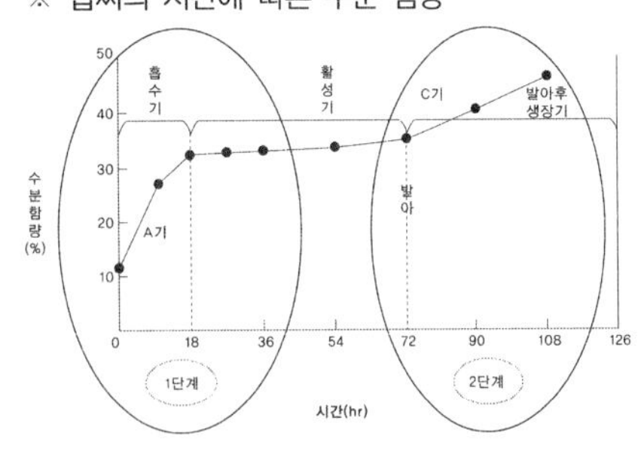

2 ① 출아적온은 주간 32℃, 야간 30℃ 정도로 유지한다.

③ 상자육묘 상토의 pH는 4.5~5.5 정도이어야 한다.

④ 경화는 초기 주간 20℃, 야간 15℃, 후기 주간 20~15℃, 야간 15~10℃ 정도로 유지한다.

3 고구마에 대한 설명으로 가장 옳지 않은 것은?

① 수확한 고구마의 수분 함량은 대체로 70% 정도이다.
② 고구마가 비대하는 데 적당한 토양온도는 20~30℃이다.
③ 단위영양에 대한 비용은 쌀과 비슷하다.
④ pH 4~8에서는 생육에 지장이 없다.

4 벼의 수량 및 수량구성요소에 대한 설명으로 옳은 것은?

① 단위면적당 분얼수는 수량구성요소의 하나이다.
② 이삭수를 많이 확보하기 위해서는 수중형 품종을 선택한다.
③ 수량에 가장 영향을 미치는 요소는 이삭수이다.
④ 1수영화수는 온대자포니카 품종의 경우 대체로 50~70립이다.

5 잡곡류에 대한 설명으로 옳지 않은 것은?

① 메밀은 서늘한 기후에 잘 적응하며 생육기간이 비교적 짧다.
② 피는 지상경의 수가 7~11마디이며 대가 굵고 속이 차 있다.
③ 율무는 7월의 평균 기온이 20℃ 이하인 서늘한 지역이 재배적지이다.
④ 수수는 옥수수보다 고온다조를 좋아한다.

6 모내기 시기에 대한 설명으로 옳지 않은 것은?

① 모내기 시기는 안전출수기를 고려해야 한다.
② 모내기 적기보다 너무 일찍 모를 내면 영양생장기가 길어진다.
③ 안전출수기는 출수 후 20일간의 일평균 기온이 22.5℃가 되는 한계일로부터 거꾸로 계산한다.
④ 모가 뿌리를 내리는 한계 최저온도를 고려해야 한다.

ANSWER 3.③ 4.③ 5.③ 6.③

3 ③ 고구마의 단위영양에 대한 비용은 쌀의 약 20% 정도이다.

4 ① 벼의 수량은 수량구성의 4요소에 의해 이루어진다. 수량 = 단위면적당 이삭수 × 1수영화수 × 등숙률 × 1립중
② 이삭수를 많이 확보하기 위해서는 수수형 품종을 선택한다.
④ 1수영화수는 온대자포니카 품종의 경우 대체로 80~100립이다.

5 ③ 율무는 7월의 평균 기온이 20℃ 이상인 따뜻한 지역이 재배적지이다.

6 ③ 안전출수기는 출수 후 40일간의 일평균 기온이 22.5℃가 되는 한계일로부터 거꾸로 계산한다.

7 벼 재배 시 담수상태에서 나타나는 현상으로 옳지 않은 것은?

① 산소의 공급이 억제되어 토층분화가 일어난다.
② 암모니아태질소(NH_4)를 표층에 시용하면 산화층에서 탈질 작용이 일어난다.
③ 수중에 서식하는 조균류에 의해 비료분의 간접적 공급이 이루어진다.
④ 토양이 환원상태가 되어 인산의 유효도가 증가한다.

8 녹두에 대한 설명으로 옳지 않은 것은?

① 종자의 수명은 땅콩과 비슷하다.
② 생산성이 낮고 튀는 성질이 심하여 수확에 많은 노력이 필요하다.
③ 우리나라에서는 4월 상순경부터 7월 하순까지 파종할 수 있다.
④ 토양 습해에 약하므로 물빠짐이 좋도록 관리해야 한다.

9 다음 벼의 병해 중 곰팡이에 의한 병이 아닌 것은?

① 키다리병 ② 잎집무늬마름병
③ 도열병 ④ 줄무늬잎마름병

10 벼의 뿌리에 대한 설명으로 가장 옳은 것은?

① 발아할 때 종근 수는 맥류 종자와 같이 3개이다.
② 종근은 관근과 같은 위치에서 발생한다.
③ 종자가 깊게 파종되면 중배축근이 생성된다.
④ 일반적으로 종근은 최고 20cm까지 신장한다.

ANSWER 7.② 8.① 9.④ 10.③

7 ② 암모니아태질소(NH_4)를 표층에 시용하면 산화층에서 질산화작용이 일어난다.

8 ① 땅콩은 단명종자로 종자의 수명이 1~2년 정도이고, 녹두는 장명종자로 약 6년 정도의 수명을 가진다.

9 ④ 줄무늬잎마름병은 애멸구 등에 의해 주로 전염하는 바이러스병이다.

10 ① 발아할 때 종근 수는 1개이다.
② 종근은 관근과 다른 위치에서 발생한다.
④ 일반적으로 종근은 최고 15cm까지 신장한다.

11 벼의 재배에 대한 설명으로 옳지 않은 것은?

① 조기재배는 감온성 품종을 보온육묘한다.
② 조식재배는 영양생장 기간이 길어 참이삭수 확보가 유리하다.
③ 만기재배는 감광성이 민감한 품종을 선택한다.
④ 만식재배는 밭못자리에 볍씨를 성기게 뿌려 모를 기른다.

12 감자의 휴면에 대한 설명으로 옳지 않은 것은?

① MH, 2.4-D, 티오우레아 등의 처리로 휴면을 연장시킨다.
② 휴면기간은 대체로 2~4개월 정도인 품종이 많다.
③ 휴면타파 방법으로는 GA, 에스렐, 에틸렌클로로하이드린 등의 처리가 있다.
④ 저장고 안의 산소 농도를 낮추고, 이산화탄소 농도를 높이면 휴면타파에 유리하다.

13 벼의 수분과 수정에 관한 설명으로 옳지 않은 것은?

① 배낭 속에서 2개의 수정이 이루어지는 중복수정을 한다.
② 화분발아의 최적온도는 30~35℃이다.
③ 자연상태에서 타가수정 비율은 1% 정도이다.
④ 암술머리에 붙은 화분은 5시간 정도 지났을 때 발아력을 상실한다.

14 맥주 제조를 위한 맥주보리의 품질 조건으로 가장 옳지 않은 것은?

① 단백질 함량이 20~25%인 것이 가장 알맞다.
② 지방 함량이 3% 이상이면 맥주품질이 저하된다.
③ 종실이 굵고 곡피가 얇은 것이 좋다.
④ 전분으로부터 맥아당의 당화작용이 잘 이루어진다.

ANSWER 11.③ 12.① 13.④ 14.①

11 ③ 만기재배는 적기재배보다 늦게 씨앗을 뿌리거나 모를 옮겨 심는 재배법으로 감광성과 감응성이 둔한 품종을 선택하는 것이 좋다.

12 ① MH, 2.4-D 등의 처리로 휴면을 연장시킨다. 티오우레아, 지베렐린 등은 휴면을 타파한다.

13 ④ 암술머리에 붙은 화분은 5분 정도 지났을 때 발아력을 상실한다.

14 ① 단백질 함량이 8~12%인 것이 가장 알맞다.

15 벼의 생육 과정에 따른 개체군의 광합성과 호흡량 변화에 대한 설명으로 옳지 않은 것은?

① 개체군의 광합성은 유수분화기에 최대치를 보인다.

② 개체의 광합성능력은 최고분얼기에 최대가 된다.

③ 잎새 이외의 잎집과 줄기의 호흡량은 출수기에 제일 많다.

④ 개체군의 엽면적지수는 출수 직전에 최대가 된다.

16 옥수수의 생리 및 생태에 대한 설명으로 옳지 않은 것은?

① 엽신의 유관속초세포가 발달하고 다량의 엽록소를 가지고 있어 광합성능력이 높다.

② 수분된 꽃가루가 발아하여 수정되기까지는 약 24시간이 걸린다.

③ 보통 암이삭의 수염추출은 수이삭의 개화보다 3~5일 정도 빠르다.

④ 꽃가루는 꽃밥을 떠난 뒤 24시간 이내에 사멸한다.

17 맥류의 발육 과정에 대한 설명으로 옳지 않은 것은?

① 아생기는 발아 후 주로 배유의 양분에 의하여 생육하며 분얼은 발생하지 않는다.

② 이유기는 아생기 말기로서 대체로 주간의 엽수가 2~2.5매인 시기다.

③ 유묘기는 이유기 이후 주간의 본엽수, 즉 엽령이 4매인 시기까지다.

④ 수잉기는 출수 및 개화까지이며, 유사분열을 거쳐 암수의 생식세포가 완성되는 시기다.

ANSWER 15.② 16.③ 17.④

15 ② 개체의 광합성능력은 모내기 후 얼마 지나지 않아 최대가 된다. 개체군의 광합성능력은 최고분얼기에 최대가 된다.

16 ③ 보통 암이삭의 수염추출은 수이삭의 개화보다 3~5일 정도 느리다.

17 ④ 수잉기는 출수 전 약 15일부터 출수 직전까지의 기간으로 지엽의 엽초가 어린 이삭을 밴 채 보호하고 있어 수잉기(이삭을 잉태하고 있는 시기)라고 한다.

18 벼의 냉해를 경감시키기 위한 방법으로 옳지 않은 것은?

① 지연형 냉해가 예상되면 알거름을 준다.
② 규산질 및 유기질 비료를 준다.
③ 저온으로 냉해가 우려되면 질소시용량을 줄인다.
④ 장해형 냉해가 우려되면 이삭거름을 주지 않는다.

19 땅콩의 생리 및 생태에 대한 설명으로 옳은 것은?

① 보통 오전 10시에 가장 많이 개화한다.
② 협실 비대의 기본적인 조건은 암흑과 토양수분이다.
③ 완전히 결실하는 것은 총 꽃 수의 30% 내외에 불과하다.
④ 결협과 결실은 붕소의 효과가 크다.

20 식물의 일장형에 대한 설명으로 옳은 것은?

① 단일식물의 유도일장과 한계일장의 주체는 보통 단일측에 있다.
② 장일식물에는 시금치, 상추, 귀리 등이 있다.
③ 중간식물은 일정한 한계일장이 없고, 넓은 범위의 일장에서 화성이 유도된다.
④ 중성식물은 특정한 일장에서만 화성이 유도되며, 2개의 한계일장을 가진다.

ANSWER 18.① 19.② 20.②

18 ① 지연형 냉해가 예상되면 알거름을 생략한다.

19 ① 보통 오전 4~9시(품종에 따라 다름)에 가장 많이 개화한다.
③ 완전히 결실하는 것은 총 꽃 수의 10% 내외에 불과하다.
④ 결협과 결실은 석회의 효과가 크다.

20 ① 단일식물은 유도일장과 최적일장이 단일측에 있고 한계일장이 장일측에 있다.
③ 중성식물은 일정한 한계일장이 없고, 넓은 범위의 일장에서 화성이 유도된다.
④ 중간식물은 특정한 일장에서만 화성이 유도되며, 2개의 한계일장을 가진다.

식용작물

2018. 4. 7. 인사혁신처 시행

1 외떡잎식물과 쌍떡잎식물에 대한 설명으로 옳지 않은 것은?

① 벼 · 보리 · 밀 · 귀리 · 수수 · 옥수수 등은 외떡잎식물이다.
② 외떡잎식물의 뿌리는 수염뿌리이며 꽃잎은 주로 3의 배수로 되어 있다.
③ 쌍떡잎식물은 잎맥이 망상구조이고 줄기의 관다발이 복잡하게 배열되어 있다.
④ 쌍떡잎식물의 뿌리계는 곧은뿌리와 곁뿌리로 구성되어 있고 기능 면에서 물과 무기염류를 흡수하는 데 효과적이다.

2 밭작물의 특성에 대한 설명으로 옳지 않은 것은?

① 내한성은 호밀 > 밀 > 보리 > 귀리 순으로 강하다.
② 완두는 최아종자나 유식물을 0~2℃에서 10~15일 처리하면 개화가 촉진된다.
③ 피는 타가수정을 하며 불임률은 품종에 따라 변이가 심한데 50% 이상인 품종이 반수 이상이다.
④ 단옥수수는 출사 후 20~25일경에 수확하는데, 너무 늦게 수확하면 당분 함량이 떨어진다.

ANSWER 1.③ 2.③

1 ③ 쌍떡잎식물은 잎맥이 망상구조(그물맥)이고 줄기의 관다발이 규칙적으로 배열되어 있다. 줄기의 관다발이 복잡하게 배열되어 있는 것은 외떡잎식물이다.

※ 쌍떡잎식물과 외떡잎식물

구분	쌍떡잎식물	외떡잎식물
떡잎	2장	1장
잎맥	그물맥	나란히맥
줄기	마디가 없고, 관다발이 규칙적	마디가 있고, 관다발이 불규칙적
뿌리	원뿌리와 곁뿌리	수염뿌리
꽃잎의 수	4~5의 배수	3의 배수 또는 없음
식물	무궁화, 봉숭아, 민들레, 강낭콩 등	벼, 보리, 옥수수, 백합, 수선화 등

2 ③ 피는 자가수정을 하며 불임률은 품종에 따라 변이가 심해 약 2.5~57.5% 사이로, 20% 이상인 품종이 반수 이상을 차지한다.

3 고구마 싹이 작거나 밭이 건조할 경우의 싹 심기 방법에 해당하는 것은?

① 빗심기
② 수평심기
③ 휘어심기
④ 개량 수평심기

4 우리나라의 일반적인 재배환경 중 장일상태에서 화성이 유도·촉진되는 작물로만 옳게 짝지은 것은?

① 벼 – 콩 – 감자
② 벼 – 보리 – 아주까리
③ 밀 – 콩 – 들깨
④ 밀 – 보리 – 감자

ANSWER 3.① 4.④

3 고구마 묘 심기 방법

수평심기

개량수평심기

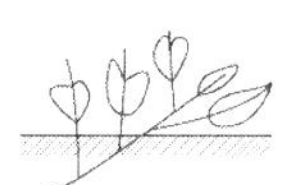
빗심기

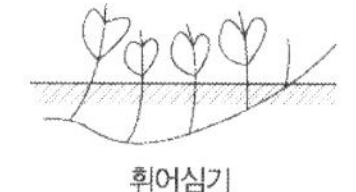
휘어심기

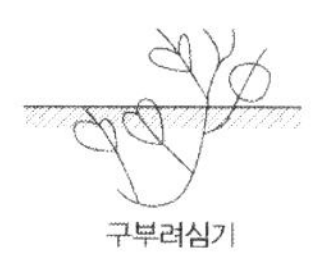
구부려심기

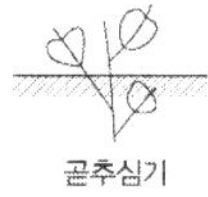
곧추심기

㉠ 수평심기/개량 수평심기 : 지표면에서 2~3cm의 얕은 곳에 묘를 수평으로 심는 방법이다. 수평심기는 싹이 크고 토양이 건조하지 않을 때 적절하며, 개량 수평심기는 큰 싹을 건조하기 쉬운 땅에 심을 때 적절하다.
㉡ 빗심기/구부려심기 : 싹이 작고 건조하기 쉬운 토양에 적절한 방법으로 묘의 밑 부분이 깊게 묻히어 활착이 잘되도록 하는 방법이다.
㉢ 휘어심기 : 묘의 가운데 부분을 깊게 심어 활착이 좋고 심는 능률이 높다.
㉣ 곧추심기 : 이랑에 묘를 수직으로 2~3절 꽂아 넣는 방법으로 작고 굵은 싹을 사질토에 밀식할 때 적절하. 단, 심어 넣는 절수가 적어 고구마가 달리는 개수가 적다. 단기간에 형태가 균일하고 품질이 좋은 물건을 생산할 필요가 있을 때 알맞다.

4 장일식물 · 단일식물 · 중성식물

구분	꽃눈 형성에 필요한 일조시간	종류
장일식물	12~14시간/일 이상	시금치, 상추, 밀, 보리, 무, 감자, 클로버, 알팔파, 아주까리 등
단일식물	12~14시간/일 이하	벼, 옥수수, 조, 콩, 참깨, 들깨, 코스모스, 국화, 나팔꽃, 목화 등
중성식물	크게 영향을 받지 않음	토마토, 옥수수, 오이 등

5 유전자형이 AaBbCc와 AabbCc인 양친을 교잡하였을 때 자손의 표현형이 aBC로 나타날 확률은? (단, 각 유전자는 완전 독립유전하며, 대립유전자 A, B, C는 대립유전자 a, b, c에 대해 각각 완전우성이다)

① 3/32
② 9/32
③ 3/64
④ 9/64

6 보리의 도복 방지 대책에 대한 설명으로 옳지 않은 것은?

① 질소의 웃거름은 절간신장 개시기 전에 주는 것이 도복을 경감시킨다.
② 파종은 약간 깊게 해야 중경이 발생하여 밑동을 잘 지탱하므로 도복에 강해진다.
③ 협폭파재배나 세조파재배 등으로 뿌림골을 잘게 하면 수광이 좋아져서 도복이 경감된다.
④ 인산, 칼리, 석회는 줄기의 충실도를 증대시키고 뿌리의 발달을 조장하여 도복을 경감시키므로 충분히 주어야 한다.

7 맥류의 파성에 대한 설명으로 옳지 않은 것은?

① 추파성이 낮고 춘파성이 높을수록 출수가 빨라지는 경향이 있다.
② 추파성은 영양생장만을 지속시키고 생식생장으로의 이행을 억제하며 내동성을 증대시키는 것으로 알려져 있다.
③ 추파형 품종을 가을에 파종할 때에는 월동 중의 저온·단일 조건에 의하여 추파성이 자연적으로 소거된다.
④ 맥류에서 완전히 춘화된 식물은 고온 · 장일 조건에 의하여 출수가 빨라지며, 춘화된 후에는 출수반응이 추파성보다 춘파성과 관계가 크다.

ANSWER 5.① 6.① 7.④

5 각각의 유전자에서 a, B, C가 표현형으로 나타날 확률을 곱해서 구한다.
- Aa × Aa = AA, Aa, Aa, aa → a가 나타날 확률 1/4
- Bb × bb = Bb, Bb, bb, bb → B가 나타날 확률 1/2
- Cc × Cc = CC, Cc, Cc, cc → C가 나타날 확률 3/4

따라서 유전자형이 AaBbCc와 AabbCc인 양친을 교잡하였을 때, 자손의 표현형이 aBC로 나타날 확률은 $\frac{1}{4}\times\frac{1}{2}\times\frac{3}{4}=\frac{3}{32}$ 이다.

6 ① 질소의 웃거름은 절간신장 개시기 후에 주는 것이 도복을 경감시킨다.

7 추파성은 가을에 씨앗을 뿌려 겨울의 저온기간을 지나야만 개화 · 결실하는 식물의 성질이다. 춘파성은 추파성과 반대되는 의미로 꽃눈을 형성하기 위해서 겨울의 저온을 필요로 하지 않는 성질을 말한다.
④ 맥류에서 완전히 춘화된 식물은 추파성 · 춘파성과 관계 없이 고온 · 장일 조건에 의하여 출수가 빨라진다.

8 잡곡류의 특성에 대한 설명으로 옳은 것은?

① 옥수수의 암이삭 수염은 중앙 하부로부터 추출되기 시작하여 상하로 이행되는데 선단부분이 가장 빠르다.
② 율무는 토양에 대한 적응성이 넓어서 논밭을 가리지 않고 재배할 수 있으며 강알칼리성 토양에도 강하다.
③ 수수는 잔뿌리의 발달이 좋고 심근성이며 요수량이 적고 기동세포가 발달했다.
④ 메밀은 밤낮의 기온 차가 작은 것이 임실에 좋고, 서늘한 기후가 알맞으며 산간 개간지에서 많이 재배된다.

9 간척지 벼 기계이앙재배에 대한 설명으로 옳지 않은 것은?

① 간척지 토양은 정지 후 토양입자가 잘 가라앉지 않으므로 로터리 후 3 ~ 5일에 이앙하는 것이 좋다.
② 간척지에서는 분얼이 억제되므로 보통답에서 보다 재식밀도를 높여주는 것이 좋다.
③ 간척지에서는 환수에 따른 비료 유실량이 많으므로 보통재배보다 증비하고 여러 차례 분시하는 것이 좋다.
④ 간척지 토양은 알칼리성이므로 질소비료는 유안을 사용하는 것이 좋다.

10 수수의 재배환경에 대한 설명으로 옳지 않은 것은?

① 강산성 토양에 강하며 침수지에 대한 적응성이 높은 편이다.
② 배수가 잘되고 비옥하며 석회함량이 많은 사양토부터 식양토까지가 알맞다.
③ 옥수수보다 저온에 대한 적응력이 낮지만 고온에 잘 견뎌 40~43℃에서도 수정이 가능하다.
④ 고온 · 다조한 지역에서 재배하기에 알맞고 내건성이 특히 강하다.

ANSWER 8.③ 9.① 10.①

8 ① 옥수수의 암이삭 수염은 중앙 하부로부터 추출되기 시작하여 상하로 이행되는데 선단 부분이 가장 느리다.
② 율무는 토양에 대한 적응성이 넓어서 논 · 밭을 가리지 않고 재배할 수 있으며 강산성 토양에도 강하다.
④ 메밀은 밤낮의 기온 차가 큰 것이 임실에 좋고, 서늘한 기후가 알맞으며 산간 개간지에서 많이 재배된다.

9 ① 간척지 토양은 정지 후 토양입자가 잘 가라앉으므로 로터리와 동시에 이앙하는 것이 좋다. 그렇지 않으면 가라앉은 토양입자가 굳어지면서 이앙 시 뜸모와 결주가 많아진다.

10 ① 수수는 강알칼리성 토양에 강하며 침수지에 대한 적응성이 높은 편이다.

11 식물이 자라는 데 필요한 필수 원소 중 미량 원소에 해당하는 것만을 모두 고른 것은?

㉠ 망간	㉡ 염소
㉢ 아연	㉣ 철

① ㉠, ㉡
② ㉡, ㉢
③ ㉡, ㉢, ㉣
④ ㉠, ㉡, ㉢, ㉣

12 벼의 냉해에 대한 설명으로 옳지 않은 것은?

① 지연형 냉해가 오면 출수 및 등숙이 지연되어 등숙불량을 초래한다.
② 장해형 냉해가 오면 수분과 수정 장해가 발생함으로써 불임률이 높아 수량이 감소한다.
③ 출수기가 냉해에 가장 민감하며, 출수기에 냉해를 입으면 감수분열이 제대로 이루어지지 않는다.
④ 냉해가 염려될 때는 질소시용량을 줄이며 장해형 냉해가 우려되면 이삭거름을 주지 말고 지연형 냉해가 예상되면 알거름을 생략한다.

13 신품종의 등록과 종자갱신에 대한 설명으로 옳지 않은 것은?

① 「종자산업법」에 의하여 '육성자의 권리'를 20년(과수와 임목은 25년)간 보장받는다.
② 신품종이 보호품종으로 되기 위해서는 구별성, 균일성 및 안전성의 3대 구비조건을 갖추어야 한다.
③ 우리나라에서 보리의 종자갱신 연한은 4년 1기이다.
④ 벼, 맥류, 옥수수 중 종자갱신에 의한 증수효과는 옥수수가 가장 높다.

ANSWER 11.④ 12.③ 13.②

11 필수 원소란 식물이 자라는 과정에서 반드시 필요한 원소로 현재 식물 필수 원소는 16종으로 9개의 다량 원소와 7개의 미량 원소로 구분된다.
㉠ **필수 다량 원소**: 탄소(C), 수소(H), 산소(O), 질소(N), 인(P), 칼륨(K), 칼슘(Ca), 마그네슘(Mg), 황(S)
㉡ **필수 미량 원소**: 철(Fe), 망가니즈(Mn), 구리(Cu), 아연(Zn), 붕소(B), 몰리브데넘(Mo), 염소(Cl)

12 ③ 수잉기가 냉해에 가장 민감하며, 수잉기에 냉해를 입으면 감수분열이 제대로 이루어지지 않는다.

13 ② 신품종이 보호품종으로 되기 위해서는 신규성, 구별성, 균일성, 안정성, 품종명칭의 5가지를 갖추어야 한다.〈식물선품종 보호법 제16조(품종보호 여건)〉

14 벼의 분화 및 생태종의 특성에 대한 설명으로 옳지 않은 것은?

① Oryza속의 20여개 종 중에서 재배종은 O. sativa와 O. glaberrima뿐이다.
② 아시아벼의 생태종은 인디카, 온대자포니카, 열대자포니카로 분류된다.
③ 아시아 재배벼에는 메벼와 찰벼가 있으나, 아프리카 재배벼에는 찰벼가 없다.
④ 종자의 까락은 인디카와 온대자포니카에는 있으나 열대자포니카에는 있는 것과 없는 것이 모두 존재한다.

15 벼의 육묘에 대한 설명으로 옳은 것은?

① 성묘보다 중모 및 어린모로 갈수록 하위마디에서 분얼이 나와 줄기 수가 많아진다.
② 어린모를 재배할 경우 이모작지대에서는 조식적응성이 높은 중만생종을 선택해야 한다.
③ 상자육묘의 상토는 토양산도 6.5~7.5가 적절한데 이는 모마름병균의 발생을 억제하기 위함이다.
④ 물못자리는 초기생육이 왕성하므로 만식적응성이 높은 반면 밭못자리는 식상이 많고 만식적응성이 낮다.

ANSWER 14.④ 15.①

14 ④ 종자의 까락은 인디카에는 없으나 온대자포니카와 열대자포니카에는 있는 것과 없는 것이 모두 존재한다.

※ 아시아벼 생태종

구분	인디카	온대자포니카	열대자포니카
형태	가늘고 길쭉하다.	낟알이 짧고 둥글다.	
까락의 유무	無	재래종 有, 개량종 無	有 · 無 모두 존재
아밀로스 함량	23~32%	10~20%	20~25%
밥의 조직감	찰기 無	찰기 有(온대 > 열대)	
주요 소비국	동남아시아 등	한국, 일본, 중국 등	
생산량	쌀 생산량의 90%	쌀 생산량의 10% 이하	

15 ② 어린모를 재배할 경우 이모작지대에서는 만식적응성이 높은 조·중생종을 선택해야 한다.
③ 상자육모의 상토는 마름병균의 발생을 억제하기 위해 토양산도가 4.5~5.5인 것이 적절하다.
④ 물못자리와 밭못자리의 설명이 반대로 되었다. 밭못자리는 초기생육이 왕성하므로 만식적응성이 높은 반면 물못자리는 식상이 많고 만식적응성이 낮다.

16 콩의 재배 기후조건과 토양조건에 대한 설명으로 옳지 않은 것은?

① 성숙기에 고온 상태에 놓이면 종자의 지방함량은 증가하나 단백질 함량은 감소한다.

② 중성 또는 산성토양일수록 생육이 좋고 뿌리혹박테리아의 활력이 높아져 수확량이 증가한다.

③ 발아에 필요한 수분요구량이 크기 때문에 토양수분이 부족하면 발아율이 크게 떨어진다.

④ 토양 염분농도가 0.03% 이상이면 생육이 크게 위축된다.

17 두류의 재배환경에 대한 설명으로 옳은 것은?

① 팥은 서늘한 기후를 좋아하며 냉해에 대한 적응성이 강하여 고냉지에서 콩보다 재배상의 안정성이 높다.

② 강낭콩은 척박지에서 생육이 나쁘고 산성토양에 대한 적응성이 약하다.

③ 녹두는 다습한 환경에 잘 견디지만 건조에는 매우 약하며 척박지에 대한 적응성이 강하다.

④ 완두는 따뜻한 기후를 좋아하며 연작에 의한 기지현상이 적다.

18 벼의 생육과 기상환경에 대한 설명으로 옳지 않은 것은?

① 분얼 출현에는 기온보다 수온의 영향이 더 큰 경향이며, 일반적으로 적온에서 일교차가 클수록 분얼수가 증가한다.

② 개화의 최적온도는 30~35°C이며, 50°C 이상의 고온이나 15°C 이하의 저온에서는 개화가 어려워진다.

③ 광합성에 적합한 온도는 대략 20~33°C이며, 온도가 높아질수록 건물생산량이 많아진다.

④ 온대지방보다 열대지방에서 자라는 벼의 수량이 낮은 것은 등숙기의 고온 및 작은 일교차도 원인 중 하나이다.

ANSWER 16.② 17.② 18.③

16 ② 중성토양일수록 생육이 좋고 뿌리혹박테리아의 활력이 높아져 수확량이 증가한다. 산성토양은 생육이 나쁘고 뿌리혹박테리아의 활력도 낮아져 수확량이 감소한다.

17 ① 팥은 콩에 비해 따뜻한 기후를 좋아하며 냉해에 대한 적응성이 약하다. 따라서 고냉지에서 콩보다 재배상의 안정성이 낮다.
③ 녹두는 건조한 환경에 잘 견뎌 척박지에 대한 적응성이 강하지만, 다습에는 매우 약하다.
④ 완두는 서늘한 기후를 좋아하며 연작에 의한 기지현상이 크다.

18 ③ 벼의 광합성에 적합한 온도는 20~33℃이며, 20~21도℃ 정도의 낮은 온도에서 건물생산량이 많아진다. 즉, 적합한 온도 내에서는 온도가 낮아질수록 건물생산량이 많다.

19 **쌀의 기능성 및 영양 성분에 대한 설명으로 옳지 않은 것은?**

① 유색미의 색소성분은 대개 페놀화합물과 안토시아닌이며, 안토시아닌 성분에는 주로 C3G와 P3G가 있다.

② 미강에 있는 토코트리에놀은 비타민 E 계열로 항암, 고지혈증 개선 등의 효과가 있다.

③ 쌀겨에는 이노시톨, 헥사포스페이트 형태의 피트산이 존재하며, 피트산은 비만방지와 당뇨예방에 효과가 있다.

④ 현미의 지방산 조성은 불포화지방산인 올레산과 리놀레산 등이 70% 이상이고, 포화지방산인 스테아르산 함량이 20% 정도이다.

20 **서류에 대한 설명으로 옳지 않은 것은?**

① 감자의 눈은 기부보다 정단부쪽에 많이 분포되어 있으며 싹이 틀 때 정단부의 중앙에 위치한 눈의 세력이 가장 왕성하다.

② 고구마의 큐어링은 수확 직후 대략 30~33℃, 90~95%의 상대습도에서 3~6일간 실시한다.

③ 감자의 꽃은 5장의 꽃잎이 갈래 또는 합쳐진 모양이며, 3개의 수술과 1개의 암술로 되어 있다.

④ 고구마 재배 시 질소는 주로 지상부의 생육과 관련이 있고, 칼리는 덩이뿌리의 비대에 작용한다.

ANSWER 19.④ 20.③

19 ④ 현미의 지방산 조성은 불포화지방산인 올레산(40%)과 리놀레산(36%) 등이 70% 이상이고, 포화지방산인 팔미트산 함량이 20% 정도이다.

20 ③ 감자의 꽃은 5장의 꽃잎이 갈래 또는 합쳐진 모양이며, 5개의 수술과 1개의 암술로 되어 있다.

식용작물 | 2018. 5. 19. 제1회 지방직 시행

1 토양미생물의 활동 중 작물에게 이로운 것이 아닌 것은?

① 유기물 분해
② 유리질소 고정
③ 무기물(무기성분) 산화
④ 탈질작용

2 다음 설명에 해당하는 유익원소는?

> 필수원소는 아니지만 화곡류에는 그 함량이 극히 많다. 표피세포에 축적되어 병에 대한 저항성을 높이고, 잎을 꼿꼿하게 세워 수광태세를 좋게 하며, 증산(蒸散)을 경감하여 한해(旱害)를 줄이는 효과가 있다.

① 규소(Si)
② 염소(Cl)
③ 아연(Zn)
④ 몰리브덴(Mo)

3 밀가루 반죽의 탄력성과 점착성을 유발하는 주요 성분은?

① 글루텐
② 글로불린
③ 알부민
④ 프로테아제

ANSWER 1.④ 2.① 3.①

1 ④ 탈질작용은 토양의 미생물 작용에 의해 질산염 및 아질산염 등이 아산화질소(N_2O), 산화 질소(NO) 또는 질소 기체(N_2)로 환원되어 대기 중으로 휘산하는 것으로, 작물의 질소원 확보에 큰 손실이 되어 유해하다.

2 규소(Si)의 표피세포 축적 효과
㉠ 표피조직의 세포막에 침전해서 규질화를 이루어 병에 대한 저항성을 높인다.
㉡ 잎을 꼿꼿하게 세워 수광태세를 좋게 한다.
㉢ 증산을 경감시켜 한해를 줄인다.
㉣ 줄기나 잎에 있는 인과 칼슘을 곡실로 원활하게 이전되도록 한다.
㉤ 망간의 엽내분포를 균일하게 한다.

3 밀가루에는 탄수화물이 70%, 단백질이 10% 가량 들어 있는데, 함유된 단백질 중 80% 정도를 글리아딘과 글루테닌이 차지한다. 글리아딘과 글루테닌은 각각 끈기와 탄력이라는 특성이 있는데 이 두 성분이 반죽을 치대는 과정에서 결합해 글루텐을 만들어 낸다.

4 다음 설명에 해당하는 옥수수의 종류는?

> 종실이 잘고 대부분이 각질로 되어 있으며 황적색인 것이 많다. 끝이 뾰족한 쌀알형(타원형)과 끝이 둥근 진주형(원형)으로 구별되며, 각질 부분이 많아 잘 튀겨지는 특성을 지니고 있어 간식으로 이용된다.

① 경립종　　② 마치종

③ 폭렬종　　④ 나종

5 피자식물의 화기 내 암술조직과 과실·종자 부분들 간의 관계를 연결한 것으로 옳지 않은 것은?

수정 전	수정 후
① 주피	자엽
② 난세포	배
③ 극핵	배유
④ 자방	과실

ANSWER 4.③ 5.①

4 제시된 내용은 옥수수 종류 중 각질 부분이 많아 잘 튀겨지는 특성을 지닌 폭렬종(爆裂種)에 대한 설명이다.

※ 옥수수의 품종별 특성

- ㉠ 마치종(馬齒種, dent corn) : 종자의 측면이 각질이지만 머리 부분이 연질이기 때문에 성숙됨에 따라 수축하여 말의 이 모양과 같아진다고 하여 마치종이라고 한다. 성숙기가 늦고 이삭이 굵어 수량이 많아 사료 및 공업용에 알맞다.
- ㉡ 경립종(硬粒種, flint corn) : 씨알 윗부분이 둥글고 대부분 각질이며 이삭과 씨알이 마치종보다 작고 수량이 떨어지나 맛이 좋아서 식용으로 주로 재배되어 왔다.
- ㉢ 감미종(甘味種, sweet corn) : 씨알 전체가 반투명인 각질로 되어 있고 여문 후에는 쭈글쭈글해진다. 조생이며 단맛이 강하고 연하여 식용 및 통조림용으로 이용된다.
- ㉣ 폭립종(爆粒種, pop corn) : 종실이 잘고 거의 각질로 되어 있으며 식용으로는 품질이 우수하지 못하지만 잘 튀겨지는 특성이 있어 팝콘으로 이용하기에 알맞다.
- ㉤ 연립종(軟粒種, soft corn) : 연질로서 각질은 배젖 주위에 극히 얇은 층이 있거나 전혀 없는 경우도 있다.
- ㉥ 연감종(軟甘種, starchy-sweet corn) : 연립종과 감미종의 중간성질을 가진 것으로 아메리카의 일부에서 재배된다.
- ㉦ 나종(糯種, waxy corn) : 납질종(蠟質種)이라고도 하며 씨알이 납질 모양으로 반투명에 가깝고 찰기가 있다. 흔히 찰옥수수라 하는 것이 나종에 해당한다.
- ㉧ 유부종(有浮種:pod corn) : 씨알 하나 하나가 모두 껍질에 싸여 있는 것으로 별로 재배되지 않는다.

5 ① 배주의 주피는 수정 후 종자의 껍질인 종피를 형성한다.

6 **벼의 시비(施肥)에 대한 설명으로 옳지 않은 것은?**

① 모내기 전에 밑거름을 주고 모내기 후 대략 12~14일 경에 새끼칠거름을 준다.

② 고품질의 쌀을 생산하는 것이 목적인 경우에는 알거름을 생략하는 것이 좋다.

③ 기상조건이 좋아서 동화작용이 왕성한 경우에는 웃거름을 늘리는 것이 증수에 도움이 된다.

④ 심경한 논에는 질소질, 인산질 및 칼리질 비료를 줄이는 것이 증수에 도움이 된다.

7 **벼 품종에 대한 설명으로 옳지 않은 것은?**

① 내비성 품종은 대체로 초장이 작고 잎이 직립하여 수광태세가 좋다.

② 자포니카 품종이 인디카 품종에 비해 탈립성이 강하다.

③ 조생종 품종이 만생종 품종보다 수발아성이 강한 경향을 보인다.

④ 직파적응성 품종은 내도복성과 저온발아력이 강한 특성이 요구된다.

8 **벼의 직파재배에 대한 설명으로 옳지 않은 것은?**

① 출아일수는 건답직파보다 담수직파가 길다.

② 잡초 발생은 건답직파보다 담수직파가 적다.

③ 일평균기온이 12℃ 이상일 때 파종하는 것이 좋다.

④ 파종작업은 담수직파보다 건답직파가 강우의 영향을 많이 받는다.

9 **벼의 주요 병해 중 주로 해충에 의해 전염이 되는 것은?**

① 도열병
② 키다리병
③ 깨씨무늬병
④ 줄무늬잎마름병

ANSWER 6.④ 7.② 8.① 9.④

6 ④ 심경한 논에는 질소질, 인산질 및 칼리질 비료를 20~30% 정도 늘려 시비하는 것이 증수에 도움이 된다.

7 ② 탈립성이란 작물에서 종실이 탈립되는 특성으로, 탈립성이 크면 수확 시 손실이 크고 적으면 탈립에 많은 노력이 필요하므로 작물의 성격에 맞게 적당해야 한다. 인디카 품종은 자포니카 품종에 비해 탈립성이 강하다.

8 ① 건답직파의 출아일수는 10~15일로 5~7일인 담수직파에 비해 출아일수가 길다.

9 ④ 줄무늬잎마름병은 애멸구가 병원균을 옮겨 생기는 바이러스성 병해로, 벼 이삭이 아예 나오지 않거나 잎이 말라 죽는다.
①②③ 병원체에 감염 또는 오염된 종자를 파종하여 발아된 식물에 발병이 되는 종자전염병이다.

10 다음 중 콩에 가장 적게 함유되어 있는 성분은?

① 당류
② 전분
③ 지질
④ 단백질

11 서류에 대한 설명으로 옳지 않은 것은?

① 고구마는 메꽃과 작물이고, 감자는 가지과 작물이다.
② 단위수량은 감자가 고구마보다 많다.
③ 고구마는 고온성 작물이고, 감자는 저온성 작물이다.
④ 큐어링 온도는 고구마가 감자보다 더 높다.

12 다음 중 무배유종자인 작물은?

① 콩
② 벼
③ 옥수수
④ 보리

13 토양 산성화의 원인에 해당하지 않는 것은?

① 비에 의한 염기성 양이온의 용탈
② 식물의 뿌리에서 배출되는 수소 이온
③ 토양 중 질소의 산화
④ 농용 석회의 시용

ANSWER 10.② 11.② 12.① 13.④

10 콩은 품종에 따라 조금씩 다르지만 두부를 만드는 데 쓰이는 노란콩을 기준으로 볼 때, 약 15~20%의 지질과 40%의 단백질, 35~40%의 탄수화물, 5%의 기타 무기질, 5% 정도의 섬유소, 그리고 수분 약 10%로 구성된다. 그러나 전분을 주성분으로 하는 다른 곡식에 비해 대두의 전분 함유량은 1%에 지나지 않는다.

11 ② 단위수량은 고구마가 감자보다 많다. 고구마는 고능률작물로 건물생산량이 많고 단위수량이 많다.

12 ① 콩, 팥, 완두 등 콩과 종자와 상추, 오이 등은 대표적인 무배유종자이다.
②③④ 벼, 옥수수, 보리, 밀 등 벼과 종자와 피마자 양파 등은 배유종자이다.

13 ④ 농용 석회를 사용하면 산성화된 토양을 중화시킬 수 있다. 산성 토양 개량에는 보통 분말탄산석회를 쓰며, 이 밖에 석회질소, 과인산석회, 규산석회도 효과적이다.

14 **벼의 수량구성요소에 대한 설명으로 옳지 않은 것은?**

① 등숙률은 100%를 넘을 수 없다.
② 단위면적당 수수가 많아지면 1수영화수는 적어지기 쉽다.
③ 1수영화수가 많아지면 등숙률이 낮아지는 경향이 있다.
④ 이삭수는 출수기에 가장 큰 영향을 받는다.

15 **추파성이 강한 보리를 늦봄에 파종할 경우 예상되는 현상은?**

① 수발아 현상이 나타난다.
② 출수되지 않는다.
③ 천립중이 커진다.
④ 종자가 자발적 휴면을 한다.

16 **메밀에 대한 설명으로 옳은 것만을 모두 고르면?**

㉠ 장주화와 단주화가 거의 반반씩 섞여 있는 이형예 현상을 나타낸다. ㉡ 종실의 주성분은 루틴이다. ㉢ 대파작물, 경관식물 및 밀원식물로도 이용된다. ㉣ 종실 중에 영양성분이 균일하게 분포하여 제분 시에 영양분 손실이 적다.

① ㉠, ㉡
② ㉡, ㉢
③ ㉡, ㉣
④ ㉠, ㉢, ㉣

ANSWER 14.④ 15.② 16.④

14 ④ 이삭수는 모내기 후 분얼을 시작하여 최고 분얼기까지의 기간인 분얼성기에 가장 큰 영향을 받는다.

15 추파성은 가을에 씨앗을 뿌려 겨울의 저온기간을 지나야만 개화 · 결실하는 성질이다. 추파성이 강한 보리를 늦봄에 파종할 경우, 저온 · 단일 조건이 충족되지 않아 추파성이 소거되지 않으므로 영양생장만을 지속하여 경엽만 무성하게 자라다가 출수하지 못하는 좌지현상을 일으킨다.

16 ㉡ 메밀의 주성분은 전분이다.

17 볍씨의 발아에 영향을 미치는 요인에 대한 설명으로 옳은 것은?

① 같은 품종인 경우, 종실의 비중이 작은 것이 발아력이 강하다.
② 수분흡수 과정 중 생장기에는 수분함량이 급속히 증가한다.
③ 발아 최저온도는 품종 간에 차이가 거의 없다.
④ 산소가 부족할 경우, 유근이 유아보다 먼저 발생하여 생장한다.

18 감자의 괴경형성에 유리한 환경조건은?

① 고온 – 장일
② 고온 – 단일
③ 저온 – 장일
④ 저온 – 단일

19 풍매수분을 주로 하는 작물로만 짝지은 것은?

① 메밀 – 호밀
② 메밀 – 보리
③ 옥수수 – 호밀
④ 옥수수 – 보리

20 자엽이 지상으로 출현하지 않는 두과작물로만 짝지은 것은?

① 콩 – 녹두
② 콩 – 동부
③ 팥 – 완두
④ 강낭콩 – 동부

ANSWER 17.② 18.④ 19.③ 20.③

17 ① 같은 품종인 경우, 종실의 비중이 큰 것이 발아력이 강하다.
③ 발아 최저온도는 품종 간에 차이가 크다.
④ 산소가 부족할 경우, 유아가 유근보다 먼저 발생하여 생장한다.

18 감자의 괴경형성 및 비대 조건은 저온 – 단일이다.

19 풍매수분이란 숫꽃가루가 바람에 날려서 암술머리에 앉아 암수가 수정하는 것으로, 옥수수나 호밀은 풍매수분에 의해 번식하는 풍매식물이다. 메밀과 보리는 자가수정을 하는 자식성식물이다.

20 팥, 완두, 잠두는 자엽이 지상으로 출현하지 않는 지하발아형 두과작물이다.

식용작물

2018. 6. 23. 제2회 서울특별시 시행

1 메밀의 특성으로 가장 옳은 것은?

① 여름 메밀은 생육기간이 길고 루틴(rutin) 함량이 적다.
② 가을 메밀은 감온형으로 남부지방에서 주로 재배한다.
③ 메밀 꽃은 1개의 암술과 8개의 수술로 구성되어 있으며 이형예현상이 일어난다.
④ 메밀은 혈압강하제로 쓰이는 루틴(rutin) 함량이 많으며, 루틴은 출수 후 35~45일 된 메밀 껍질에 다량 함유되어 있다.

2 밀가루의 품질에 대한 설명으로 가장 옳지 않은 것은?

① 회분 함량이 많으면 부질의 점성이 낮아지고 백도도 낮아진다.
② 경질 밀가루는 밀알이 단단하고 단백질 함량이 많은 강력분을 뜻한다.
③ 입질은 밀알의 물리적 구조로서 분상질부는 밀알의 횡단면의 맑고 반투명한 부위를 말한다.
④ 글루테닌(glutenin)과 글리아딘(gliadin)은 밀의 대표적불용성 단백질로 전체 종자 저장 단백질 중 80%를 차지한다.

ANSWER 1.③ 2.③

1 ③ 메밀꽃은 같은 품종이라도 암술이 길고 수술이 짧은 장주화(長柱花)와 암술이 짧고 수술이 긴 단주화가 거의 반반씩 생기는데 이것을 이형예현상이라고 한다.
① 봄에 재배해 여름에 수확하는 여름 메밀은 생육기간이 짧고 가을에 재배한 것보다 루틴의 함량이 높다.
② 가을 메밀은 감광형으로 남부지방에서 주로 재배한다. 여름 메밀이 감온형이다.
④ 메밀은 혈압강하제로 쓰이는 루틴 함량이 많으며, 루틴은 파종 후 35~45일 된 잎, 줄기, 뿌리, 꽃 등에 다량 함유되어 있다.

2 ③ 입질은 밀알의 물리적 구조로서 초자질부는 밀알의 횡단면의 맑고 반투명한 부위를 말한다. 초자질부는 세포가 치밀하고 단백질 함량이 높다.

3 〈보기〉 중 서늘한 재배 환경에 적합한 작물을 짝지은 것으로 가장 옳은 것은?

〈보기〉

㉠ 수수	㉡ 메밀
㉢ 호밀	㉣ 기장
㉤ 고구마	㉥ 팥
㉦ 보리	㉧ 감자

① ㉠, ㉡　　② ㉢, ㉣
③ ㉤, ㉥　　④ ㉦, ㉧

4 맥류에 대한 설명 중 가장 옳은 것은?

① 귀리는 일반적으로 내동성 및 내건성이 약하다.
② 트리티케일은 밀과 귀리를 교잡하여 얻은 속간잡종이다.
③ 호밀은 타가수정을 하는 작물이지만 자가임성 비율도 높다.
④ 밀은 보리에 비해 도복에 약하다.

5 밭작물의 개화 특성에 대한 설명으로 가장 옳지 않은 것은?

① 콩은 고온조건에서 개화가 촉진된다.
② 녹두는 단일조건에 의하여 화아분화가 촉진된다.
③ 메밀은 13시간 이상의 장일조건에서 개화가 촉진된다.
④ 감자는 20℃ 이하에서 장일조건이 주어지면 개화가 유도된다.

ANSWER 3.④ 4.① 5.③

3 〈보기〉 중 보리와 감자는 서늘한 재배 환경에 적합한 저온성 작물이다. 보리의 생육적온은 15~25℃이고 생육최저온도는 3~4.5℃이며, 감자의 생육적온은 14~23℃이다.

4 ① 귀리는 내동성과 내건성이 약하지만 척박지와 산성토양에 적응성이 크다.
② 트리티케일(Triticosecale)은 1875년 스코틀랜드의 Stephen Wilson에 의해 인공적으로 처음 만들어진 작물로서, 밀을 모본으로 하고 호밀을 부본으로 하여 교잡한 다음 염색체를 배가시켜 만든 1년생 초본식물이다.
③ 호밀은 자가불화합성 작물로 타가수정을 원칙으로 한다.
④ 밀은 보리에 비해 도복에 강하다.

5 ③ 메밀은 12시간 이하의 단일조건에서 개화가 촉진되고, 13시간 이상의 장일조건에서는 개화가 지연된다.

6 고구마에 대한 설명으로 가장 옳은 것은?

① 고구마는 AA, BB 및 DD 게놈으로 구성되어 있다.
② 상품가치가 있는 일정 크기 이상의 덩이뿌리를 상저라고 한다.
③ 직파재배 시 씨고구마가 썩지 않고 비대해진 것을 만근저라고 한다.
④ 씨고구마의 새로운 싹의 지하 마디에서 생긴 고구마를 친근저라고 한다.

7 벼의 수량 및 수량구성요소에 대한 설명으로 가장 옳지 않은 것은?

① 1립중은 종실 1,000개의 무게를 3회 세어 평균으로 구한다.
② 등숙비율은 이삭에서 정상적으로 결실한 영화수의 비율을 말한다.
③ 수확지수는 전체 건물중에 대한 종실수량의 비율로 나타낼 수 있다.
④ 수량에 가장 강한 영향력을 미치는 구성요소는 1수영화 수이다.

8 논토양 환경의 특성에 대한 설명으로 가장 옳은 것은?

① 논토양의 노후화는 벼의 추락(秋落)의 주요 원인이다.
② 논 담수토양에서는 질산태질소 시비의 효과가 높다.
③ 간척지토양은 강한 산성을 띠지만, 투수성 및 통기성은 좋다.
④ 습답에서는 천천히 분해되는 미숙 유기물의 시용이 좋다.

ANSWER 6.② 7.④ 8.①

6 ① 고구마는 BBBBBB 게놈으로 구성된 동질 6배체이다. 게놈 조성이 AABBDD인 이질 6배체는 보통계밀이다.
③④ 고구마 직파재배의 경우 파종한 씨고구마 자체가 비대한 친저(親藷), 씨고구마에서 발생한 뿌리가 비대한 친근저(親根藷), 이식재배의 경우처럼 마디에서 발생한 뿌리가 비대한 만근저(蔓根藷) 등이 생긴다.

7 ④ 벼의 수량 = 단위면적당 이삭수 × 이삭당 립수(1수영화수) × 등숙비율 × 1립중으로, 수량에 강한 영향력을 미치는 구성요소는 단위면적당 이삭수 > 1수영화수 > 등숙비율 > 1립중 순이다.

8 ② 논 담수토양에서는 표층의 물에 의하여 산소가 공급되기 때문에 산화층을 형성하며 여기서 암모늄태가 질산태로 산화된다. 산화된 질산태질소는 환원층으로 용탈되고 질산환원균에 의하여 아산화질소(N_2O) 또는 질소가스(N_2)가 되어 대기 중으로 방출(탈질작용)되므로 논 담수토양에는 질산태질소 시비의 효과가 낮다.
③ 염화나트륨 · 염화마그네슘 등을 다량 함유하는 해성충적물질에서 유래된 간척지 토양은 제염이 불충분한 경우 알칼리성을 띠며 투수성 및 통기성이 좋지 않다.
④ 습답에서는 빨리 분해되는 완숙 유기물의 시용이 좋다.

9 벼의 생육에 대한 설명으로 가장 옳지 않은 것은?

① 모의 5본엽 이후에는 C/N 비율이 높아져 모가 건강해진다.
② 적온에서 주 · 야간 온도교차가 클수록 분얼이 지연된다.
③ 논 담수 조건에서는 밭에서보다 뿌리의 신장이나 분지근 발생이 적다.
④ 결실기의 30℃ 내외의 고온은 일반적으로 벼의 성숙기간을 단축시킨다.

10 맥류의 습해대책으로 가장 옳지 않은 것은?

① 습한 논에서는 이랑을 세워서 파종한다.
② 객토와 유기질을 시용하여 토성을 개량한다.
③ 습해 시 천층시비와 엽면시비를 하지 않도록 한다.
④ 내습성이 약한 쌀보리보다 내습성이 강한 겉보리를 심는다.

11 호밀의 청예재배에 대한 내용으로 가장 옳은 것은?

① 청예재배를 목적으로 하면 전국적으로 답리작이 가능하다.
② 엔실리지(ensilage)로 이용할 때는 황숙기가 적기이다.
③ 청예사료로 이용할 경우 수잉기 때 예취하면 섬유질이 많아서 사료가치가 높다.
④ 호밀 녹비를 이앙 직전에 많은 양을 시용함으로써 벼의 활착을 돕는다.

ANSWER 9.② 10.③ 11.①

9 ② 적온에서 주 · 야간 온도교차가 클수록 분얼이 촉진된다.

10 ③ 맥류의 습해대책으로는 미숙 유기물, 황산근 비료 사용을 자제하고 뿌리가 표층에 분포하게 하기 위해 천층시비를 한다. 또한 습해로 황화현상이 발생하였을 때는 요소 2%액을 엽면시비해 줌으로써 생육을 회복시켜 수량 감소를 경감할수 있다.

11 ① 호밀은 봄호밀과 가을호밀이 있고, 가을호밀 중 남방계 호밀은 초봄의 생육이 왕성하여 이른 봄에 사초 생산을 기대할 수 있다. 특히 우리나라는 전국적으로 답리작 재배 이용이 가능하여 봄철 청예작물 공급원으로 중요한 작물이다.
② 엔실리지로 이용할 때는 출수기~개화기 사이가 적기이다.
③ 청예사료로 이용할 경우 수잉기 때 예취하면 섬유질이 많아서 사료가치가 낮다.
④ 호밀 녹비를 이앙 직전에 많은 양을 시용할 경우 땅속에서 썩을 때 환원장해를 일으켜 벼 뿌리가 썩게 만들어 활착을 어렵게 한다.

12 작물의 종자성분에 대한 설명으로 가장 옳은 것은?

① 옥수수 종자의 주성분은 단백질로서 농후사료가치가 높다.
② 귀리의 종자는 탄수화물보다 지질이 많아서 열량이 높다.
③ 율무 종자는 지질보다 단백질을 더 많이 함유하고 있다.
④ 호밀 종자에는 섬유질이 당질보다 많다.

13 종자 천립중이 가장 큰 작물은?

① 수수 ② 조
③ 기장 ④ 피

14 콩 해충인 노린재에 대한 내용으로 가장 옳은 것은?

① 성충이 줄기에 침을 찔러 넣어 수액을 빨아먹는다.
② 약제살포의 경우 성충시기보다 유충시기에 방제하는 것이 효과적이다.
③ 성충이 어린꼬투리에 알을 낳아서 수확 시 빈 깍지가 되거나 기형의 종자를 얻게 된다.
④ 직접적인 피해보다는 콩모자이크병을 옮겨서 발생하는 피해가 더 크다.

ANSWER 12.③ 13.① 14.②

12 ① 옥수수 종자의 주성분은 탄수화물로서 농후사료가치가 높다.
② 귀리의 종자는 탄수화물 > 단백질 > 식이섬유 > 지방 순으로 그 함량이 높다.
④ 호밀 종실의 영양성분은 대체로 단백질 10~15%, 지방 2~3%, 전분 55~65%, 회분 2%, 총 식이섬유 15~17% 등을 함유하고 있다.

13 수수는 종실이 조, 기장, 피보다 크며 천립중은 22.5~27.5g이다. 조의 천립중은 2.5~3.0g, 기장의 천립중은 4~5g이다.

14 노린재는 콩의 꼬투리가 달리는 시기부터 수확 시까지 지속적으로 식물체를 흡즙하여 콩의 수량을 60~90%까지 감소시키는 콩의 가장 중요한 해충이다. 약제살포의 경우 성충시기보다 유충시기에 방제하는 것이 효과적이며 활동시간대를 고려하여 오전 또는 해질 무렵에 방제하는 것이 좋다.

15 강낭콩에 대한 내용으로 가장 옳은 것은?

① 뿌리혹박테리아에 의한 질소고정을 하지 못한다.

② 다른 두류와 다르게 장명종자로서 3년째에도 발아율이 80% 유지된다.

③ 타식성작물로서 개화기의 고온 또는 저온에 의한 결협률이 높아진다.

④ 종실의 성분은 단백질보다 당질의 함량이 많다.

16 감자의 휴면과 발아에 대한 내용으로 가장 옳은 것은?

① 휴면을 소거하기 위해서 1-4℃의 저온 처리를 한다.

② 수확 후 괴경의 많은 수분으로 인하여 휴면기간이 길어진다.

③ 미숙한 감자도 눈 부분의 싹은 성숙되어 있어서 수확 후 싹이 틀 수 있다.

④ 휴면기간이 긴 품종은 상온에 보관 후 파종해도 되는 유리한 점이 있다.

17 환경조건에 따른 보리 뿌리의 발달에 대한 설명 중 가장 옳지 않은 것은?

① 종자와 관부 사이에 중경이 발생한다.

② 한랭지의 품종이 뿌리가 넓고 깊게 뻗는 경향이 있다.

③ 내한성이 강한 품종은 종자근 및 관근이 깊은 곳에서 형성된다.

④ 관근은 보리종자에서 나온 뿌리로 굵고 길게 발달하여 근계를 형성한다.

ANSWER 15.④ 16.④ 17.④

15 ① 콩과식물의 뿌리에서 공생하는 뿌리혹박테리아는 대기 중에 있는 질소 성분을 식물이 이용할 수 있는 형태로 흙 속에 고정한다. 강낭콩은 최대 17킬로그램의 질소를 고정할 수 있다.
② 강낭콩은 상명종자로서 2년째에는 발아율이 70~80% 유지되지만 3년 이상이 되면 거의 발아하지 않는다.
③ 콩과식물인 대두, 팥, 완두, 땅콩, 강낭콩 등은 자식성작물이다.

16 4℃ 정도로 저온 저장을 하면 휴면기간이 길어진다. 휴면 중인 덩이줄기를 18~25℃의 캄캄한 상태에서 저장하면, 휴면타파가 빨라진다. 괴경의 수분은 발아를 촉진한다. 미성숙 감자는 발아가 되지 않는다.

17 ④ 관근은 근계중 줄기마디에 형성된 뿌리로 종자근보다 굵고 길게 발달하여 근계를 형성한다. 보리종자에서 나온 뿌리는 종자근이다.

18 벼 재배의 다원적 기능 중 가장 옳지 않은 것은?

① 홍수조절 및 지하수 저장
② 토양 유실 방지 및 대기정화
③ 수질정화 및 대기 냉각
④ 지구온난화 및 오존층 파괴 방지

19 벼의 형태와 구조적인 특성에 대한 설명 중 가장 옳지 않은 것은?

① 현미는 배, 배유, 종피로 구성되어 있다.
② 어린 식물체로 자랄 배는 유아, 배축 및 유근으로 되어 있다.
③ 파생통기조직은 수도가 밭벼보다, 같은 줄기 내에서는 상위절간일수록 잘 발달되어 있다.
④ 화기는 완전화로 수술 6개, 암술 1개로 되어 있고 수술의 꽃밥은 4개의 방으로 이루어져 있다.

20 땅콩에 대한 설명 중 가장 옳지 않은 것은?

① 땅콩은 단명종자로 수명이 1-2년 정도이다.
② 땅콩의 주성분은 지방이고 단백질 함량도 많다.
③ 자가수정을 원칙으로 하고, 꽃에는 10개의 수술이 있다.
④ 땅콩은 휴면기간을 가지는데 버지니아형이 스페니쉬형 보다 짧다.

ANSWER 18.④ 19.③ 20.④

18 벼 재배의 다원적 기능(환경보전기능)
㉠ 홍수를 조절하는 기능
㉡ 저수지를 함양하는 기능
㉢ 대기를 정화하는 기능
㉣ 토양의 유실을 방지하는 기능
㉤ 수질을 정화하는 기능

19 ③ 대유관속 사이의 유조직에는 파생통기조직이 발달되어 있다. 수도가 밭벼보다 발달되어 있고, 같은 줄기 내에서는 하위절간일수록 잘 발달되어 있다.

20 ④ 버지니아형은 대립종이고 스페니쉬형은 소립종이다. 휴면기간은 대체로 대립종이 소립종보다 더 길다.

2019. 4. 6. 인사혁신처 시행

1 옥수수에 대한 설명으로 옳지 않은 것은?

① 옥수수는 CO_2 보상점이 보리보다 낮다.
② 옥수수는 보리에 비하여 광포화점이 낮다.
③ 웅성불임성을 이용하여 F_1 종자를 생산한다.
④ 일반적으로 수이삭의 개화가 암이삭보다 빠르다.

2 다음 글에서 설명하는 해충방제 방법과 같은 범주에 속하는 것은?

> 왕담배나방의 유충은 수수의 등숙기에 알맹이를 갉아먹어 수량 감소 및 품질 저하의 원인이 되는 해충이다. 수수 이삭의 개화가 끝나고 등숙이 시작할 때 이삭 끝에서부터 밑부분까지 망을 씌우면 왕담배나방의 피해를 예방할 수 있다.

① 진딧벌을 방사하여 진딧물을 방제하였다.
② 훈증제를 처리하여 보리나방을 방제하였다.
③ 황색 끈끈이 트랩으로 꽃매미를 방제하였다.
④ 내충성 품종을 재배하여 멸구를 방제하였다.

ANSWER 1.② 2.③

1 ② 옥수수는 보리에 비하여 광포화점이 높다.

2 제시된 글은 방충망을 이용한 물리적 방제법에 대한 설명이다.
① 생물적 방제법
② 화학적 방제법
④ 경종적 방제법

3 잡곡에 대한 설명으로 옳은 것은?

① 옥수수, 수수, 기장은 모두 C_4식물이다.
② 옥수수, 조, 피는 모두 타가수정 작물이다.
③ 조는 심근성이고, 피와 기장은 천근성이다.
④ 기장은 내건성이 약하고, 수수는 내염성이 강하다.

4 고구마 저장에 대한 설명으로 옳은 것은?

① 수확한 직후 10~15일 정도 열을 발산시키는 예비저장을 한다.
② 저장 중에 발생하는 세균성 병해는 무름병, 검은무늬병이 있다.
③ 큐어링은 온도 12~18°C, 상대습도 90~95%에서 처리하는 것이 좋다.
④ 저장고의 온도 10~17°C, 상대습도 60% 이내로 조절하는 것이 좋다.

5 장류콩을 재식거리 50cm × 20cm로 1주 2립씩 파종할 때, 10a당 필요한 종자량[kg]은? (단, 장류콩의 백립중은 25g으로 계산한다)

① 5　　② 10
③ 15　　④ 25

ANSWER 3.① 4.① 5.①

3 ② 조와 피는 자가수정 작물이다. 타가수정 작물로는 옥수수 외에 율무, 메밀이 있다.
③ 조는 천근성이고, 피와 기장은 심근성이다.
④ 기장은 내건성이 강하고, 수수는 내염성이 강하다.

4 ② 저장 중에 발생하는 무름병과 검은무늬병은 곰팡이가 원인인 병해이다.
③ 큐어링은 온도 30~33℃, 상대습도 90~95%에서 처리하는 것이 좋다.
④ 저장고의 온도 10~17℃, 상대습도 85~90% 이내로 조절하는 것이 좋다.

5 50cm × 20cm로 1주 2립씩 파종한다고 하였으므로, 0.5m × 0.2m/1주 = 0.1㎡/1주
1a는 100㎡이므로 10a = 1,000㎡이고, 1,000㎡/10,000주인데 1주 2립씩 파종하므로 총 20,000주가 필요하다.
이때 백립중이 25g이므로 1립중은 0.25g이고, 따라서 20,000 × 0.25g = 5,000g = 5kg이다.

6 **논토양의 토층분화에 대한 설명으로 옳은 것은?**

① 산화층이 환원층보다 더 두텁게 형성된다.
② 논토양과 물이 맞닿은 부분은 환원층이다.
③ 환원층에는 호기성 미생물의 활동이 왕성하다.
④ 암모니아태 질소를 산화층에 시용하면 탈질이 발생한다.

7 **보리의 파종에 대한 설명으로 옳지 않은 것은?**

① 남부지방의 평야지는 10월 중순에서 하순이 파종 적기이다.
② 월동 전에 주간엽수가 5~7개 나올 수 있도록 파종기를 정한다.
③ 파종량을 적게 하면 이삭수는 증가하지만 천립중은 가벼워진다.
④ 파종 깊이가 3cm 정도일 때 제초제의 약해를 피하는데 적당하다.

8 **맥류의 재배적 특성에 대한 설명으로 옳지 않은 것은?**

① 보리는 산성토양에 강하고 쌀보리가 겉보리보다 더 잘 견딘다.
② 호밀을 논에 재배해서 녹비로 갈아 넣을 때 이앙 전에 되도록이면 빨리 시용하는 것이 좋다.
③ 귀리는 여름철 기후가 고온건조한 지대보다 다소 서늘한 곳에서 잘 적응한다.
④ 밀은 서늘한 기후를 좋아하고 연간수량이 750mm 전후인 지역에서 생산량이 많다.

ANSWER 6.④ 7.③ 8.①

6 ④ 암모니아태 질소를 산화층에 사용하면 실산으로 산화되고, 질산이 환원층으로 용탈되어 탈질이 발생한다.
① 물과 맞닿는 산화층보다 그 아래의 환원층이 더 두텁게 형성된다.
② 논토양과 물이 맞닿은 부분은 산화층이다.
③ 호기성 미생물은 공기 또는 산소가 존재하는 조건하에서 생육하는 미생물로 산화층에서 활동이 왕성하다.

7 ③ 파종량을 적게 하면 이삭수는 증가하고 천립중은 무거워진다.

8 ① 보리는 산성토양에 약하고, 그중 쌀보리가 겉보리보다 더 약하다.

9 땅콩에 대한 설명으로 옳은 것은?

① 자가수정을 하는 콩과 작물로서 우리나라와 중국이 원산지이다.
② 종실의 주성분은 지방질이고 종자수명이 4~5년 정도인 장명종자이다.
③ 결실기간 중 온도가 높을수록 종실의 지방함량이 감소하는 경향이 있다.
④ 햇볕이 내리쬐면 자방병의 신장이 억제되고 토양이 건조하면 빈 꼬투리 발생이 많아진다.

10 벼의 영양기관 생장에 대한 설명으로 옳지 않은 것은?

① 분얼은 주간의 경우 제2엽절 이후 불신장경 마디부위에서 출현한다.
② 조기재배는 분얼기에 저온으로 인해 보통기 재배보다 분얼수가 더 적어진다.
③ 벼의 엽면적에 크게 영향을 미치는 요인은 재식거리와 질소시용량이다.
④ 같은 양의 질소질 비료를 줄 때 분시 횟수가 많을수록 표면근이 많아진다.

11 논 10 a당 10kg의 질소를 시비할 경우, 요소비료의 실제 시비량[kg]은? (단, 요소비료의 질소 성분량은 46%이고, 소수점 이하는 반올림한다)

① 16　　② 22
③ 34　　④ 46

ANSWER 9.④ 10.② 11.②

9 ① 땅콩은 자가수정을 하는 콩과 작물로서 브라질이 원산지이다.
② 종실의 주성분은 지방질이고 종자수명이 1~2년 정도인 단명종자이다.
③ 결실기간 중 온도가 높을수록 종실의 지방함량이 증가하는 경향이 있다.

10 ② 조기재배는 분얼기에 저온으로 인해 보통기 재배보다 분얼수가 더 많아진다.

11 $\text{요소비료 시비량} = \frac{\text{질소 시비량}}{\text{질소 함량}} = \frac{10}{0.46} = 21.73\cdots$

12 밭작물의 파종량을 결정할 때 고려사항이 아닌 것은?

① 종자 발아율　　② 토양 비옥도
③ 재배방식　　④ 출하기

13 벼의 생육 단계에서 ㈎ 시기의 물관리 효과로 옳지 않은 것은?

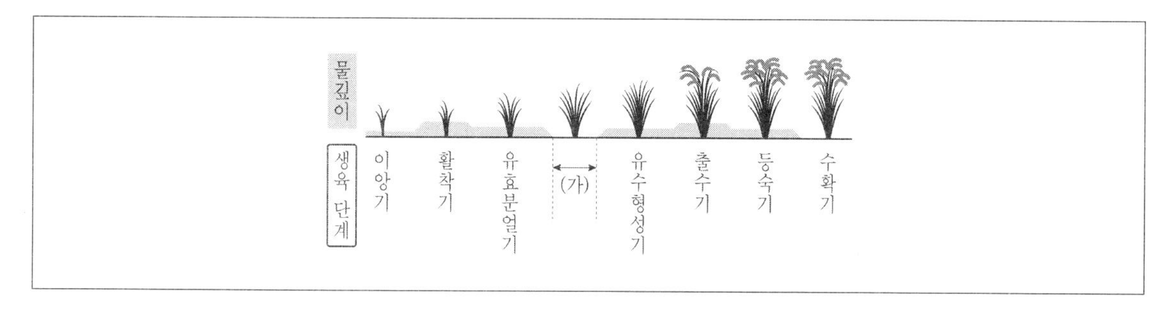

① 질소질 비료의 흡수를 촉진시켜 분얼수를 늘린다.
② 도복에 대한 저항력을 높여 수확작업을 용이하게 한다.
③ 논토양에 신선한 산소를 공급하여 유해물질을 배출시킨다.
④ 뿌리를 깊게 신장시켜 생육후기까지 양분흡수를 좋게 한다.

14 식량작물의 수확 적기에 대한 설명으로 옳지 않은 것은?

① 콩은 종자의 수분함량이 18 ~20% 정도일 때 수확한다.
② 메밀은 종실의 75~80% 정도가 검게 성숙했을 때 수확한다.
③ 보리는 출수 후 35~45일 정도일 때 수확한다.
④ 종실용 옥수수는 수분함량이 15% 정도일 때 수확한다.

ANSWER 12.④ 13.① 14.④

12 밭작물의 파종량을 결정할 때 고려해야 할 사항으로는 작물의 종류, 종자의 크기 및 종자 발아율, 토양 비옥도, 시비, 재배방식 등이 있다.

13 ① ㈎는 무효분얼기로 질소의 과잉 흡수를 방지하여 무효분얼수를 줄여야 한다.

14 ④ 종실용 옥수수는 수분함량이 30% 정도일 때 수확한다.

15 다음은 [자유게시판]에 올라온 질문이다. 이에 대한 답변으로 가장 적절한 것은?

자유게시판			
제목	논에서 재배하는 벼에 이상이 생겼어요.		
작성자	○○○	등록일	2018. △. △
질문 내용	안녕하세요. 올해 귀농한 새내기 농부입니다. 벼농사를 짓고 있는데 벼에 이상 증상이 나타나기 시작했습니다. 잎의 엽색이 담녹색을 띠며 가늘고 길게 자랍니다. 그러다가 도장현상까지 나타납니다. 벼의 키가 건전모의 약 2배에 달하고, 키가 커진 벼는 분얼이 적게 발생합니다. 이러한 증상을 막을 수 있는 방제 방법을 알고 싶습니다.		

① 발생 초기에 물을 깊게 대고 조식재배를 한다.

② 볍씨를 5℃ 이하의 물에 10분 담가 저온침법을 실시한다.

③ 진균성 병이며 종자를 소독하고 병든 식물체를 뽑아 제거한다.

④ 고온에서 육묘를 실시하고 질소질 비료를 충분히 시용한다.

16 감자의 휴면타파 방법에 대한 설명으로 옳지 않은 것은?

① 저장 중에 NAA나 2,4-D와 같은 약제를 처리한다.

② 저온 저장 후 보온이 유지되는 시설에서 햇볕을 쪼여준다.

③ 온도가 10~30℃ 사이에서는 온도가 높을수록 빨리 타파된다.

④ 저장고의 산소와 이산화탄소 농도를 4% 내외로 조절하고 온도를 10℃ 정도로 유지시킨다.

ANSWER 15.③ 16.①

15 해당 논에 발생한 것은 키다리병으로 곰팡이에 의해 발병한다. 감염되지 않은 종자를 사용하는 것이 최상의 방제이며, 직접 채종한 볍씨를 사용할 경우 염수선하여 우량종자를 선택하고, 온수나 등록된 약제를 통해 종자 소독을 실시한다. 파종 후 못자리나 본논 초기에 병증을 보이는 개체는 즉시 제거한다.

16 ① 수확 전 NAA나 2,4-D와 같은 약제를 처리하면 휴면이 연장된다.

17 팥의 재배환경에 대한 설명으로 옳지 않은 것은?

① 콩보다 토양수분이 적어도 발아할 수 있지만 과습과 염분에 대한 저항성은 콩보다 약하다.
② 생육기간 중에 건조할 경우에는 초장이 길어지며 임실이 불량해지고 잘록병이 발생하기 쉽다.
③ 생육기간 중에는 고온, 적습조건이 필요하며 결실기에는 약간 서늘하고 일조가 좋아야 한다.
④ 토양은 배수가 잘되고 보수력이 좋으며 부식과 석회 등이 풍부한 식토 내지 양토가 알맞다.

18 벼의 생육 및 환경에 대한 설명으로 옳지 않은 것은?

① 규소는 수광태세를 좋게 하고 병해충의 침입을 막는다.
② 산소가 부족한 물속에서 발아할 때는 초엽이 길게 자란다.
③ 개체군 광합성량이 가장 높은 시기는 유효분얼기이다.
④ 냉해와 건조해에 가장 민감한 시기는 감수분열기이다.

19 쌀과 밀의 단백질에 대한 설명으로 옳지 않은 것은?

① 쌀 단백질의 소화흡수율은 밀보다 높다.
② 쌀의 단백질함량은 7% 정도로 밀보다 낮다.
③ 단백질의 영양가를 나타내는 아미노산가는 쌀이 밀보다 높다.
④ 쌀의 글루텔린에는 필수아미노산인 리신(lysine)이 밀보다 낮다.

ANSWER 17.② 18.③ 19.④

17 ② 팥은 생육기간 중에 건조할 경우에는 초장이 짧아지며 임실이 불량해지고 오갈병이 발생하기 쉽다. 잘록병은 과습할 경우 발생한다.

18 ③ 유효분얼기는 개체 광합성량이 가장 높은 시기이다. 개체군 광합성량은 이삭 생길 때(유수분화기) 가장 높다.

19 ④ 쌀의 글루텔린에는 필수아미노산인 리신(lysine)이 100g당 220mg으로 140mg인 밀보다 높다.

20 벼의 유수분화기에 해당되는 지표로 옳은 것으로만 묶은 것은?

㉠ 출수 전 30~32일 경 ㉡ 엽령지수는 76~78 정도 ㉢ 지엽이 나오는 시기 ㉣ 엽이간장은 10cm 정도 ㉤ 유수의 길이는 0.5cm 정도

① ㉠, ㉡

② ㉡, ㉣

③ ㉢, ㉤

④ ㉣, ㉤

ANSWER 20.①

20 ㉢ 지엽추출기는 영화분화 후기부터 화분모세포 형성기이다.

㉣ 엽이간장이 10cm 정도일 때는 감수분열 종기이다.

㉤ 유수분화기의 유수의 길이는 0.02cm 정도이다.

※ 엽이간장에 의한 유수발육 진단

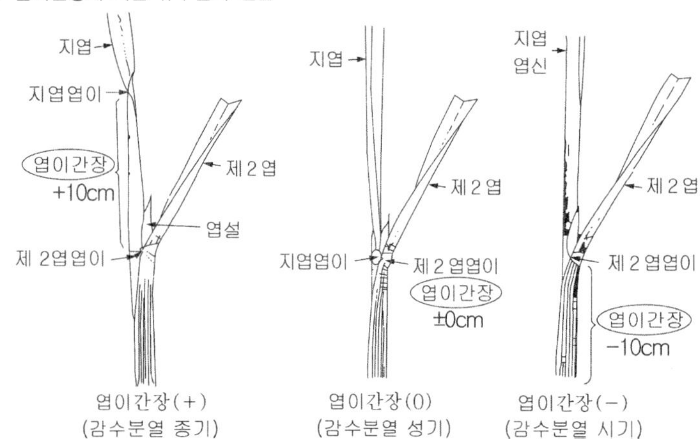

식용작물

2019. 6. 15. 제1회 지방직 시행

1 다음에서 설명하는 육종법을 위한 배양기술은?

> • 육종연한을 단축시킬 수 있다.
> • 화성벼, 화영벼, 화청벼 등이 육성되었다.
> • 열성유전자를 가진 개체를 선발하기에 용이하다.

① 배배양
② 화경배양
③ 화분배양
④ 생장점배양

2 야생벼와 비교할 때 재배벼에서 나타나는 특성으로 옳은 것은?

① 탈립성이 크다.
② 내비성이 강하다.
③ 암술머리가 크다.
④ 휴면성이 강하다.

ANSWER 1.③ 2.②

1 화성벼는 화분배양으로 육성된 최초의 품종으로, 화성벼 외에 화영벼, 화청벼, 화진벼, 화남벼 등이 화분배양으로 육성된다. 화분배양은 반수체 육종으로 반수체에는 상동염색체가 1개뿐이어서 열성유전자를 가진 개체를 선발하기에 용이하다.

2 ① 재배벼는 야생벼에 비해 탈립성이 작다.
③ 재배벼는 야생벼에 비해 암술머리가 작다.
④ 재배벼는 야생벼에 비해 휴면성이 없거나 약하다.

3 **벼 재배 시 백수현상이 나타나는 조건이 아닌 것은?**

① 출수개화기의 풍해
② 이삭도열병의 만연
③ 벼물바구미의 가해
④ 이화명나방의 2화기 피해

4 **엽면시비에서 비료의 흡수촉진조건으로 옳지 않은 것은?**

① 잎의 이면보다 표면에 살포되도록 한다.
② 비료액의 pH를 약산성으로 조제하여 살포한다.
③ 피해가 발생하지 않는 한 높은 농도로 살포한다.
④ 가지나 줄기의 정부에 가까운 쪽으로 살포한다.

5 **우리나라에서 신품종의 보호, 증식 및 보급에 대한 설명으로 옳은 것은?**

① 식성 작물의 종자증식 체계는 원종→원원종→기본식물→보급종의 단계를 거친다.
② 식성인 벼의 종자갱신은 3년 1기로 되어 있으며 증수효과는 16% 정도이다.
③ 종의 특성 유지를 위해 다른 옥수수밭과는 2~5 m의 이격거리를 두는 것이 안전하다.
④ 종보호요건은 신품종의 구비조건뿐만 아니라 신규성과 고유한 품종명칭을 갖추어야 한다.

ANSWER 3.③ 4.① 5.④

3 ① 출수개화기에 강풍을 만나면 이삭이 건조하여 백수현상이 나타난다.
② 이삭목이 도열병 침입을 받으면 침해 부위의 위쪽은 말라 죽거나 백수현상이 나타난다.
④ 이화명나방(rice stem borer, Chilo suppressalis WALKER)의 2화기 피해를 입으면 줄기가 갈색으로 말라죽고 이삭은 백수현상이 나타난다.

4 ① 잎의 표면보다 이면에 살포되도록 한다. 이면의 흡수율은 표면의 흡수율보다 2~5배 정도 크다.

5 ① 자식성 작물의 종자증식 체계는 기본식물→원원종→원종→보급종의 단계를 거친다.
② 자식성인 벼의 종자갱신은 4년 1기로 되어 있으며 증수효과는 6% 정도이다.
③ 품종의 특성 유지를 위하여 다른 옥수수밭과는 400m 이상 이격거리를 두는 것이 안전하다.

6 **벼의 직파재배에 대한 설명으로 옳지 않은 것은?**

① 마른논줄뿌림재배는 탈질현상이 발생하고 물을 댈 때 비료의 유실이 많다.
② 요철골직파재배는 다른 직파재배보다 생력효과가 크고 잡초발생이 적다.
③ 무논표면뿌림재배는 이삭수 확보에 유리하나 이끼나 괴불의 발생이 많다.
④ 무논골뿌림재배는 입모는 균일하지만 통풍이 불량해 병해발생이 많다.

7 **고위도 지대에서 재배하기에 적합한 벼 품종의 기상생태형은?**

① 감광성이 크고 감온성이 작은 품종
② 감온성이 크고 감광성이 작은 품종
③ 감광성이 크고 기본영양생장성이 작은 품종
④ 기본영양생장성이 크고 감온성이 작은 품종

8 **논토양의 종류별 특성에 대한 설명으로 옳지 않은 것은?**

① 고논은 지온이 낮고 공기가 제대로 순환하지 않아 유기물의 분해가 늦다.
② 모래논은 양분보유력이 약하고 용탈이 심하므로 객토를 하여 개량한다.
③ 미숙논은 토양조직이 치밀하고 영양분이 적으며 투수성이 약한 논이다.
④ 우리나라의 60% 정도인 보통논에서 생산된 쌀의 밥맛이 가장 좋다.

ANSWER 6.④ 7.② 8.④

6 ④ 무논골뿌림재배는 입모가 균일하여 통풍이 좋고 병해발생이 적다.

7 북위 60~90°의 고위도 지대는 일반적으로 기온의 연교차가 크고, 1년이 밤이 긴 겨울과 낮이 긴 여름으로 나뉘며, 봄·가을이 짧은 것이 특징이다. 생육기간이 짧고 감광성에 비하여 감온성이 상대적으로 큰 조생종이 고위도 지대에서 재배하기 적합하다.

8 ④ 밥맛이 가장 좋은 쌀을 생산하는 보통논은 우리나라 논 전체의 1/3 정도이다.

9 담수직파에서 볍씨를 깊은 물속에 파종했을 때 발아에 대한 설명으로 옳은 것은?

① 중배축이 거의 자라지 않아 키가 작아진다.
② 중배축이 더 길어지고 가는 뿌리가 나온다.
③ 초엽은 더 길어지나 중배축은 변화가 없다.
④ 초엽이 거의 자라지 않아 생육이 나빠진다.

10 쌀알의 호분층에 함유되어 있는 기능성 성분에 대한 설명으로 옳은 것은?

① 과립상태로 존재하는 피트산은 황을 많이 포함하고 있는 항산화물질이다.
② 식이섬유가 2% 정도 포함되어 있어 변비와 대장암의 예방효과가 크다.
③ 유색미에 들어 있는 카테킨과 카테콜-타닌은 베타카로틴과 이노시톨이다.
④ 지용성 성분인 γ-오리자놀과 토코페롤은 콜레스테롤 저하작용이 있다.

11 고구마의 괴근 비대에 유리한 환경조건이 아닌 것은?

① 고온조건일 때
② 단일조건일 때
③ 일조량이 풍부할 때
④ 칼리성분이 많을 때

ANSWER 9.② 10.④ 11.①

9 담수직파에서 볍씨를 깊은 물속에 파종했을 때 중배축은 초엽을 지상으로 밀어 올리는 역할을 하기 위해 중배축이 더 길어진다. 깊은 물속은 논토양 중 산소가 적기 때문에 뿌리의 신장이나 분지근의 발생이 적고 가늘다.

10 ① 과립상태로 존재하는 피트산은 인을 많이 포함하고 있는 항산화물질이다.
② 식이섬유가 20% 정도 포함되어 있어 변비와 대장암의 예방효과가 크다.
③ 흑미 등 유색미에 들어 있는 카테킨과 카테콜-타닌은 페놀 화합물과 안토시아닌이다.

11 ① 괴근의 비대는 일교차가 클 때 유리하다.

12 콩에 대한 설명으로 옳지 않은 것은?

① 강우가 많은 우리나라 기후에 적응된 작물이므로 강산성토양에서도 잘 자란다.
② 종자에는 메티오닌이나 시스틴과 같은 황을 함유한 단백질이 육류에 비해 적다.
③ 생육일수는 온도와 일장에 따라 다른데 여름콩은 생육일수가 짧고 가을콩은 길다.
④ 발아 시에 필요한 흡수량은 풍건중의 1.2배 정도이며, 최적 토양수분량은 최대용수량의 70% 내외이다.

13 우리나라에서 두류의 재배와 생육특성에 대한 설명으로 옳지 않은 것은?

① 녹두는 조생종을 선택하면 고랭지나 고위도 지방에서도 재배할 수 있다.
② 강낭콩은 다른 두류에 비해 질소고정능력이 낮아 질소시용의 효과가 크다.
③ 팥은 단명종자이고 발아할 때 자엽이 지상에 나타나는 지상자엽형에 속한다.
④ 땅콩은 연작하면 기지현상이 심하기 때문에 1~2년 정도 윤작을 해야 한다.

14 옥수수의 생리생태에 대한 설명으로 옳지 않은 것은?

① 곡실용 옥수수는 곁가지의 발생이 많은 품종이 종실수량이 많아서 재배에 유리하다.
② 일반적으로 숫이삭의 출수 및 개화가 암이삭의 개화보다 앞서는 웅성선숙 작물이다.
③ 광합성의 초기산물이 탄소원자 4개를 갖는 C_4 식물로 온도가 높을 때 생육이 왕성하다.
④ 이산화탄소 이용효율이 높기 때문에 이산화탄소 농도가 낮아도 C_3 식물에 비해 광합성이 높게 유지된다.

ANSWER 12.① 13.③ 14.①

12 ① 콩의 생육에 가장 적절한 산도는 pH 6.5 내외로 중성토양이 적합하며, 강산성토양에서는 생육이 떨어진다.

13 ③ 팥은 장명종자이고 발아할 때 자엽이 지하에 나타나는 지하자엽형에 속한다.

14 ① 곡실용 옥수수는 곁가지의 발생이 적은 품종이 유리하다.

15 우리나라 맥류 포장에서 주로 발생하는 잡초로만 묶은 것은?

㉠ 가래	㉡ 광대나물
㉢ 괭이밥	㉣ 냉이
㉤ 둑새풀	㉥ 쇠털골

① ㉠, ㉡, ㉢, ㉤
② ㉠, ㉡, ㉣, ㉥
③ ㉡, ㉢, ㉣, ㉤
④ ㉢, ㉣, ㉤, ㉥

16 다음 중 요수량이 가장 적은 작물은?

① 감자
② 기장
③ 완두
④ 강낭콩

17 잡곡에 대한 설명으로 옳지 않은 것은?

① 메밀은 구황작물로 이용되어 왔던 쌍떡잎식물이다.
② 수수는 C_4 식물이며 내건성이 매우 강하다.
③ 조는 자가수정 작물이나 자연교잡률이 비교적 높다.
④ 기장의 단백질 함량은 5% 이하로 지질 함량보다 낮다.

ANSWER 15.③ 16.② 17.④

15 맥류는 밭작물이다. 가래와 쇠털골은 논잡초이다.

16 기장은 내건성이 강한 작물로 요수량은 300 내외로 가장 적다. 기장 < 감자 < 강낭콩 < 완두 순이다.

17 ④ 기장의 수성분은 당질로, 탄수화물 > 단백질 > 지방 순으로 많다.

18 맥류의 도복에 대한 설명으로 옳지 않은 것은?

① 광합성과 호흡을 모두 감소시켜 생육이 억제된다.
② 일반적으로 출수 후 40일경에 가장 많이 발생한다.
③ 뿌리의 뻗어가는 각도가 좁으면 도복에 약하다.
④ 잎에서 이삭으로의 양분전류가 감소된다.

19 맥류의 생리생태적 특성에 대한 설명으로 옳은 것은?

① 호밀은 맥류 중 내한성(耐寒性)이 커서 −25 ℃에서 월동이 가능하다.
② 겉보리의 종실은 영과로 외부의 충격에 의해 껍질과 쉽게 분리된다.
③ 맥류에서 춘파성이 클수록 더 낮은 온도를 거쳐야 출수할 수 있다.
④ 보리는 밀보다 심근성이어서 건조하고 메마른 토양에서도 잘 견딘다.

20 감자에 발생하는 병해에 대한 설명으로 옳지 않은 것은?

① 역병은 곰팡이병으로 잎과 괴경에 피해를 주며 감염 부위가 검게 변하면서 조직이 고사한다.
② 흑지병은 검은무늬썩음병이라고도 하며 토양 내 수분 함량이 낮고 온도가 높을 때 발생한다.
③ 더뎅이병은 세균성병으로 2기작 감자를 연작하는 제주도와 남부지방에서 피해가 더 심하다.
④ 절편부패병은 씨감자의 싹틔우기 시 온도가 높고 건조하거나 직사광선에 노출될 때 발생한다.

ANSWER 18.① 19.① 20.②

18 ① 도복이 되면 빛을 받는 잎의 면적이 감소하여 광합성이 감소하고, 줄기와 잎에 상처가 생겨 양분의 호흡소모가 증가하여 생육이 억제된다.

19 ② 겉보리는 씨방벽으로부터 유착 물질이 분비되어 바깥껍질과 안껍질이 과피에 단단하게 붙어 있어 외부의 충격으로 쉽게 분리되지 않는다.
③ 맥류에서 추파성이 클수록 더 낮은 온도를 거쳐야 출수할 수 있다.
④ 밀은 보리보다 심근성이어서 건조하고 메마른 토양에서도 잘 견딘다.

20 ② 흑지병은 토양 내 수분함량이 높고 온도가 낮을 때 산성토양에서 많이 발생한다.

식용작물

2019. 6. 15. 제2회 서울특별시 시행

1 벼의 무기양분과 시비에 대한 설명으로 가장 옳지 않은 것은?

① 벼의 양분흡수는 유수형성기까지는 급증하나 이후 감소한다.

② 철과 망간은 담수환원 조건에서 가용성이 감소하며, 철은 칼륨· 망간과 길항작용을 한다.

③ 마그네슘은 유수발육기에 많은 양이 필요하며, 질소 · 인 · 황 등은 생육 초기부터 출수기까지 상당 부분 흡수된다.

④ 칼륨이 결핍되면 단백질 합성이 저해되고 호흡작용이 증대되어 건물생산이 감소된다.

2 보리의 이삭과 화기에 대한 설명으로 가장 옳지 않은 것은?

① 수축(rachis)에 종실이 직접 달린다.

② 꽃은 1쌍의 받침껍질에 싸여 있다.

③ 보리의 까락은 벼의 까락에 비하여 엽록소 함량이 적다.

④ 까락이 길수록 호흡량보다 광합성량이 많아진다.

ANSWER 1.② 2.③

1 ② 철과 망간은 담수환원 조건에서 가용성이 증가하며, 철은 칼륨 · 망간과 길항작용을 한다.

2 ③ 보리의 까락은 벼의 까락에 비하여 엽록소 함량이 많아서 광합성량이 많다.

3 〈보기〉에 해당되는 밀의 수형은?

> 〈보기〉
> 이삭의 기부에는 소수가 성기게 착생하여 가늘고, 상부에는 배게 착생하여 굵으므로 이삭 끝이 뭉툭하다.

① 곤봉형
② 봉형
③ 방추형
④ 추형

4 벼의 광합성, 호흡 및 증산작용에 대한 설명으로 가장 옳지 않은 것은?

① 벼가 정상적인 광합성능력을 유지하려면 잎은 질소 2.0%, 인산 0.5%, 마그네슘 0.3%, 석회 0.5% 이상이 필요하다.
② 벼 재배 시 광도가 낮아지면 온도가 높은 쪽이 유리하고, 35℃ 이상의 고온에서는 오히려 광도가 낮은 쪽이 유리하다.
③ 벼 1개체당 호흡은 건물중 증가에 기인하여 대체로 출수기경에 최고가 된다.
④ 벼의 증산량이 많아지면 벼 수량도 일반적으로 증가하고, 증산작용은 주로 잎몸에서 일어난다.

ANSWER 3.① 4.①

3 밀의 수형
㉠ **곤봉형**: 이삭의 기부에는 소수가 성기게 착생하여 가늘고 상부에는 배게 착생하여 굵으므로 이삭 끝이 뭉툭하다.
㉡ **봉형**: 이삭이 기름지고 소수가 약간 성기게 고루 착생하여 이삭 상하부의 굵기가 거의 같으며, 수량이 많고 알이 고르며 굵직한 편이다.
㉢ **방추형**: 이삭이 길지 않고 가운데에 약간 큰 소수가 조밀하게 붙으며, 상하부에는 약간 작은 소수가 성기게 착생하여 이삭의 가운데가 굵고 상하부가 가늘다.
㉣ **추형**: 이삭의 기부에는 약간 큰 소수가 조밀하게 착생하고 상부에는 약간 작은 소수가 성기게 착생하여 이삭이 상부로 갈수록 가늘며, 밀알이 대체로 굵고 고르다.

4 ① 벼가 정상적인 광합성능력을 유지하려면 석회 2.0% 이상이 필요하다.

5 밀의 성분과 품질에 대한 설명으로 가장 옳은 것은?

① 경질밀은 연질밀에 비해 열량은 유사하나 단백질 함량이 낮다.
② 피틴산은 나트륨의 체내흡수를 줄여주는 효과가 있다.
③ 단백질 함량은 초자율이 낮을수록 많아진다.
④ 알부민(albumin), 글로불린(globulin)은 밀의 주요 단백질이다.

6 콩에 대한 설명으로 가장 옳은 것은?

① 윤작을 할 때, 콩은 전작물로 알맞다.
② 생육이 왕성하여 비료를 많이 필요로 하는 작물이다.
③ 콩은 단백질보다 지질의 함량이 높은 작물이다.
④ 원산지는 아메리카의 안데스산맥 지역이다.

7 옥수수 재배에서 애멸구 방제를 통해 피해를 줄일 수 있는 병은?

① 그을음무늬병
② 검은줄오갈병
③ 깨씨무늬병
④ 깜부기병

ANSWER 5.② 6.① 7.②

5 ① 경질밀은 연질밀에 비해 단백질 함량이 높다.
③ 단백질 함량은 초자율이 높을수록 많아진다.
④ 밀의 주요 단백질은 글루텐이다.

6 ② 생육이 왕성하여 비료를 많이 필요로 하지 않는 작물이다.
③ 콩은 지질보다 단백질의 함량이 높은 작물이다.
④ 원산지는 동북아시아로 중국이나 우리나라이다.

7 옥수수 검은줄오갈병은 애멸구에 의해 감염되는 바이러스병으로 애멸구 방제를 통해 피해를 줄일 수 있다.

8 옥수수 육종에 대한 설명으로 가장 옳지 않은 것은?

① 합성품종 육성의 후기과정은 방임수분품종 육성과 유사하다.
② 복교잡은 단교잡보다 F_1 종자생산량이 많다.
③ 종자회사에서 잡종강세를 이용하는 품종은 대부분 합성품종이다.
④ 방임수분품종육성은 형질개량효과가 미미하다.

9 벼의 육묘에 대한 설명으로 가장 옳은 것은?

① 성묘는 하위마디가 휴면을 하지 않아 발생하는 분얼수가 많다.
② 어린모는 내냉성이 작지만 분얼이 증가하고 이앙적기의 폭이 넓다.
③ 밭못자리에서 자란 모는 규산 흡수량이 적어 세포의 규질화가 충실하지 못하여 도열병에 약하다.
④ 상토 소요량은 중모 산파가 상자당 3L, 어린모 산파가 상자당 5L이다.

10 벼 재배 시 발생하는 기상재해와 그 대책에 대한 설명으로 가장 옳지 않은 것은?

① 한해(旱害) 대책으로 질소질 비료를 줄인다.
② 수해(水害) 대책으로 칼리질 비료와 규산질 비료를 증시한다.
③ 풍해(風害) 대책으로 밀식하고 질소 과용을 피한다.
④ 냉해(冷害) 대책으로 다소 밀식하고 규산질과 유기물 시용을 늘린다.

ANSWER 8.③ 9.③ 10.③

8 ③ 종자회사에서 잡종강세를 이용하는 품종은 대부분 1대교잡종품종이다.

9 ① 성묘(손이앙)는 하위절의 분얼눈이 휴면하여 하위절에서 분얼이 발생하지 않는다.
② 어린모는 이앙적기의 폭이 좁다.
④ 상토 소요량은 중모 산파가 상자당 5L, 어린모 산파가 상자당 3L이다.

10 ③ 밀식을 하면 도복의 위험이 크다. 따라서 풍해 대책으로 적절하지 않다.

11 팥에 대한 설명으로 가장 옳은 것은?

① 단명종자로 일반저장에서 발아력은 2년 이하이다.
② 개화를 위한 온도는 20~23℃가 좋다.
③ 결실일수는 100일 정도 소요된다.
④ 팥은 콩과 비교하여 감온성이 둔하다.

12 잡곡의 특성에 대한 설명으로 가장 옳지 않은 것은?

① 수수의 뿌리는 심근성으로서 흡비력과 내건성이 강하다.
② 메밀의 엽병은 아랫잎이 길며 위로 갈수록 점점 짧아 진다.
③ 율무의 전분은 찰성이며, 꽃은 암·수로 구별된다.
④ 기장의 경우 고온버널리제이션에 의하여 출수가 촉진되고, 토양적응성이 극히 강하며 저습지에 알맞다.

13 벼의 종자 보급체계에 있어 원원종을 생산하는 기관은?

① 도 농업기술원
② 국립식량과학원
③ 국립종자원
④ 도 원종장

ANSWER 11.④ 12.④ 13.①

11 ① 팥은 장명종자로 일반저장에서 발아력은 3~4년이다.
② 개화를 위한 온도는 26~28℃가 좋다.
③ 결실일수는 50~60일 정도 소요된다.

12 ④ 기장은 저습지가 아닌 건습지에 알맞다.

13 ① 도 농업기술원 – 원원종
② 국립식량과학원 – 기본식물
③ 국립종자원 – 보급종
④ 도 원종장 – 원종

14 밀의 수발아 현상에 대한 설명으로 가장 옳지 않은 것은?

① 백립종은 적립종에 비하여 수발아가 잘된다.
② 이삭껍질에 털이 많거나 초자질인 것이 수발아 위험이 적다.
③ 조숙성 품종을 재배하여 수발아를 회피하는 방법도 있다.
④ 응급대책으로 MH(maleic hydrazide)를 살포하면 억제효과가 있다.

15 벼 이삭 발육 시기에 나타나는 현상에 대한 설명으로 가장 옳은 것은?

① 출엽속도는 영양생장기에 비해 빨라진다.
② 유수분화는 출수 전 약 10일에 시작된다.
③ 난세포는 개화 다음날 생리적 수정 능력을 지닌다.
④ 꽃가루의 형태는 개화 전날에 완성된다.

16 고구마의 전분 함량 변이와 관련된 요인에 대한 설명으로 가장 옳지 않은 것은?

① 품종의 유전적 특성에 따른 전분 함량의 차이가 있다.
② 저장기간이 경과함에 따라 전분 함량이 낮아진다.
③ 질소질 비료를 많이 시용할 경우에는 전분 함량이 낮아진다.
④ 열대산은 전분 함량이 높고, 당분 함량이 낮다.

ANSWER 14.② 15.④ 16.④

14 ② 이삭껍질에 털이 많거나 초자질인 것이 수발아 위험이 크다.

15 ① 이삭 발육 시기에 출엽속도는 영양생장기에 비해 느려진다.
② 유수분화는 출수 전 약 30일에 시작된다.
③ 난세포는 개화 전날 생리적 수정 능력을 지닌다. 개화 후 수정 능력을 지닌다면 이삭이 잘 맺히지 않는다.

16 ④ 열대산은 전분 함량이 낮고, 당분 함량이 높다.

17 **벼의 생육과 재배환경에 대한 설명으로 가장 옳지 않은 것은?**

① 벼의 분얼성기까지는 기온보다 수온의 영향을 더 크게 받고, 등숙기에는 수온보다 기온의 영향을 더 크게 받는다.

② 벼의 생육적온보다 온도가 높으면 광도가 높을수록 오히려 광합성이 저하된다.

③ 건답은 생산력이 높으며 답전윤환재배가 가능하고, 유기물의 분해속도가 빨라 지력이 낮아지기 쉽다.

④ 습답은 건답보다 비옥도가 낮고, 질소흡수가 전기에 집중되어 수량과 식미가 떨어지기 쉽다.

18 **호밀에 대한 설명으로 가장 옳지 않은 것은?**

① 자가수정작물로 자가수정율이 90%이다.

② 1이삭에 50~60립의 종자가 달린다.

③ 채종 시 격리 거리를 300~500m로 한다.

④ 종실이 가늘고 길며 표면에 주름이 잡힌 것이 많다.

19 **감자의 생리 및 생태에 대한 설명으로 가장 옳지 않은 것은?**

① 휴면기간 단축은 일반적으로 저온보다 고온이 더 효과가 크다.

② 장일처리를 한 엽편보다 단일처리를 한 엽편이, 13℃에서 싹이 튼 것보다 18℃에서 싹이 튼 것이 GA(gibberellic acid) 함량이 언제나 높다.

③ 괴경의 전분 함량이 같더라도 전분립이 큰 것이 품질이 좋고, 형성된 괴경이 비대함에 따라 당분이 점차 감소 된다.

④ 감자에는 비타민 A가 적게 함유되어 있지만 비타민 C는 풍부히 함유되어 있다.

ANSWER 17.④ 18.① 19.②

17 ④ 습답은 유기물의 분해속도가 느려 질소흡수가 후기에 집중되어 수량과 식미가 떨어지기 쉽다.

18 ① 호밀은 타가수정 작물로 자가수정율이 매우 낮다.

19 ② GA 함량은 장일과 고온처리에서 증가한다.

20 〈보기〉에서 설명하는 불완전미에 해당하는 것은?

> 〈보기〉
> 쌀알 아랫부분에서 양분축적이 불량할 때 발생하는 쌀이다. 등숙기 고온 시 발생하는데, 전분집적이 가장 늦은 상부 지경에 많이 생긴다.

① 복백미

② 유백미

③ 배백미

④ 기백미

ANSWER 20.④

20 등숙이 완전히 이루어져 그 품종의 특성인 입형(粒形)을 잘 나타내고 있는 미립을 완전미라 한다. 완전미 이외의 입(粒) 중에서 모양, 크기, 색깔 등 어딘가 비정상적으로 발달된 것을 불완전미라고 한다.

① **복백미**: 입(粒)의 비대가 우수하고 폭이 넓은 입으로 자란 것에서 발생하기 쉬우며, 복측의 주변부 세포의 수 층에 전분집적이 충실하지 않다. 전분립이 적고 드문드문 존재하며 전분립 사이의 세포원형질이 탈수과정에서 붕괴하여 아주 적은 양의 공기로 찬 공간이 많이 생기므로 난반사로 희게 보인다. 정상조건에서도 약 40%의 복백미가 생기는데 실용적으로는 완전미로 취급하여도 지장이 없다.

② **유백미**: 입표면은 백색 불투명하나 광택이 있다. 횡단면은 내부가 백색 투명하고 표층부가 투명화되어 있다. 등숙 초·중기에 양분집적이 불충분하다가 후기에 회복한 것, 등숙기의 저온 및 조기재배에서 고온인 경우에도 생기기 쉽다.

③ **배백미**: 입형은 대체로 완전하나 배부(背部)에 한하여 전분집적이 덜 되고 등숙후기에 백화(白化)되는 것으로 복백미에 비하여 출현빈도가 적다.

식용작물 | 2020. 6. 13. 제1회 지방직 시행

1 다음 설명에 해당하는 작물로만 묶은 것은?

> • 중복수정의 과정을 통해 종자가 만들어진다.
> • 그물맥의 잎을 가지고 있으며, 뿌리는 원뿌리와 곁뿌리로 구분할 수 있다.

① 콩, 메밀
② 콩, 옥수수
③ 메밀, 보리
④ 보리, 옥수수

2 벼 종자가 수분을 흡수하여 가수분해효소를 주로 합성하는 곳은?

① 표피
② 중과피
③ 호분층
④ 전분저장세포

3 종·속 간 교잡종자를 확보하기 어려운 경우에 활용하는 조직배양기술은?

① 소형 씨감자의 대량생산
② 무병주 식물체 생산
③ 꽃가루배양
④ 배주배양

ANSWER 1.① 2.③ 3.④

1 중복수정을 하는 '속씨식물' 중에서도, 그물맥과 원뿌리를 가지는 '쌍떡잎식물'에 해당하는 것을 고르는 문제이다. 콩, 메밀, 고구마, 감자 등이 쌍떡잎식물에 속하며, 벼, 보리, 밀, 옥수수 등은 외떡잎식물이다.

2 호분층은 배유(배젖) 주변부의 세포에서 분화되며 벼에서는 2~3개 세포층으로 되어 있다. 양분을 저장하기도 하며, 아밀라아제 등의 효소를 분비하여 배유 내의 저장물질을 가용성 성분으로 변화시켜 배에 공급한다.

3
- 배주배양 : 주로 종·속 간 교잡 시에 자주 발생하는 배의 생육 정지 현상을 방지하기 위하여 수정 직후 배의 퇴화가 일어나기 전 배주를 분리하여 인공 배지에서 배양한다.
- 꽃밥 및 꽃가루 배양 : 반수체 식물을 만들기 위해 이용된다.

4 **다음과 같은 특징을 나타내는 작물은?**

• 단성화	• 웅예선숙
• 자웅동주	• 타가수분

① 완두　② 벼
③ 감자　④ 옥수수

5 **벼의 기공에 대한 설명으로 옳지 않은 것은?**

① 기공의 수는 생육조건에 따라 다른데 하위엽일수록 많다.
② 기공의 수는 품종에 따라 다른데 차광처리에 의해 감소된다.
③ 기공의 수는 온대자포니카벼보다 왜성의 인디카벼에 더 많다.
④ 기공은 잎몸의 표피뿐만 아니라 녹색을 띠는 잎집 · 이삭축 · 지경 등의 표피에도 발달한다.

6 **벼 직파재배에 대한 설명으로 옳지 않은 것은?**

① 담수직파에서 건답직파보다 도복이 더 발생하기 쉽다.
② 담수직파는 논바닥을 균평하게 정지하기 곤란하다.
③ 담수직파는 대규모일 때 항공파종이 가능하다.
④ 담수직파에서 건답직파보다 분얼절위가 낮아 과잉분얼에 의한 무효분얼이 많다.

ANSWER 4.④ 5.① 6.②

4 옥수수는 암술 혹은 수술만으로 이루어진 암꽃과 수꽃 2종류의 꽃을 피우는 단성화이며, 암꽃과 수꽃이 같은 그루에 생긴다(자웅동주). 또, 수술이 암술보다 먼저 성숙하며, 타가수분한다. 완두와 벼는 모두 양성화이며 자가수분(양성화에서 보기 쉬움)한다. 감자는 단성화이며 자가수분 한다.

5 벼의 기공밀도는 상위엽일수록 높고, 한 잎에서는 선단으로 갈수록 기공의 수가 많다.

6 건답직파가 담수직파에 비해 논바닥을 균평하게 정지하기 곤란하다.

7 맥주보리의 품질조건으로 옳은 것은?

① 곡피의 양은 16% 정도가 적당하다.
② 전분함량은 58% 이상부터 65% 정도까지 높을수록 좋다.
③ 단백질함량은 15% 이상으로 많을수록 좋다.
④ 지방함량은 6% 이상으로 많을수록 좋다.

8 작물별 기계화재배 시 고려사항으로 옳지 않은 것은?

① 맥류 – 기계수확을 위해서 초장이 70cm 정도의 중간 크기가 알맞다.
② 벼 – 기계이앙하려면 상자육묘를 해야 한다.
③ 콩 – 콤바인 수확을 위해서는 최하위 착협고가 10cm 이하인 품종이 알맞다.
④ 참깨 – 콤바인 수확을 위해서 내탈립성 품종이 알맞다.

9 팥에 대한 설명으로 옳지 않은 것은?

① 장명종자로 구분된다.
② 종실이 균일하게 성숙하지 않는 특성이 있다.
③ 토양산도는 pH6.0 ~ 6.5가 알맞지만, 강산성 토양에도 잘 적응한다.
④ 종자 속에는 전분이 34 ~ 35% 정도, 단백질도 20% 정도 들어있다.

ANSWER 7.② 8.③ 9.③

7 ① 곡피의 양은 8% 정도가 적당하며, 곡피가 두꺼우면 곡피 중의 성분이 맥주의 품질을 저하시킨다.
③④ 맥주보리는 단백질 함량(8~12%)과 지방 함량(1.5~3%)이 낮은 것이 좋다.

8 콤바인으로 콩을 수확하기 위해서는 콩의 최하위 착협고가 10cm 이상인 품종이 알맞다.

9 팥의 최적 토양산도는 pH6.0~6.5이고, 강산성 토양에서는 잘 생장하지 못한다. 또한 배수가 잘되고 보수력이 좋으며 부식과 석회 등이 풍부한 식토 내지 양토가 알맞다.

10 다음 설명에 해당하는 고구마 병은?

> • 저장고의 시설, 용기 또는 공기를 통하여 상처 부위에 감염된다.
> • 병이 진전되면 누런색의 진물이 흐르고 처음에는 흰곰팡이가 피었다가 나중에는 검게 변한다.
> • 진물이 흐르면 알코올 냄새가 나면서 급속도로 병이 확산된다.

① 무름병 ② 건부병
③ 검은무늬병 ④ 더뎅이병

11 다음과 같은 개화 특징을 갖는 작물은?

> 1년차 귀농인 이정국 씨는 집 근처 텃밭에 들깨를 심었다. 식재 전 토양검정을 통해 부족한 양분이 없도록 밑거름을 주고, 가뭄의 피해가 없도록 관수관리를 잘했는데 꽃이 피기 시작할 때 밭 가장자리의 일부가 꽃이 피지 않고 무성히 자라고 있었다. 자라는 형태가 다른 듯 보여 농업기술센터에 문의했더니 야간에 가로등 불빛이 닿는 부분이 꽃이 피지 않고 잎이 무성해지는 것이라는 답변을 받았다. 귀농인 이정국 씨는 빛이 꽃이 피는 것을 억제할 수 있다는 것을 알게 되었다.

① 콩 ② 아주까리
③ 상추 ④ 시금치

ANSWER 10.① 11.①

10 ② **건부병** : 감자, 고구마 등의 구근류에 생기는 병으로, 괴경·괴근 등이 수분을 잃고 건조하여 약해져서 부패하는 병이다. 흐물흐물해져서 썩는 일은 없다.
③ **검은무늬병** : 잎이나 과실에 발생하며, 잎에는 작은 병무늬가 생기고 병무늬 가장자리는 담황색으로 되며 겹둥근무늬를 만들기도 한다. 과실에는 표면에 검은색 점무늬가 생기는데, 어린 열매는 딱딱해지고 쪼개지며, 성숙한 과실은 물러서 일찍 떨어진다.
④ **더뎅이병** : 더뎅이는 불규칙한 원형으로 주로 5mm 이하의 표면에서 형성되며 뿌리 부위에서 검게 썩는 병징이 나타난다. 일반적으로 3cm 이하의 크기로, 암갈색이나 검은색으로 괴사되고 균열된다.

11 제시문은 단일 식물에 대한 것이다. 단일식물은 밤의 길이가 특정한 시간보다 길어야 하는데, 밤 기간 동안 짧은 시간의 빛에 노출되면 개화가 일어나지 않는다. 벼, 옥수수, 콩 등이 단일 식물에 속한다.

12 기장의 형태에 대한 설명으로 옳은 것은?

① 줄기는 지상절의 수가 1 ~ 10마디이고, 둥글며 속이 차 있다.
② 종근은 1개이고 지표에 가까운 지상절에서는 부정근이 발생하지 않는다.
③ 종실은 영과로 소립이고 방추형이다.
④ 이삭의 지경이 대체로 짧아 조 · 피와 비슷하고 벼나 수수와는 다르다.

13 보리의 발육과정에 대한 설명으로 옳은 것은?

① 아생기 – 배유의 양분이 거의 소실되고 뿌리로부터 흡수되는 양분에 의존하는 시기
② 이유기 – 주간의 엽수가 2 ~ 2.5장인 시기로 발아 후 약 3주일에 해당하는 시기
③ 신장기 – 유수형성기 이후 이삭과 영화가 커지며 생식세포가 형성되는 시기
④ 수잉기 – 절간신장이 개시되어 출수와 개화에 이르기까지 줄기 신장이 지속되는 시기

14 작물의 수분생리작용에 대한 설명으로 옳지 않은 것은?

① 물은 작물생육에 필수원소인 수소원소의 공급원이 된다.
② 물은 작물이 필요물질을 흡수하는 데 용매 역할을 한다.
③ 작물체 내 함수량이 적어지면 용질의 농도가 높아지기 때문에 세포액의 삼투포텐셜이 높아진다.
④ 세포조직 내 물의 이동은 수분포텐셜이 평형에 도달할 때까지 이루어진다.

ANSWER 12.③ 13.② 14.③

12 ① 줄기는 지상절의 수가 10 ~ 20마디 정도이고, 둥글고 속이 비어 있다.
② 종근은 1개이고, 지표에 가까운 지상절에서는 부정근(뿌리가 아닌 조직에서 발생하는 뿌리)이 발생한다.
④ 이삭의 지경이 대체로 길어 조 · 피와 다르고 벼나 수수와는 비슷하다.

13 ①은 이유기, ③은 수잉기, ④는 신장기에 해당하는 설명이다.
- **아생기**: 싹이 나온 후 본 잎이 2매 정도 생길 때까지의 기간으로, 주로 배유의 양분에 의하여 생육하며 분얼은 발생하지 않는다.

14 작물체 내 함수량이 적어지면 용질의 농도가 높아진다. 이로 인해 삼투압은 높아진다(세포액의 삼투포텐셜이 낮아진다).

15 벼의 잎면적지수에 대한 설명으로 옳지 않은 것은?

① 단위토지면적 위에 생육하고 있는 개체군의 전체 잎면적의 배수로 표시된다.

② 잎면적지수 7은 개체군의 잎면적이 단위토지면적의 7배라는 뜻이다.

③ 최적 잎면적지수는 품종에 따라 다르다.

④ 잎면적지수는 출수기에 최댓값을 보인다.

16 다음 벼 병해 중 바이러스에 의한 병만을 모두 고르면?

㉠ 도열병	㉡ 오갈병
㉢ 줄무늬잎마름병	㉣ 흰잎마름병

① ㉠, ㉡ ② ㉠, ㉢

③ ㉡, ㉢ ④ ㉢, ㉣

17 벼 이앙 시 재식밀도에 대한 설명으로 옳지 않은 것은?

① 비옥지에서는 척박지에 비해 소식하는 것이 좋다.

② 조생품종의 경우 만생품종보다 밀식하는 것이 좋다.

③ 수중형 품종의 경우 수수형 품종에 비해 소식하는 것이 좋다.

④ 만식재배의 경우 밀식하는 것이 좋다.

ANSWER 15.④ 16.③ 17.③

15 개체군의 엽면적지수는 출수 직전에 최대가 된다.

16 바이러스로 인한 벼의 병에는 오갈병, 줄무늬잎바름병, 검은줄오갈병 등이 있다.
㉠ **도열병** : 곰팡이의 일종인 벼도열병균에 의해 나타나며, 습도가 높고 볕쬠이 적은 경우, 이삭목이나 잎이 상한 경우, 갑자기 물을 떼거나 질소비료를 많이 주는 경우에 발생한다.
㉣ **흰잎마름병** : 세균의 감염으로 발생하며, 잎 표면에 난 상처나 수공을 통해 침입한 병균이 식물의 물관에서 기생, 번식하여 잎마름 병증을 보인다. 일반적으로 습도가 높은 환경(침수답 또는 폭풍우가 내습한 후)에서 발생한다.

17 수중형 품종은 분얼발생이 적기 때문에 수수형 품종에 비해 밀식하여 이삭수를 확보하는 것이 좋다.

18 보통메밀에 대한 설명으로 옳지 않은 것은?

① 대부분 자웅예동장화(雌雄蕊同長花)이다.

② 흡비력이 강하다.

③ 루틴 함량은 개화 시 꽃에서 가장 높다.

④ 우리나라 평야지대에서는 겨울작물이나 봄작물의 후작으로 유리하다.

19 콩의 질소고정에 대한 설명으로 옳지 않은 것은?

① 콩의 뿌리는 플라보노이드를 분비하고, 이에 반응하여 뿌리혹세균의 nod 유전자가 발현된다.

② 뿌리혹의 중심부에는 여러 개의 박테로이드를 포함하고 있으며, 그 안에서 질소를 고정한다.

③ 뿌리혹박테리아는 호기성이고 식물체 내의 당분을 섭취하며 생장한다.

④ 콩은 어릴 때 질소고정량이 많으며, 개화기경부터는 질소고정량이 적어진다.

20 콩 품종의 용도에 대한 설명으로 옳은 것은?

① 나물콩 – 대표품종으로 은하콩이 있고, 종실이 커야 콩나물 수량이 많아진다.

② 장콩 – 대표품종으로 대원콩이 있고, 두부용은 수용성 단백질이 높을수록 품질이 좋아진다.

③ 기름콩 – 대표품종으로 황금콩이 있고, 우리나라에서는 지방함량이 높은 품종을 많이 개발하여 재배되고 있다.

④ 밥밑콩 – 대표품종으로 검정콩이 있고, 껍질이 두꺼워 무르지 않고 당 함량이 높아야 한다.

ANSWER 18.① 19.④ 20.②

18 메밀은 장주화(암술대가 수술보다 긴 것)와 단주화(수술이 암술대보다 긴 것)가 반반씩 생기는 이형예현상을 주로 보인다. 암술대와 수술이 비슷한 꽃인 자웅예동장화는 드물게 나타난다.

19 콩이 어릴 때는 뿌리혹이 적고 그 수효도 적어서 질소고정량이 적다. 또한 식물이 광합성을 통해 생성한 당의 분해 산물을 뿌리혹이 사용하기 때문에 오히려 생육이 억제된다. 이후 꽃이 피는 시기에 왕성하게 질소를 고정하여 콩에 공급한다. (뿌리혹은 공기 중의 질소를 식물이 이용할 수 있는 암모니아로 고정시키는 역할을 하여 질소가 부족한 토양에서도 식물이 잘 자랄 수 있도록 한다.)

20 ① 나물콩은 빛이 없는 조건에서 싹을 키우기 때문에 수량을 많이 생산할 수 있는 소립종을 주로 쓴다.
③ 기름콩은 지방함량이 높으면서 지방산 조성이 영양학적으로도 유리한 것이 좋다. 우리나라는 값싼 원료인 콩을 전량 수입 및 가공해왔기 때문에 기름용 품종이 개발되지 않았다.
④ 밥밑콩은 껍질이 얇고 물을 잘 흡수하여 잘 불러야 하며 당 함량이 높은 것이 좋다.

2020. 7. 11. 인사혁신처 시행

1 작물의 유전변이에 대한 설명으로 옳은 것은?

① 다음 세대로 유전되지 않는 일시적 변이이다.
② 유전자의 동형접합 여부는 정역교배를 통해 확인한다.
③ 방사선을 이용한 돌연변이는 대립유전자들의 재조합 효과가 크다.
④ 모본, 부본에 따라 교배변이의 정도가 다르다.

2 벼 재배 시 본답의 물 관리에 대한 설명으로 옳은 것은?

① 이앙 후 7 ~ 10일간은 1 ~ 3cm로 얇게 관개한다.
② 유효분얼기에는 6 ~ 10cm로 깊게 관개한다.
③ 무효분얼기는 물 요구도가 가장 낮은 시기이다.
④ 수잉기와 출수기에는 물이 많이 필요하지 않다.

3 쌀의 불완전미에 대한 설명으로 옳지 않은 것은?

① 동할미는 등숙기 저온과 질소 과다 시 많이 발생한다.
② 복백미는 조기재배 및 질소 추비량 과다 시 발생한다.
③ 심백미는 출수기에서 출수 후 15일 사이에 야간온도가 고온인 경우에 많이 발생한다.
④ 배백미는 고온 등숙 시 약세영화에 많이 발생한다.

ANSWER 1.④ 2.③ 3.①

1 ① 유전변이는 다음 세대로 전이된다.
② 검정교배를 통해 그 개체의 특정 대립유전자가 동형접합인지 이형접합인지 알 수 있게 된다.
③ 방사선을 이용한 돌연변이에서는 대립유전자들의 재조합 효과를 알 수 없다.

2 ① 이앙 후 7~10일간은 6~10cm로 깊게 관개해야 한다(온도 관련 및 옮겨 심을 때 모에 생기는 상처 방지 목적).
② 유효분얼기에는 1~3cm로 얕게 관개한다.
④ 수잉기, 출수기 때 물을 가장 필요로 한다.

3 수확이 늦어져서 비에 맞거나, 생벼가 급격하게 고온건조될 때에 쌀알에 금이 간 동할미가 생기기 쉽다.

4 작물의 이삭 및 화기에 대한 설명으로 옳지 않은 것은?

① 보리는 수축의 각 마디에 3개의 소수가 착생하고, 꽃에는 1개의 암술과 3개의 수술이 있다.
② 밀의 수축에는 약 20개의 마디가 있고, 각 마디에 1개의 소수가 달린다.
③ 귀리는 한 이삭에 3개의 소수가 있으며, 꽃에는 1개의 암술과 3개의 수술이 있다.
④ 벼의 수축에는 약 10개의 마디가 있고, 꽃에는 1개의 암술과 6개의 수술이 있다.

5 쌀의 이용과 가공에 대한 설명으로 옳지 않은 것은?

① 전분이 팽윤하고 점성도가 증가하여 알파전분 형태로 변하는 화학적 현상을 호화라고 한다.
② 노화된 밥이나 떡을 가열하면 물분자의 영향으로 베타전분이 다시 호화, 팽창한다.
③ 향미에서 2-acetyl-1-pyrroline(2-AP)이 가장 중요한 향 성분이다.
④ 쌀국수류 제조에는 아밀로오스 함량이 낮은 품종이 좋다.

6 감자의 재배작형에 대한 설명으로 옳지 않은 것은?

① 봄재배는 이모작 시 앞그루 작물로 주로 재배되는데 재배면적이 가장 작은 작형이다.
② 여름재배는 주로 고랭지에서 이루어지며, 재배기간이 비교적 긴 작형이다.
③ 가을재배는 봄재배에 이어 곧바로 감자를 재배해야 하므로 휴면기간이 짧은 품종을 선택해야 한다.
④ 겨울재배는 중남부지방의 경우 저온기에 감자를 파종하므로 휴면이 잘 타파된 씨감자를 사용해야 한다.

7 고구마의 괴근의 형성과 비대에 적합한 환경조건이 아닌 것은?

① 괴근비대에 적절한 토양온도는 20 ~ 30°C이고, 이 범위 내에서는 일교차가 클수록 좋다.
② 토양수분이 최대용수량의 40 ~ 45%일 때 괴근비대에 가장 적절하다.
③ 이식 직후 토양의 저온이 괴근의 형성을 유도한다.
④ 이식 시에 칼리성분은 충분하지만 질소성분은 과다하지 않아야 괴근형성에 좋다.

ANSWER 4.③ 5.④ 6.① 7.②

4 귀리는 한 이삭에 20~40개의 소수가 있으며, 꽃에는 1개의 암술과 3개의 수술이 있다.

5 쌀국수류 제조에는 아밀로오스 함량이 높은 품종이 좋다. 아밀로오스 함량이 높으면 찰기가 적어진다.

6 우리나라에서 감자 봄재배는 논에서 앞그루 작물로서 주로 재배되며, 우리나라 토지 이용 측면에서 유리한 점이 있어 총 재배면적의 60%를 차지하는 대표적 감자 작형이다.

7 토양 수분이 최대용수량의 70~75% 정도일 때 괴근비대에 가장 적절하다.

8 밀에 대한 설명으로 옳은 것만을 모두 고르면?

> ㉠ 가장 대표적인 재배종인 보통밀의 학명은 Triticum aestivum L. 이다.
> ㉡ 밀속(Triticum)에는 A · B · C · D 4종의 게놈이 있다.
> ㉢ 밀은 보리보다 심근성이어서 수분과 양분의 흡수력이 강하고 건조한 지역에서 잘 견딘다.
> ㉣ 밀 단백질 중 글루테닌과 글리아딘은 수용성이다.

① ㉠, ㉢
② ㉠, ㉣
③ ㉡, ㉢
④ ㉡, ㉣

9 콩의 생육, 개화, 결실에 미치는 온도와 일장의 영향에 대한 설명으로 옳은 것은?

① 추대두형은 한계일장이 길고 감광성이 낮은 품종군으로 늦게 개화하여 성숙한다.
② 자엽은 일장 변화에 거의 감응하지 않고, 초생엽과 정상복엽은 모두 감응도가 높다.
③ 어린 콩 식물에 고온 처리를 하면 고온버널리제이션에 의해 영양 생장이 길어지고 개화가 지연된다.
④ 개화기 이후 온도가 20°C 이하로 낮아지면 폐화가 많이 생긴다.

10 잡곡의 재배환경에 대한 설명으로 옳지 않은 것은?

① 피는 내냉성이 강하여 냉습한 기상에 잘 적응하지만, 너무 비옥한 토양에서는 도복의 우려가 있다.
② 수수는 생육 후기에 내염성이 높고, 알칼리성 토양이나 건조한 척박지에 잘 적응한다.
③ 조는 심근성으로 요수량이 많지만, 수분조절기능이 높아 한발에 강하다.
④ 옥수수는 거름에 대한 효과가 크므로 척박한 토양에서도 시비량에 따라 많은 수량을 올릴 수 있다.

ANSWER 8.① 9.④ 10.③

8 ㉡ 밀속(Triticum)에는 A · B · D · G 4종류의 게놈이 있으며, 각 게놈은 염색체가 이질적이다.
㉣ 글루테닌과 글리아딘은 불용성이다.

9 ① 추대두형은 한계일장이 짧고 감광성이 높은 품종군으로 늦게 개화하여 성숙한다.
② 자엽은 일장 변화에 거의 감응하지 않고, 초생엽은 감응도가 낮지만 정상복엽은 감응도가 높다.
③ 어린 콩 식물에 고온 처리를 하면 고온버널리제이션에 의해 영양 생장이 짧아져서 개화가 빨라진다.

10 조는 요수량이 적고 수분조절 기능이 좋아서 한발에 잘 견딘다.

11 옥수수의 출사 후 수확이 빠른 순으로 바르게 나열한 것은?

㉠ 단옥수수
㉡ 종실용 옥수수
㉢ 사일리지용 옥수수

① ㉠ → ㉡ → ㉢
② ㉠ → ㉢ → ㉡
③ ㉡ → ㉠ → ㉢
④ ㉡ → ㉢ → ㉠

12 작물의 수확 후 관리 및 품질에 대한 설명으로 옳지 않은 것은?

① 알벼의 형태로 저장할 때, 현미나 백미 형태로 저장할 때보다 저장고 면적이 많이 필요하다.
② 보리의 상온저장은 고온다습하에도 곡물의 품질이 떨어질 위험이 적다.
③ 밀가루로 빵을 만들 때에는 단백질과 부질함량이 높은 경질분이 알맞다.
④ 감자의 솔라닌 함량은 햇빛을 쬐어 녹화된 괴경의 표피 부위에서 현저하게 증가한다.

13 콩을 논에서 재배 시 고려할 점이 아닌 것은?

① 만생종 품종을 선택한다.
② 뿌리썩음병에 강한 품종을 선택한다.
③ 내습성이 강한 품종을 선택한다.
④ 내도복성이 강한 품종을 선택한다.

ANSWER 11.② 12.② 13.①

11 옥수수 종별에 따른 수확시기
㉠ 단옥수수 수확시기 : 수염이 나온 후 20~25일경(유숙기 초 · 중기)
㉡ 종실용 옥수수 : 수염이 나온 후 45~60일경(옥수수 알의 수분함량 30% 이하)
㉢ 사일리지용 옥수수 : 수염이 나온 후 35~42일경(건물함량 27~30%, 호숙기 후기 ~ 황숙기 초기)

12 보리는 상온에서 저장하기도 하는데 이때에는 건조하여 저장한다. 또, 서늘한 곳에 저장(저온 저장)해야 변질과 충해가 없다.

13 밭작물인 콩을 논에서 재배하는 경우에 논 환경에서 잘 적응하기 위해 내습성이 강한 품종을 선택해야 한다. 또 뿌리가 항상 물에 젖어 있으므로 뿌리썩음병에도 강해야 한다. 논 재배 시, 무기양분을 공급받는 시간이 밭 재배 시보다 길어 비료를 과다 공급받게 되므로 원래보다 줄기가 크게 성장하므로 내도복성이 강한 품종이어야 한다.

14 우리나라 논토양의 개량방법과 시비법에 대한 설명으로 옳은 것은?

① 사질답은 점토질토양으로 객토를 하고 녹비작물을 재배하여 토양을 개량한다.
② 습답은 토양개량제와 미숙유기물을 충분히 주고 질소, 인산, 칼리를 증시한다.
③ 염해답은 관개수를 자주 공급하여 제염하고, 석고시용은 제염효과를 떨어뜨린다.
④ 노후화답은 생짚과 함께 토양개량제와 황산근 비료로 심층시비 한다.

15 벼 품종 중 화진벼를 육성한 반수체 육종방법에 대한 설명으로 옳은 것은?

① 감마선 조사를 통해 인위적으로 변이를 일으킨다.
② 조합능력이 높은 양친을 골라 1대잡종품종을 생산한다.
③ 교배육종보다 순계의 선발기간이 길고 육종연한이 오래 걸린다.
④ 이형접합체(F_1)로부터 얻은 화분(n)의 염색체를 배가시킨다.

16 벼의 광합성에 대한 설명으로 옳지 않은 것은?

① 군락상태로 있을 때, 상위엽은 크기가 작고 두꺼우며 직립되어 있으면 전체적으로 수광에 유리해진다.
② 18°C 이하의 온도에서는 광합성이 현저히 떨어지고, 광도가 낮아지면 온도가 높은 조건이 유리하다.
③ 정상적인 광합성 능력을 유지하려면 잎이 질소 2.0%, 인산 0.5%, 마그네슘 0.3%, 석회 2.0% 이상 함유해야 한다.
④ 이산화탄소 농도 2,000ppm이 넘으면 광합성이 더 이상 증가하지 않는다.

ANSWER 14.① 15.④ 16.①

14 사질답은 많은 모래 함량으로 양분 보유력이 약하고 양분의 용탈이 많아 객토작업을 통해 토지를 개량해야 한다.
② 습답에 미숙유기물을 줄 경우 산소가 더욱 부족해지며, 분해과정에서 산성물질이 발생한다. 습답은 속도랑 배수, 객토, 시비법 조절 등으로 개량하여야 한다.
③ 염해답은 관개수를 자주 공급하거나, 석고 · 석회 등의 토양개량제를 사용하여 제염해야 한다.
④ 황산근 비료는 철분이 적은 노후화된 논에서는 황화 수소로 변하여 뿌리에 장해를 준다.

15 ① 돌연변이 육종에 대한 설명이다.
② 1대 잡종육종에 대한 설명이다.
③ 반수체 육종방법은 육종연한을 대폭 줄일 수 있다는 장점이 있다. 따라서 순계의 선발기간이 매우 짧다.

16 군락상태로 있을 때, 상위엽은 크기가 작고 두껍지 않다. 또 직립되어 중첩되지 않고 균일하게 배치되어 있을 때 아래까지 햇빛을 받을 수 있어 전체적으로 수광에 유리하다.

17 **벼 뿌리의 양분 흡수에 대한 설명으로 옳지 않은 것은?**

① 질소와 인의 1일 흡수량이 최대가 되는 시기는 포기당 새 뿌리수가 가장 많을 때이다.

② 철의 1일 흡수량이 최대가 되는 시기는 유수형성기이다.

③ 규소와 망간의 1일 흡수량이 최대가 되는 시기는 출수 직전이다.

④ 마그네슘은 새 뿌리보다 묵은 뿌리에서 더 많이 흡수된다.

18 **콩과작물의 수확적기에 대한 설명으로 옳지 않은 것은?**

① 콩은 잎이 황변, 탈락하고 꼬투리와 종실이 단단해진 시기에 수확하는 것이 좋다.

② 팥은 잎이 황변하여 탈락하지 않더라도 꼬투리가 황백색 또는 갈색으로 변하고 건조하면 수확하는 것이 좋다.

③ 녹두는 상위 꼬투리로부터 흑갈색으로 변하면서 성숙해 내려가므로 몇 차례에 걸쳐 수확하면 소출이 많다.

④ 강낭콩은 꼬투리의 70~80%가 황변하고 마르기 시작할 때 수확하는 것이 좋다.

ANSWER 17.② 18.③

17 철의 1일 흡수량이 최대가 되는 시기는 출수 전 10~20일경이다.

18 녹두는 하위 꼬투리로부터 흑갈색으로 변하면서 성숙해 올라가므로 몇 차례에 걸쳐 수확해야 소출이 많고, 품실도 좋다.

19 다음은 벼 생육과정과 수량의 생성과정에 대한 그림이다. 이에 대한 설명으로 옳지 않은 것은?

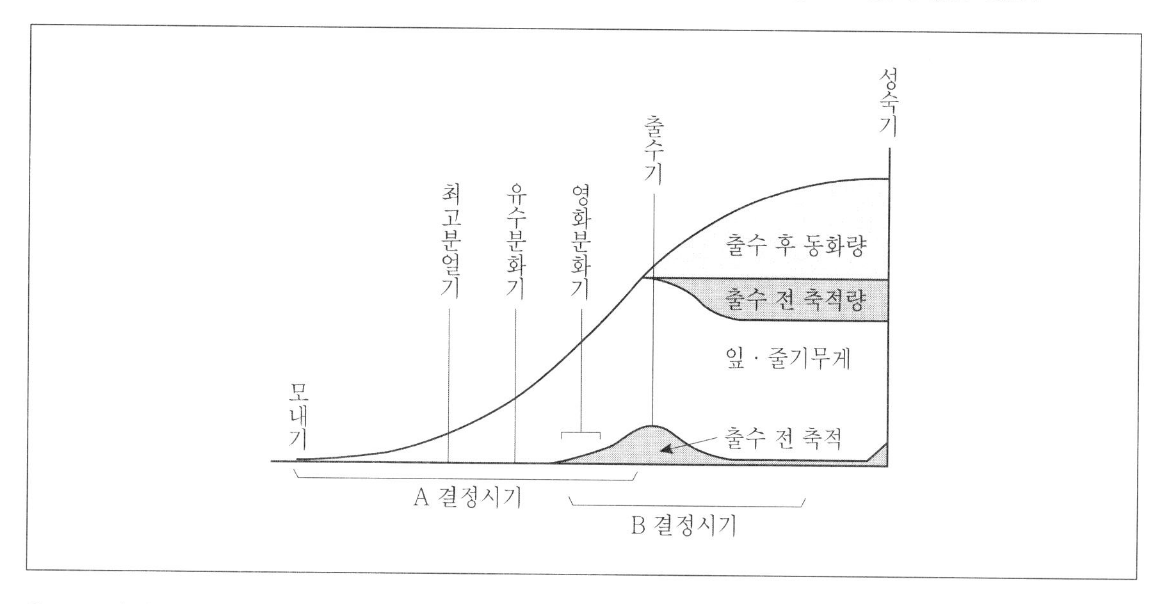

① A는 단위면적당 이삭수와 이삭당 영화수 그리고 왕겨용적의 곱으로 정해진다.
② B는 물질생산체제와 물질생산량 및 이삭전류량 등과 관련이 있다.
③ 출수 전 축적량과 출수 후 동화량을 합한 것이 벼 수량이다.
④ 벼의 식물체 내 물질전류에 있어 최적 평균기온은 30°C이다.

20 맥류 작물에서 출수와 관련 있는 성질에 대한 설명으로 옳지 않은 것은?

① 맥류의 출수에 대한 감온성의 관여도는 매우 낮거나 거의 없다.
② 밀의 포장출수기는 파성 · 단일반응 · 내한성과 정의 상관이 있다.
③ 보리의 포장출수기는 단일반응 · 협의의 조만성과 정의 상관이 있다.
④ 춘화된 식물체는 춘 · 추파성과 관계없이 고온 · 장일조건에서 출수가 빨라진다.

ANSWER 19.④ 20.②

19 • A 결정시기 : 벼의 물질수용능력 결정시기
• B 결정시기 : 벼의 물질생산능력 결정시기
④ 벼의 식물체 내 물질전류에 있어 최적 평균기온은 21~22°C이다.

20 밀의 포장출수기는 파성 · 단일반응에 대해서는 정의 상관이 있지만, 내한성과는 부의 상관관계에 있다. 내한성이 높으면 추위에 잘 견디므로 포장출수기가 늦어지기 때문이다.

식용작물 | 2021. 4. 17. 인사혁신처 시행

1 옥수수의 복교잡종에 대한 설명으로 옳은 것은?

① 교잡방법은 (A×B)×C이다.
② 채종량이 적다.
③ 종자의 균일성이 높다.
④ 채종작업이 복잡하다.

2 호밀의 결곡성에 대한 설명으로 옳지 않은 것은?

① 호밀에 나타나는 불임현상을 말한다.
② 직접적인 원인은 양수분의 부족이다.
③ 결곡성은 유전된다.
④ 염색체의 이상으로 발생되기도 한다.

3 유관속초세포가 매우 발달하여 광합성 효율이 높으며 광호흡이 낮은 작물은?

① 벼　　② 콩
③ 옥수수　　④ 감자

ANSWER 1.④ 2.② 3.③

1 ④ 복교잡종은 단교잡종보다 일반적으로 생산력이 떨어지고 채종 작업이 복잡하다.
① 3계교잡 ②③ 단교잡

2 ② 결곡성의 직접적인 원인은 미수분이다.

3 C_4 식물은 CO_2를 농축하여 광호흡을 억제한다. 또한, CO_2의 공급은 낮은 농도에서도 유지되므로, 광 수확으로부터의 에너지 저하가 항상 존재하므로, 광 시스템의 손상이 방지된다. 따라서 광호흡이 필요하지 않다. C_4 경로는 옥수수, 사탕수수, 바랭이 등과 같은 일부 외떡잎 식물에서 볼 수 있는 광합성 경로로 강한 햇빛과 높은 온도의 환경 조건에서 최적의 광합성 효율을 가진다.

4 다음은 작물과 그에 대한 내용을 정리한 것이다. ㉠과 ㉡에 해당하는 작물은?

작물명	학명	개화 유도 일장	품종
㉠	*Solanum tuberosum*	장일	남작, 하령
㉡	*Ipomoea batatas*	단일	황미, 신미

	㉠	㉡
①	고구마	감자
②	감자	고구마
③	감자	땅콩
④	고구마	땅콩

5 보리의 까락에 대한 설명으로 옳지 않은 것은?

① 길수록 광합성량이 많아져 건물생산에 유리하다.
② 제거하면 천립중이 증가한다.
③ 삼차망으로 변형될 수도 있다.
④ 흔적만 있는 무망종도 있다.

6 작물을 용도에 따라 분류할 때 협채류(莢菜類)에 해당하는 것은?

① 벼　　② 귀리
③ 완두　　④ 고구마

ANSWER 4.② 5.② 6.③

4 ② 감자의 학명은 '*Solanum tuberosum*'이고, 고구마의 학명은 '*Ipomoea batatas*'이다.

5 ② 제거하면 천립중이 감소한다.

6 ③ 협채류는 미숙한 콩깍지를 통째로 이용하는 채소로 완두, 강낭콩, 동부 등이 있다.

7 **밭작물의 생리 · 생태적 특성에 대한 설명으로 옳은 것은?**

① 콩은 자연에서 일장감응이 거의 일어나지 않는다.
② 보리는 고온에서 등숙기간이 길어진다.
③ 호밀은 내동성(耐凍性)이 약한 작물이다.
④ 옥수수는 장일조건에서 출수가 촉진된다.

8 **완두에 대한 설명으로 옳은 것은?**

① 완두의 학명은 *Vigna unguiculata*이다.
② 서늘한 기후를 좋아하고 강산성토양에 약하다.
③ 기지현상이 적어 널리 재배되고 있다.
④ 주성분은 당질이고, 단백질과 지질도 풍부하다.

9 **율무에 대한 설명으로 옳지 않은 것은?**

① 꽃은 암 · 수로 구분되며, 대부분 타가수분을 한다.
② 자양강장제, 건위제 등의 약용으로 이용된다.
③ 출수는 줄기 윗부분의 이삭으로부터 시작한다.
④ 보통 이랑은 30cm, 포기사이는 10~30cm로 심는다.

ANSWER 7.① 8.② 9.④

7 ② 보리는 고온에서 등숙기간이 짧아진다.
③ 호밀은 내동성(耐凍性)이 강한 작물이다.
④ 옥수수는 단일조건에서 출수가 촉진된다.

8 ① 완두의 학명은 *Pisum sativum*이다.
③ 기지현상이 심하여 널리 재배되지 못하고, 각 농가에서 소규모로 재배되는 경우가 많다.
④ 주성분은 당질이며, 단백질은 풍부하지만 지질은 적다.

9 ④ 보통 이랑은 60cm, 포기 사이 10cm 정도에 1본으로 하거나, 포기 사이 20cm에 2본으로 한다.

10 벼의 발아에 대한 설명으로 옳은 것은?

① 발아하려면 건물중의 60% 이상의 수분을 흡수해야 한다.

② 산소의 농도가 낮은 조건에서는 발아하지 못한다.

③ 암흑상태에서 중배축의 신장은 온대자포니카형이 인디카형보다 대체로 짧다.

④ 발아온도는 품종에 따라 차이가 있지만, 일반적으로 최적온도는 20~25℃이다.

11 다음 조건에서 10a당 콩의 개체 수는?

- 이랑과 포기사이를 각각 50cm와 20cm 간격의 재식밀도로 한 알씩 밭에 심었다.
- 최종적으로 싹이 올라온 콩의 비율이 80%이다.

① 8,000　　② 9,000

③ 80,000　　④ 90,000

ANSWER 10.③ 11.①

10 ① 발아하려면 건물중의 30~35%의 수분을 흡수해야 한다.
② 산소의 농도가 낮은 조건에서도 무기호흡에 의해 80% 발아한다.
④ 발아온도는 품종에 따라 차이가 있지만, 일반적으로 최적온도는 30~32℃이다.

11 콩 한 알 면적 : $0.5 \times 0.2 = 0.1(m^2)$
$10a = 1,000m^2$
10a에 심어진 콩 : $1,000 \div 0.1 = 10,000$
$10,000 \times 0.8 = 8,000$

12 벼 재배 시 애멸구가 매개하는 병해로만 묶은 것은?

㉠ 줄무늬잎마름병 ㉡ 깨씨무늬병 ㉢ 잎집무늬마름병 ㉣ 검은줄오갈병

① ㉠, ㉡
② ㉠, ㉣
③ ㉡, ㉢
④ ㉢, ㉣

13 논토양에 대한 설명으로 옳지 않은 것은?

① 논토양은 담수 후 상층부의 산화층과 하층부의 환원층으로 토층분화가 일어난다.
② 미숙논은 투수력이 낮고 치밀한 조직을 가진 토양으로 양분 함량이 낮다.
③ 염해논에 석고 · 석회를 시용하면 제염 효과가 떨어진다.
④ 논토양의 지력증진 방법에는 유기물 시용, 객토, 심경, 규산 시비 등이 있다.

ANSWER 12.② 13.③

12 애멸구는 현재까지 국내에서 벼에 줄무늬잎마름병(縞葉枯病), 검은줄오갈병(黑條萎縮病), 옥수수에 검은줄오갈병, 보리에 북지모자익병을 매개하는 것으로 알려졌다.
㉡㉢ : 곰팡이병

13 ③ 염분농도가 높고 유기물이 적은 논은 볏짚, 석고 또는 퇴비를 시용하거나 객토를 하면 방심이 높아지고 제염효과도 크다.

14 감자의 형태에 대한 설명으로 옳은 것은?

① 괴경에서 발아할 때는 땅속줄기에서 섬유상의 측근이 발생하지 않는다.

② 괴경에는 많은 눈이 있는데, 특히 정단부보다 기부에서 많다.

③ 꽃송이는 줄기의 중간에 달리고 꽃은 5개의 수술과 1개의 암술로 구성되어 있다.

④ 과실은 장과이며 종자는 토마토의 종자와 모양이 비슷하다.

15 산성토양에 대한 적응성이 강한 순서대로 바르게 나열한 것은?

① 귀리 > 밀 > 보리

② 밀 > 보리 > 귀리

③ 보리 > 귀리 > 밀

④ 밀 > 귀리 > 보리

16 다음 도정 과정에서 벼의 제현율[%]은?

- 정선기로 정선한 벼 시료 1.0kg을 현미기로 탈부한 후 1.6mm 줄체로 쳐서 분리했을 때, 현미가 800g 이고, 설미가 100g이었다.
- 백미를 1.4mm 줄체로 쳐서 체를 통과한 쇄미가 70g이었다.

① 10

② 17

③ 80

④ 90

ANSWER 14.④ 15.① 16.③

14 ① 괴경에서 발아할 때는 줄기에서 섬유상의 측근만이 발생한다.
② 괴경에는 많은 눈이 있는데, 기부보다 정부에 많다.
③ 꽃송이는 줄기의 끝에 달리고 꽃은 5개의 수술과 1개의 암술로 구성되어 있다.

15 ① 산성토양에 대한 적응성이 강한 순서는 귀리 > 밀 > 보리 순이다.
※ 맥류의 생육에 가장 알맞은 토양의 pH
㉠ 보리 7.0~7.8
㉡ 밀 6.0~7.0
㉢ 호밀 5.0~6.0
㉣ 귀리 5.0~8.0

16 '제현율'이란 벼를 현미로 만들었을 때 비율을 말한다. 따라서 벼에서 현미가 되는 비율은 80%이다.

17 콩의 발육시기 약호와 발육 상태의 설명을 바르게 연결한 것은?

	발육시기 약호	발육 상태
①	V_3	제3복엽까지 완전히 잎이 전개되었을 때
②	VE	초생엽이 완전히 전개되었을 때
③	R_8	95%의 꼬투리가 성숙기의 품종 고유색깔을 나타내었을 때
④	R_6	완전히 전개엽을 착생한 최상위 2마디 중 1마디에서 개화했을 때

ANSWER 17.③

17 콩의 생육단계표시(Fohr and Carviness, 1977)

기호	생육단계	생육상태/소요일수
		영양생장
VE	발아	떡잎이 토양표면으로 출현 / 5일
VC	초생엽출엽	초생엽이 전개된 상태
VI	제1본엽전개	제1본엽이 전개된 상태
V2	제2본엽전개	주경에 제2본엽이 전개된 상태
V3	제3본엽전개	주경에 제3본엽이 전개된 상태
⋮		
V(n)	제n본엽전개	제n본엽이 완전히 전개되었을 때
		생식생장
R1	개화시작	원줄기상에 꽃이 피었을때
R2	개화시	원줄기상 상위 두마디중 한마디에서 꽃이 완전 전개 된 때
R3	착협기	원줄기 상위4마디중 한마디에서 꼬투리가 5mm에 달한 때
R4	협비대기	원줄기 상위4마디중 한마디에서 꼬투리가 2cm에 달한 때
R5	입비대시	원줄기 상위4마디중 한마디에서 꼬투리에서 종실이 3mm에 달한 때
R6	입비대성기	원줄기 상위4마디중 한마디에서 꼬투리가 푸른콩으로 충만된 때
R7	성숙시	원줄기에 착생한 정상꼬투리의 하나가 고유의 성숙된 꼬투리색을 나타낸 때
R8	성숙	95%의 꼬투리가 고유의 성숙된 꼬투리색을 나타낸 때

18 여교배 육종으로 개발된 품종은?

① 화성벼
② 통일찰벼
③ 새추청벼
④ 백진주벼

19 제초제로 사용되는 식물생장조절물질인 2, 4-D, MCPA 등의 주요 활성 호르몬은?

① Auxin
② Gibberellin
③ Cytokinin
④ ABA

20 벼의 화기 구성요소 중 발생학적으로 꽃잎에 해당하는 것은?

① 호영(護穎)
② 주심(珠心)
③ 내영(內穎)
④ 인피(鱗被

ANSWER 18.② 19.① 20.④

18 ② 여교배 육종은 우량 품종이 갖는 한두 가지 결점을 개량하는 데 효과적으로, 통일찰 품종은 여교배에 의해 육성된 예이다.

19 식물생장조절제의 종류

구분		종류
옥신류	천연	IAA, IAN, PAA
	합성	NAA, IBA, 2,4-D, 3,4,5-T, PCPA, MCPA, BNOA
지베렐린류	천연	GA_2, GA_3, GA_{4+7}, GA_{55}
시토키닌류	천연	제아틴(Zeatin), IPA
	합성	키네틴(Kinetin), BA
에틸렌	천연	C_2H_4
	합성	에세폰
생장억제제	천연	ABA, 페놀
	합성	CCC, B-9, phosphon-D, AMO-1618, MH-30

20 ④ 인피는 발생학적으로 꽃덮개 또는 꽃잎에 해당한다.

식용작물 | 2021. 6. 5. 제1회 지방직 시행

1 벼에서 수잉기의 과번무가 생장에 미치는 영향으로 옳지 않은 것은?

① 건물생산이 적어진다.
② 도복이 쉽게 일어난다.
③ 뿌리의 기능이 저하된다.
④ 줄기에서 C/N율이 높아진다.

2 실온에 저장한 작물 종자의 수명이 가장 긴 것은?

① 땅콩
② 메밀
③ 벼
④ 옥수수

ANSWER 1.④ 2.③

1 ④ N을 과다 사용하면 과번무하고 잎수도 증가하며, N량의 과다는 C/N율을 낮춘다.

2 ①②④ 단명종자(1~2년) ③ 상명종자(3~5년)

※ 종자의 수명

구분	단명종자(1~2년)	상명종자(3~5년)	장명종자(5년 이상)
농작물류	콩, 땅콩, 목화, 옥수수, 해바라기, 메밀, 기장	벼, 밀, 보리, 완두, 페스큐, 귀리, 유채, 켄터키블루그래스, 목화	클로버, 앨팰퍼, 사탕무, 베치
채소류	강낭콩, 상추, 파, 양파, 고추, 당근	배추, 양배추, 방울다다기양배추, 꽃양배추, 멜론, 시금치, 무, 호박, 우엉	비트, 토마토, 가지, 수박
화훼류	베고니아, 팬지, 스타티스, 일일초, [illegible]	알리섬, 카네이션, 시클라멘, 색비름, 피튜니아, 공작초	접시꽃, 나팔꽃, 스토크, 백일홍, 데이지

3 자식성 작물에서 한 쌍의 대립유전자에 대한 이형접합체(F_1, Aa)를 자식하면 F_2의 동형접합체와 이형접합체의 비율은?

① 1 : 1
② 1 : 2
③ 2 : 1
④ 3 : 1

4 다음에서 설명하는 수확 후 관리기술은?

> • 수분 함량이 높은 작물(감자 등)은 수확 작업 중 발생한 상처를 치유해야 안전저장이 가능하다.
> • 수확물의 상처에 유상조직인 코르크층을 발달시켜 병균의 침입을 방지하는 조치이다.

① CA저장
② 예냉
③ 큐어링
④ 상온통풍건조

5 불완전미에 대한 설명으로 옳지 않은 것은?

① 동절미는 쌀알 중앙부가 잘록한 쌀로 등숙기 저온, 질소 과다, 인산 및 칼리 결핍이 원인이다.
② 청미는 과피에 엽록소가 남아있는 쌀로 약세영화, 다비재배, 도복이 발생했을 때 많아진다.
③ 다미는 태풍으로 생긴 상처부로 균이 침입하여 색소가 생긴 쌀로 도정하면 쉽게 제거할 수 있다.
④ 동할미는 내부에 금이 간 쌀로 급속건조, 고온건조 시 발생한다.

ANSWER 3.① 4.③ 5.③

3 Aa를 자식하면 동형접합체 AA, aa와 이형접합체 2Aa가 전개되므로 동형접합체와 이형접합체의 비율은 1 : 1이다.

4 ③ 농산물의 상처를 아물게 하는 기술(마늘, 양파, 고구마, 감자 등)
① 저장고 안의 온·습도 및 산소와 이산화탄소의 농도를 정밀하게 제어해 농산물의 호흡을 지연시켜 품질변화를 최소화하는 저장기술
② 수확한 농산물의 품온을 빠른 시간 내 냉각시켜 신선도를 유지하는 기술
④ 상온의 공기 또는 약간 가열한 공기를 곡물 층에 통풍하여 낮은 온도에서 서서히 건조하므로써 건조로 인한 품질저하를 최소화하고 건조에 소요되는 에너지를 절약하는 동시에 식미를 최고로 유지할 수 있는 건조방법

5 ③ 다미는 수미라고도 한다. 현미가 다갈색의 반점이 있다. 태풍으로 생긴 벼알의 상처부로 균이 침입하여 과피에서 번식하여 횡세포에 색소가 생긴 것으로 현미의 발달이 불량하고 도정해도 탈색이 쉽지 않다.

6 **인공교배하여 F_1을 만들고 F_2부터 매 세대 개체선발과 계통재배 및 계통선발을 반복하면서 우량한 유전자형의 순계를 육성하는 육종법은?**

① 계통육종
② 순계선발
③ 순환선발
④ 집단육종

7 **맥류의 추파성 제거에 대한 설명으로 옳지 않은 것은?**

① 추파성 품종을 가을에 파종하면 월동 중의 저온단일조건에 의하여 추파성이 제거된다.
② 추파성의 제거에 필요한 월동기간은 추파성이 높을수록 짧아진다.
③ 춘화처리는 추파형 종자를 최아시켜서 일정기간 저온에 처리하여 추파성을 제거하는 것이다.
④ 추파형 호밀의 춘화처리 적정온도는 1~7°C의 범위이다.

8 **찰옥수수에 대한 설명으로 옳지 않은 것은?**

① 우리나라 재래종은 황색찰옥수수가 가장 많다.
② 전분의 대부분은 아밀로펙틴으로 구성되어 있다.
③ 요오드화칼륨을 처리하면 전분이 적색 찰반응을 나타낸다.
④ 종자가 불투명하며 대체로 우윳빛을 띤다.

ANSWER 6.① 7.② 8.①

6 ① 잡종의 초기 세대로부터 우량개체를 선발하여 그 다음 세대를 계통으로 양성하고 후대 검정하는 육종방법이다. 목표로 하는 형질에 관여하는 유전자 수가 적고 그 형질의 유전적 가치의 판정이 용이할 때에는 육종효과가 매우 효과적이고 신속하나, 다수의 유전자가 관여하는 형질에서는 우량개체를 상실할 위험이 있다.
② 재래종으로부터 기본집단을 만들고 우량유전자형의 동형접합체를 선발
③ 검정교배에 의한 우량계통선발과 상호교배를 반복하는 방법
④ 자식성 식물에 적용되는 교잡육종의 하나로 잡종의 초기세대에 있어서는 개체선발을 하지 않고 집단으로서 양성하고, 후기세대에 가서 개체선발과 계통양성을 한다. 수량 등 양적형질의 육종에 대해서 유효하다.

7 ② 추파성의 제거에 필요한 월동기간은 추파성이 높을수록 길어진다.

8 ① 우리나라 재래종은 백색찰옥수수가 가장 많다.

9 다음에서 설명하는 옥수수 보급종 생산방식은?

- 우리나라에서 많이 이용되고 있는 교잡유형으로 작물체 및 이삭이 매우 균일하다.
- 잡종 1세대에서 나타나는 잡종강세 현상이 다른 교잡유형에 비하여 크다.
- 종자친 2열마다 화분친 1열씩 파종하여 생산한다.

① 다계교잡종
② 단교잡종
③ 복교잡종
④ 삼계교잡종

10 감자의 용도에 대한 설명으로 옳지 않은 것은?

① 감자품종 중 홍영, 자심 등은 샐러드나 생즙용으로 이용이 가능하다.
② 감자칩용 품종은 모양이 원형이어야 하고 저장온도는 7~10℃가 좋다.
③ 가공용 품종은 건물 함량이 낮고 환원당 함량이 높아야 한다.
④ 적색과 보라색 감자는 안토시아닌 색소 성분이 있어 항산화 기능성이 높다.

ANSWER 9.② 10.③

9 ② 단교잡종은 두 개의 자식계통(A×B) 간 교잡에 의해서 이뤄진다. 다른 교잡에 비해 수량이 많고 품종 개발이 쉬워 육성된 품종이 많다. 단교잡종은 식물 개체 간의 균일도가 높기 때문에 상품화와 기계화 재배에 유리하다. 그러나 F_1 종자가 생산되는 종자친이 생산력이 낮은 자식계통으로, 채종량이 적은 탓에 종자 값이 비싸며 유전자도 적은 수가 관여하고 있어 어떤 재해에 대해서 견딜 확률이 떨어질 수 있다.

① 다계교잡은 [(A×B)×(C×D)]×[(E×F)×(G×H)] 또는 그보다 많은 계통을 교잡하는 방법이다.

③ (A×B)×(C×D)와 같이 4개의 자식계통 간에 교잡된 종이다. 생육이 왕성한 단교 잡종 식물체에서 종자를 생산하고 꽃가루 발생도 많아, 종자 생산에서는 어느 교잡종보다 채종량이 많다. 그러나 단교잡종에 비해 균일성과 수량성이 떨어지고 단교잡종의 채종 기술도 크게 발달하여, 현재는 많이 이용되지 않는다.

④ (A×B)×C의 3개의 자식계통 간에 교잡된 종이다. 종자가 생산되는 종자친이 단교잡종으로 채종량이 많기 때문에 단교잡종보다 종자 생산비가 싸고, 복교잡종보다는 비싸다. 식물체 간의 균일도나 수량은 복교잡종보다 높아 많이 이용되고 있다. 개발된 우리나라 품종으로는 횡성옥, 진주옥 등이 있다.

10 ③ 가공용 품종은 건물 함량이 높고 환원당 함량이 낮아야 한다.

11 콩과작물의 근류균에 대한 설명으로 옳지 않은 것은?

① 뿌리혹 속의 박테로이드 세포 내에서 공중질소 고정이 일어난다.
② 근류균은 토양 중에 질산염이 적은 조건에서 질소고정이 왕성하다.
③ 근류균은 호기성 세균의 특성을 가지고 있다.
④ 팥은 콩보다 근류균의 착생과 공중질소의 고정이 더 잘 일어난다.

12 고구마의 괴근 비대를 촉진하는 조건으로 옳지 않은 것은?

① 칼리질 비료를 시용하면 좋다.
② 장일조건이 유리하다.
③ 토양수분은 최대용수량의 70~75°%가 좋다.
④ 토양온도는 20~30℃가 알맞지만 변온이 비대를 촉진한다.

13 귀리의 재배적 특성으로 옳지 않은 것은?

① 내동성이 약하다.
② 내건성이 약하다.
③ 냉습한 기후에 잘 적응한다.
④ 토양적응성이 낮아 산성토양에 약하다.

ANSWER 11.④ 12.② 13.④

11 ④ 팥은 뿌리의 형태는 콩의 뿌리와 비슷하지만 선단이 다른 두류보다 많이 분지하는 경향이 있고 뿌리혹의 착생과 공중질소의 고정은 콩의 경우보다 떨어진다.

12 ② 저온단일 조건이 유리하다.

※ 괴근비대에 관여하는 조건

㉠ **토양온도** : 20~30℃가 가장 알맞지만 주야간 온도교차가 많을 때 괴근의 비대를 촉진한다.
㉡ **토양수분** : 최대용수량의 70~75%가 가장 알맞으며 토양통기가 양호하여야 한다.
㉢ **토양산도** : pH 4~8의 범위에서는 크게 영향을 받지 않고 고구마 생육에 지장이 없다. 고구마는 토양이 산성이나 중성토양에서 잘 자라므로 석회시용은 할 필요가 없다.
㉣ **일조** : 토양수분이 충분하면 일조가 많을수록 좋다. 일장은 10시간 50분~11시간 50분의 단일조건이 괴근비대에 좋다.
㉤ **비료성분** : 칼리질비료의 효과가 크고 질소질비료 과용은 지상부만 번무시키고 괴근의 형성 및 비대에는 불리하다.

13 ④ 토양적응성이 높아 산성토양에 강하다. 귀리는 화본과 식물로서 저당분, 고영양가, 고에너지 식품이다. 귀리는 성미감평, 익비양심, 염한 작용이 있으므로 체허자한, 도한이나 폐결핵 환자에게 탕약으로 복용할 수 있다. 귀리는 내한성, 내건성이 뛰어나 토양에 대한 적응력이 매우 강하며 자파에 의해 번식된다.

14 벼에서 유기농산물로 인증받기 위해 많이 사용하는 병해충 방제제로 옳은 것은?

① 깻묵 ② 보르도액
③ 쌀겨 ④ 베노람수화제

15 벼의 품종에 대한 설명으로 옳지 않은 것은?

① 비바람에 잘 쓰러지면 내도복성이 높은 품종이다.
② 온도와 일장으로 결정되는 생육 일수가 짧은 것은 조생종이다.
③ 저온에 피해를 입지 않고 잘 견디면 내냉성이 높은 품종이다.
④ 특정 병에 대한 저항성이 있으면 내병성이 높은 품종이다.

16 잡종강세육종법에 대한 설명으로 옳지 않은 것은?

① 다양한 교배친들 간의 조합능력 검정이 필요하다.
② 두 교배친의 우성대립인자들이 발현하여 우수형질을 보인다.
③ 옥수수, 수수 등에 이어서 벼에도 적용되고 있다.
④ 자식성 작물이 타식성 작물에 비해 잡종강세 효과가 크다.

ANSWER 14.② 15.① 16.④

14 병해충 관리를 위한 유기농산물 허용물질 : 보르도액, 제충국추출물, 해수 및 천일염, 목초액, 밀납, 인지질, 카제인, 생석회 및 소석회

15 ① 비바람에 잘 쓰러지면 내도복성(쓰러짐에 견디는 특성)이 낮은 품종이다.

16 ④ 타식성 작물이 자식성 작물에 비해 잡종강세 효과가 크다.

※ 잡종강세육종법
잡종강세육종법은 잡종강세가 왕성하게 나타나는 F_1 자체를 품종으로 이용한다. 잡종자손의 형질이 부모보다 우수하게 나타나는 현상 이용을 이용한 것이다.

※ 잡종강세 이용의 구비조건
㉠ 1회의 교잡에 의해서 많은 종자를 생산할 수 있어야 한다.
㉡ 교잡 조작이 용이하여야 한다.
㉢ 단위 면적당 재배에서 요하는 종자량이 적어야 한다.
㉣ F_1을 재배하는 이익이 F_1을 생산하는 경비보다 커야 한다.

17 **콩의 개화에 대한 설명으로 옳은 것은?**

① 만생종은 상대적으로 감온성이 크다.
② 콩의 한계일장은 12시간이다.
③ 한계일장이 초과되면 개화가 촉진된다.
④ 한계일장 이하에서 개화가 촉진된다.

18 **벼의 생육상이 전환되는 유수분화기에 대한 설명으로 옳지 않은 것은?**

① 엽령지수가 80~83 정도이다.
② 이삭목 마디의 분화가 시작된다.
③ 주간의 출엽속도가 8일 정도로 늦어진다.
④ 주간 상위 마디의 절간이 신장된다.

19 **두류에 대한 설명으로 옳지 않은 것은?**

① 동부는 고온에서도 잘 견딘다.
② 완두는 서늘한 기후에서 잘 자란다.
③ 녹두의 주성분은 당질이고 지질함량도 20%로 높다.
④ 땅콩의 주성분은 지질로 43~45%가 함유되어 있고 단백질 함량도 높다.

ANSWER 17.④ 18.① 19.③

17 ① 조생종은 상대적으로 감온성이 크다.
② 콩의 한계 일장은 조생종은 11~13시간, 중생종은 10~12시간, 만생종은 8~10시간 이하이다.
③ 한계일장이 부족하면 개화가 촉진된다.

18 ① 유수분화기에 엽령지수는 76~78 정도이며, 영화분화시기는 87이다.

19 ③ 녹두의 주성분은 당질이고 지질함량도 0.7%로 낮다.

20 그림의 ㈎~㈑에 들어갈 벼의 재배형으로 옳은 것은?

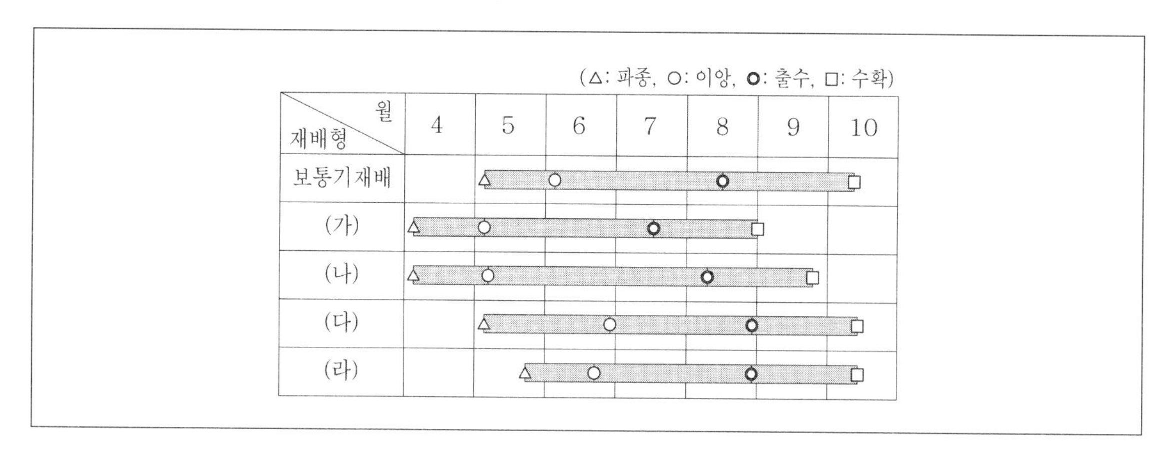

	㈎	㈏	㈐	㈑
①	조기재배	조식재배	만식재배	만기재배
②	조식재배	조기재배	만식재배	만기재배
③	조기재배	조식재배	만기재배	만식재배
④	조식재배	조기재배	만기재배	만식재배

ANSWER 20.①

20 ㈎ 조기재배 : 조파 – 조식 – 조기수확
㈏ 조식재배 : 조파 – 조식 – 적기수확
㈐ 만식재배 : 적파 – 만식 – 적기수확
㈑ 만기재배 : 만파 – 만식 – 적기수확

식용작물 | 2022. 4. 2. 인사혁신처 시행

1 보리의 도복 대책으로 옳지 않은 것은?

① 키가 작고 대가 충실한 품종을 선택한다.
② 다소 깊게 파종하여 중경을 발생시킨다.
③ 이른 추비를 통해 하위절간 신장을 증대시킨다.
④ 흙넣기와 북주기를 실시한다.

2 콩에 대한 설명으로 옳은 것은?

① 낙화율은 소립품종에서 높고, 늦게 개화된 꽃이 낙화하기 쉽다.
② 감온성이 낮은 추대두형은 북부지방이나 산간지역에서 주로 재배된다.
③ 밀식적응성 품종은 어느 정도 키가 크고 주경의존도가 크다.
④ 고온에 의한 종실발달 촉진정도는 종실발달 전기의 영향이 후기의 영향보다 크다.

3 완두와 콩의 학명으로 옳게 묶인 것은?

① Pisum sativum, Glycine max
② Pisum sativum, Arachis hypogaea
③ Vigna radiata, Arachis hypogaea
④ Vigna radiata, Glycine max

ANSWER 1.③ 2.③ 3.①

1 ③ 질소 추비를 너무 이른 시기에 하면 하위절간의 신장이 증대되어서 도복을 조장하므로 절간신장개시 이후에 주는 것이 도복을 경감시킨다.

2 ③ 일반적으로 밀식적응성은 줄기길이가 비교적 길며 마디 수가 많으면서 곁가지 수가 적은 품종이 유리하다.
① 낙화율을 대립종이 높고, 후기 개화된 것이 낙화하기 쉽다.
② 감온성이 낮은 하대두형은 북부지방이나 산간지역에서 주로 재배된다.

3 완두의 학명은 Pisum sativum, 콩의 학명은 Glycine max이다.

4 감자의 솔라닌에 대한 설명으로 옳지 않은 것은?

① 감자의 아린 맛을 내는 성분으로 알칼로이드이다.

② 지상부보다 괴경 부위의 함량이 높다.

③ 괴경에는 눈이나 표피 부위에 주로 존재하므로 껍질을 벗기면 제거된다.

④ 재배품종들의 괴경에는 그 함량이 낮아 문제되지 않는다.

5 다음 그림에서 벼의 A, B에 해당하는 옥수수 꽃의 부위를 바르게 연결한 것은?

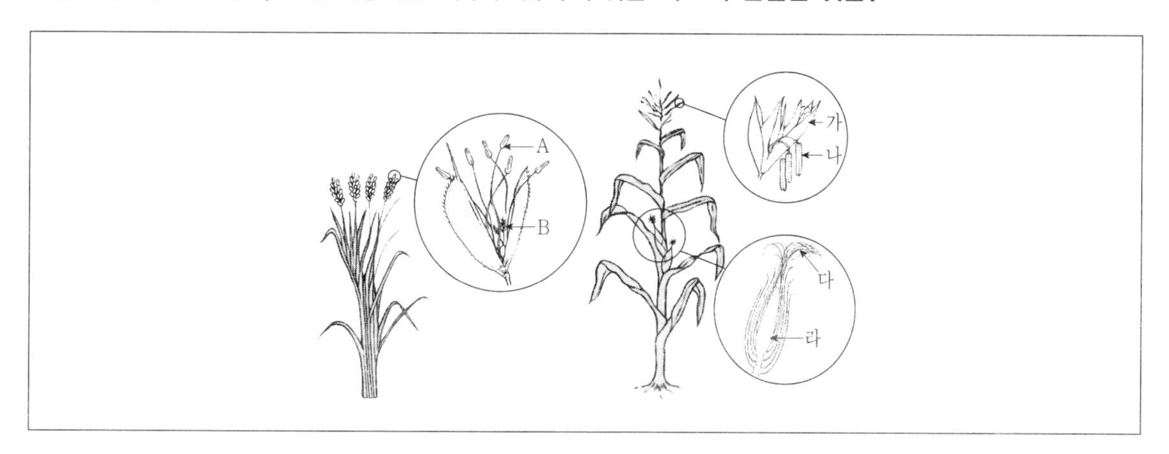

	A	B
①	가	다
②	가	라
③	나	다
④	나	라

ANSWER 4.② 5.③

4 ② 괴경보다 지상부의 함량이 훨씬 높다.

5 A 꽃밥 B 암술머리
나 꽃밥 다 암꽃

6 **벼의 영양성분 결핍장해에 대한 설명으로 옳지 않은 것은?**

① 질소가 결핍되면 분얼생성이 정지되고 잎이 좁고 짧아진다.

② 인이 결핍되면 분얼생성이 정지되고 잎이 암녹색으로 변한다.

③ 마그네슘이 결핍되면 잎이 아래로 처지고 엽맥 사이에서부터 황변이 나타난다.

④ 철이 결핍되면 잎들이 붉게 변하고, 이때 철을 시용하면 새로 나오는 잎은 백화현상을 보인다.

7 **밀의 품질 특성으로 옳은 것은?**

① 초자질 밀은 분상질 밀에 비하여 단백질 함량이 높고 종실의 비중이 큰 편이다.

② 전분의 아밀로스 함량이 낮을수록 호화전분의 점도가 낮아진다.

③ 글루테닌과 글리아딘은 수용성 단백질로서 전체 종실 단백질 중 80%를 차지한다.

④ 출수기 전후 질소를 시비하면 단백질 함량이 낮아진다.

8 **기장에 대한 설명으로 옳지 않은 것은?**

① 소수는 크고 작은 받침껍질에 싸여서 임실화와 불임화가 1개씩 들어 있다.

② 종근은 1본이고, 근군은 조보다 굵으며 비교적 천근성으로 내건성과 흡비력이 약하다.

③ 줄기는 조의 줄기와 비슷하고, 간장이 대부분 1 ~ 1.7m이며, 지상절의 수는 10 ~ 20마디이다.

④ 종실은 방추형 ~ 짧은 방추형이고, 색은 황백색 ~ 황색인 것이 많다.

ANSWER 6.④ 7.① 8.②

6 ④ 철이 결핍되면 최상부 잎은 완전히 황백화되어 엷은 황색으로 변색된다.

7 ② 전분의 아밀로스 함량이 낮을수록 호화전분의 점도가 높아진다.
③ 물에 용해되지 않는 성질을 갖는 불용성 단백질의 일종이다.
④ 종실 발달과정중 적절한 시기에 요소를 엽면시비하는 것과 같은 질소시비는 밀의 단백질함량을 크게 증가시킨다.

8 ② 종근은 1본이고, 근군은 조보다 굵으며 비교적 심근성으로 흡비력이 크고, 내건성이 강하다.

9 감자에 대한 설명으로 옳은 것은?

① 감자속은 기본염색체수를 12로 하는 배수성을 보이며 재배종은 모두 2배체(2n = 24)이다.
② 감자는 고온 · 장일조건에서 생육할 때 괴경형성이 억제된다.
③ 지베렐린(GA) 처리는 괴경의 비대를 촉진한다.
④ 성숙한 감자는 미숙한 감자에 비해 휴면기간이 길다.

10 잡곡에 대한 설명으로 옳지 않은 것은?

① 메밀은 13시간 이상의 장일에서는 개화가 촉진되며, 개화기에는 체내의 C/N율이 높아진다.
② 피는 자가수정을 원칙으로 하고 출수 후 30 ~ 40일에 성숙한다.
③ 율무의 꽃은 암 · 수로 구별되고, 자성화서는 보통 3개의 소수로 형성되지만 그중 2개는 퇴화되어 1개만이 발달한다.
④ 조는 줄기가 속이 차 있고, 분얼이 적으며 분얼간의 이삭은 발육이 떨어진다.

11 벼의 유수 발육과 출수에 대한 설명으로 옳지 않은 것은?

① 수수절간의 신장은 출수와 동시에 정지한다.
② 영화분화기는 출수 전 24일경에 시작하고, 엽령지수는 87 ~ 92이다.
③ 엽이간장이 0이 되는 시기는 감수분열 성기에 해당한다.
④ 유수분화기는 출수 전 30일경에 시작된다.

ANSWER 9.② 10.① 11.①

9 ① 감자는 12개의 염색체(n=12)를 기본으로 하여 배수성별로 2배체(2n=2x=24) 74%, 3배체(2n=3x=36) 4.5%, 4배체(2n=4x=48) 11.5%, 5배체 (2n=5x=60) 2.5% 및 6배체(2n=6x=72) 2.5% 등으로 다양하게 분화되어 있다.
③ 지베렐린(GA) 처리는 괴경형성을 억제한다.
④ 성숙한 감자는 미숙한 감자에 비해 휴면기간이 짧다.

10 ① 메밀은 12시간 이하의 단일에서 개화가 촉진되고, 13시간 이상의 장일에서는 개화가 지연되며, 개화기에는 체내의 C-N율이 높아진다.

11 ① 출수 후 2일 간에도 급속하게 신장한다.

12 논토양에서 무기양분 동태에 대한 설명으로 옳지 않은 것은?

① 유기태질소는 암모니아화작용에 의하여 암모니아로 변한다.

② 질산태질소는 토양교질에 흡착되지 않으므로 토양 속으로 용탈된다.

③ 유기태질소는 무기태로 전환되어 식물체로 흡수된다.

④ 암모니아태질소는 환원층에서 환원되어 질산태로 변한다.

13 다음은 벼 기상생태형에 대한 설명이다. ㈎~㈐에 들어갈 말을 바르게 연결한 것은?

> ㈎ [　　] 지대에서는 기본영양생장성이 크고 감온성 · 감광성이 작아서 고온단일인 환경에서도 생육기간이 길어 수량이 많은 [　　] 형이 재배된다.
>
> ㈏ [　　] 지대에서는 감광성이 큰 [　　] 형이 재배에 적합하다.
>
> ㈐ [　　] 지대에서는 여름의 고온기에 일찍 감응하여 출수 · 개화하여 서리가 오기 전에 성숙할 수 있는 감온형이 큰 [　　] 형이 재배된다.

	㈎	㈏	㈐
①	고위도, Blt	중위도, bLt	저위도, blt
②	저위도, blt	고위도, Blt	중위도, blT
③	저위도, Blt	중위도, bLt	고위도, blT
④	고위도, blt	중위도, Blt	저위도, blT

ANSWER 12.④ 13.③

12 ④ 암모니아태질소를 토양의 환원층에 주면 호기성균인 질산균의 작용을 받지 않으며 또 암모니아는 토양에 잘 흡착되므로 비효가 오래 지속된다. 이와 같이 암모니아태 질소를 논 토양의 심부 환원층에 주어서 비효의 증진을 꾀하는 것을 심층시비라고 한다.

13 기상생태형 지리적 분포

㉠ 저위도 : Blt(기본영양생장형)

㉡ 중위도 : bLt(만생종), blT(조생종)

㉢ 고위도지대 : blt, blT

14 옥수수 품종에 대한 설명으로 옳지 않은 것은?

① 5세대 정도 자식을 하면 식물체의 크기가 작아지고 수량이 감소한다.

② 1대잡종품종 개발을 위해 자식계통의 조합능력이 우수한 것을 선택하는 것이 유리하다.

③ 종자회사에서 개발하여 상업적으로 판매하는 품종은 대부분 합성품종이다.

④ 단교잡종은 복교잡종에 비해 잡종강세가 높으나 종자생산량이 적다.

15 재배벼의 분화와 생태형에 대한 설명으로 옳지 않은 것은?

① 아시아 재배벼는 수도와 밭벼, 그리고 메벼와 찰벼로 구분된다.

② 통일형 벼는 인디카 품종과 온대자포니카 품종을 인공교배하여 육성한 원연교잡종이다.

③ 인디카는 낟알의 형태가 대체로 길고 가늘며, 온대자포니카는 짧고 둥글다.

④ 인디카는 생태형이 단순한 반면 온대자포니카와 열대자포니카는 생태형이 지역에 따라 다양하다.

16 벼잎의 형태와 생장에 대한 설명으로 옳지 않은 것은?

① 제1엽 엽신은 극히 미소하여 육안으로는 보이지 않아 불완전엽이라 한다.

② 주간 엽수는 만생종이 조생종에 비하여 더 많으며 재배시기가 늦어지면 감소한다.

③ 벼잎은 엽신이 급신장하고 있는 시기에 1매 아래 잎의 엽초가 급신장하는 동시신장의 규칙성을 갖는다.

④ 벼잎은 생존기간이 엽위에 따라 다르며 성숙기에 한 줄기당 가장 많은 엽수를 갖는다.

ANSWER 14.③ 15.④ 16.④

14 ③ 종자회사에서 개발하여 상업적으로 판매하는 품종은 대부분 복교잡종품종이다.

15 ④ 인디카는 생태형이 다양한 반면 온대자포니카와 열대자포니카는 생태형이 단순하다.

16 ④ 잎의 생존기간은 엽위에 따라 다르다(지엽>상위엽>하위엽). 한 줄기당 엽수는 엽면적지수로 계산하는데 엽면적지수는 출수기 경에 최고가 된다. 출수기 이후부터는 하위엽이 고사하여 떨어지기 때문에 엽면적지수는 점점 낮아진다.

① 제1엽은 원통형이고 엽신의 발달이 불완전하고 침엽형태이다.

② 주간 엽수는 조생종이 14~15매, 만생종이 18~20매로 만생종이 더 많다.

③ 엽신과 엽초의 동시신장 규칙성(n−1) : 임의의 n본째 잎이 급신장하는 시기에는 그 잎보다 1매 아래잎의 엽초가 급신장 한다.

17 벼의 병해충 및 잡초에 대한 설명으로 옳지 않은 것은?

① 잎집무늬마름병은 조기이앙 · 밀식 · 다비재배 등 다수확재배로 발생이 증가한다.
② 검은줄오갈병은 애멸구에 의해 매개되며, 벼의 키가 작아지고 작은 흑갈색의 물집모양 융기가 생긴다.
③ 끝동매미충은 유충상태로 월동하며, 유충과 성충이 잎집에서 양분을 빨아먹는다.
④ 직파재배를 계속하면 일반적으로 피와 더불어 올방개와 벗풀과 같은 1년생 잡초가 우점한다.

18 벼 이앙재배의 물관리 및 시비법에 대한 설명으로 옳은 것은?

① 활착기에는 물을 얕게 관개하여 토양에 산소공급이 잘 이루어지도록 한다.
② 분얼기에는 물을 깊게 관개하여 생장점을 보호하고 분얼을 촉진한다.
③ 분얼비는 비효가 수수분화기까지 지속되지 않을 정도로 알맞게 준다.
④ 냉해나 침관수 및 도복발생 상습지는 질소질, 인산질 비료를 증시하는 것이 좋다.

ANSWER 17.④ 18..③

17 ④ 직파재배는 이앙재배와 달리 잡초 발생량이 많고 발생시기가 길어 재배관리상 문제뿐만 아니라 쌀 수량 감소는 물론 미질에도 나쁜 영향을 미친다. 올방개와 벗풀은 이앙재배시 발생하는 문제다.

18 ① 뿌리내림기는 모낸 후에 모의 새 뿌리가 발생하는 기간(5~7일)으로서, 뿌리내리는 기간 동안은 기온보다는 수온의 영향이 크므로 물을 6~10㎝로 깊이 대면 물 온도를 높이고 잎이 시들지 않도록 할 뿐만 아니라 바람에 의한 쓰러짐을 방지하는 효과가 있다.

② 뿌리내림이 끝나고 새끼치기에 들어간 벼는 물의 깊이를 1~2㎝ 정도로 얕게 대어 참새끼치는 줄기를 빨리 확보하도록 한다. 이 시기에 물을 깊게 대면 새끼치기가 억제되거나 늦어지며, 벼가 연약하게 자라서 병해충에 대한 저항력도 약해진다. 따라서 새끼치기 촉진을 위해서는 물을 얕게 대어 낮에는 수온을 높여주고 밤에는 수온을 낮게 하는 것이 바람직하다. 그러나 새끼치기 초기는 잡초약 처리시기이므로 약효 향상을 위하여 논의 마른부분이 없도록 물을 대주어야 한다.

④ 도열병, 도복, 냉해, 침관수 상습지는 질소질 비료를 20-30% 줄여준다.

19 쌀 저장 시 변화에 대한 설명으로 옳지 않은 것은?

① 호흡소모와 수분증발 등으로 중량의 감소가 나타난다.

② 현미의 지방산도가 25KOH mg/100g 이상이면 변질의 징후를 나타낸다.

③ 배유의 저장전분이 분해되어 환원당 함량이 증가한다.

④ 현미의 수분함량이 16%이고 저장고의 공기습도가 85%로 유지되면 곰팡이 발생의 염려가 없다.

20 두류의 토양 적응 특성으로 옳지 않은 것은?

① 완두는 건조와 척박한 토양에 대한 적응성이 낮고 강산성토양에 대한 적응성이 높다.

② 강낭콩은 알맞은 토양산도가 pH 6.2 ~ 6.3이고, 염분에 대한 저항성은 약하다.

③ 동부는 산성토양에도 잘 견디고 염분에 대한 저항성도 큰 편이다.

④ 팥은 토양수분이 적어도 콩보다 잘 발아할 수 있지만 과습에 대한 저항성은 콩보다 약하다.

ANSWER 19.④ 20.①

19 ④ 현미의 수분함량이 15%이면 저장고의 공기습도가 80% 이하로 유지되므로 곰팡이가 발생할 염려가 없으나, 현미의 수분함량이 16%이면 공간습도가 85% 정도가 되므로 여름 고온 시에는 곰팡이가 발생할 가능성이 높다.

20 ① 완두는 서늘한 기후를 좋아하며, 온도가 높고 건조한 기후에는 알맞지 않고, 과습도 좋지 않다. 건조, 메마른 땅에 적응성이 낮고, pH 6.5~8.0으로 강산성에 극히 약하다.

식용작물	2022. 6. 18. 제1회 지방직 시행

21 메밀의 이형예현상에 대한 설명으로 옳은 것은?

① 수술이 긴 꽃을 장주화라고 한다.
② 수술이 짧은 꽃을 단주화라고 한다.
③ 장주화 × 단주화 조합은 수정이 잘된다.
④ 장주화 × 장주화 조합은 수정이 잘된다.

22 작물의 돌연변이 육종에 이용되는 인위적 유발원이 아닌 것은?

① 감마선(γ-ray)
② 중성자
③ 근적외선
④ Sodium azide(NaN3)

ANSWER 1.③ 2.③

1 ① 수술이 긴 꽃을 단주화라고 한다.
② 수술이 짧은 꽃을 장주화라고 한다.
④ 동형화 사이는 부적법 수분이다.

2 돌연변이 유발원
㉠ 방사선
- X선 감마선 중성자 베타선
- LD50

㉡ 방사성물질조사
- 32P 35S

㉢ 화학물질
- EMS(ethyl methane sulfonate)
- $NaN3_3$(sodium azide)
- NMU(nitrosomethylurea)
- DES(diethyl sulfate)

23 벼 품종의 주요 특성에 대한 설명으로 옳은 것은?

① 내비성 품종은 질소 다비조건에서 도복과 병충해에 약하다.

② 수량이 높은 품종은 대체로 품질이 낮은 경향이 있다.

③ 수수형 품종은 수중형 품종에 비해 이삭은 크지만 이삭 수는 적다.

④ 조생종은 감온성에 비해 일반적으로 감광성이 크다.

24 도정한 쌀을 일컫는 말은?

① 수도

② 조곡

③ 정조

④ 정곡

25 광합성을 할 때 탄소를 고정하는 기작이 다른 것은?

① 벼

② 담배

③ 보리

④ 옥수수

ANSWER 3.② 4.④ 5.④

3 ③ 수중형 품종은 이삭이 크지만 이삭수가 적다.
④ 조생종 벼는 감광성이 약하고 감온성이 크다.

4 ④ 정곡이란 조곡 껍질을 벗기는 즉, 도정을 거친 쌀을 일컫는다.

5 ④ 옥수수는 C4 식물이며, 벼, 담배, 보리는 C3 식물이다.

※ C3 식물

㉠ 부족한 이산화탄소를 공급받기 위해 광호흡을 이용한다.(에너지 낭비가 있음)

㉡ 산소를 고정한 후에 캘빈회로가 아닌 다른 경로를 통해 이산화탄소를 만들어 낸다.

㉢ 암반응에서 이산화탄소의 최초 고정산물이 C3화합물인 PGA 산물이다.

㉣ 대표적인 식물로 벼, 콩, 밀 보리와 온대식물이 있고 식물종의 95%가 C3 식물이다.

㉤ 무덥고 건조한 지역에서는 취약점을 보인다.

26 다음 그림은 보리 잎의 구성이다. ㈎~㈑의 명칭을 바르게 연결한 것은?

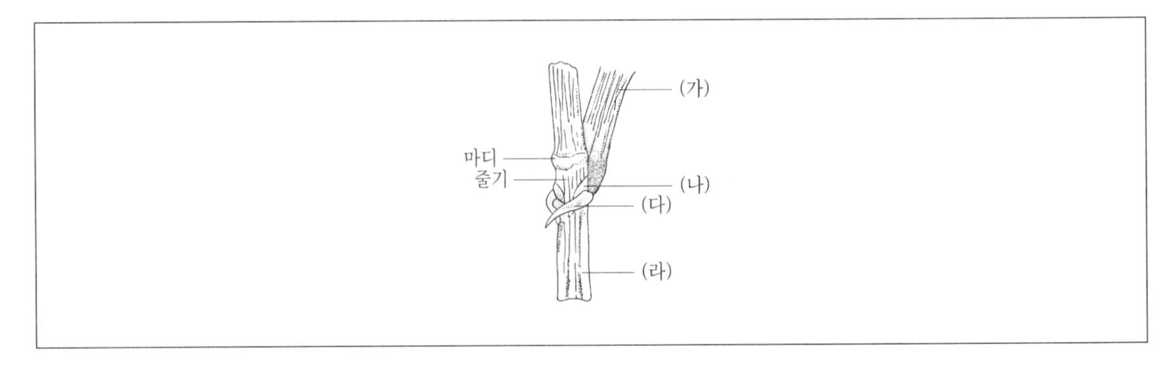

	㈎	㈏	㈐	㈑
①	잎몸	잎혀	잎귀	잎집
②	잎몸	잎귀	잎혀	잎집
③	잎집	잎혀	잎귀	잎몸
④	잎집	잎귀	잎혀	잎몸

27 콩과작물 중 다른 속(屬)에 속하는 작물은?

① 팥
② 녹두
③ 동부
④ 강낭콩

ANSWER 6.① 7.④

6 보리 잎의 구성

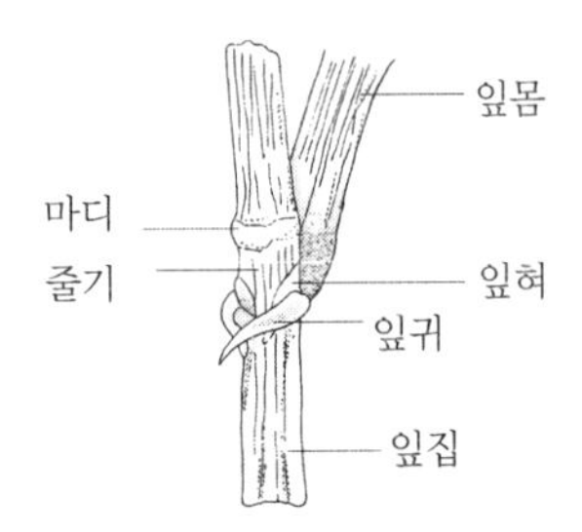

7 ④ 강낭콩속 ①②③ 동부속

28 작물육종 단계를 순서대로 바르게 나열한 것은?

(가) 변이창성 (나) 생산성 및 지역적응성 검정 (다) 종자증식 (라) 우량계통 육성 (마) 신품종 결정 및 등록

① (가) → (나) → (다) → (라) → (마)

② (가) → (다) → (라) → (나) → (마)

③ (가) → (라) → (나) → (마) → (다)

④ (가) → (마) → (나) → (라) → (다)

29 벼의 조식재배에 대한 설명으로 옳지 않은 것은?

① 수확기의 조기화가 목적이 아니고, 다수확이 주된 목적이다.

② 분얼이 왕성한 시기에 저온기를 경과하여 영양생장기간의 연장으로 단위면적당 이삭 수 확보가 유리하다.

③ 생육 기간이 길어지기 때문에 시비량은 보통기 재배보다 감소할 수 있다.

④ 일사량이 많은 최적 시기로 출수기를 변경시켜 줌으로 생리적으로 체내 탄수화물이 많게 되어 등숙비율이 높아진다.

ANSWER 8.③ 9.③

8 작물육종 단계

(가) 변이창성

(라) 우량계통 육성

(나) 생산성 및 지역적응성 검정

(마) 신품종 결정 및 등록

(다) 종자증식

9 ③ 벼의 생육기간이 짧은 한랭지에서는 그 지대의 만생종을 조기 육묘하여 일찍 모내기를 하는 재배법을 취하는데, 이것을 조식재배라고 한다. 조식재배를 하면 출수기를 다소 앞당기게 되므로 한랭지에서는 생육 후기의 냉해의 위험성을 받지 않게 되고, 영양생장기간을 길게 하므로 이삭수를 많이 확보할 수 있다.

30 보리의 종실에 대한 설명으로 옳지 않은 것은?

① 쌀보리는 유착 물질이 분비되어 성숙 후에 외부의 물리적 충격을 받아도 쉽게 분리되지 않는다.

② 바깥껍질과 안껍질에 싸여있는 영과(caryopsis)를 형성한다.

③ 등 쪽 기부에 배(胚)가 있으며, 배 쪽에는 기부에서 정부로 길게 골이 있는데 이것을 종구라 한다.

④ 내부 구조는 종피 안쪽에 호분층과 배, 배유로 이루어져 있다.

31 다음에서 설명하는 옥수수 품종의 육종 방법은?

- 잡종강세의 발현정도가 높다.
- 개체 간 균일도가 우수하다.
- 수량성이 많다.

① 단교잡종

② 합성품종

③ 복교잡종

④ 방임수분품종

32 감자에 대한 설명으로 옳지 않은 것은?

① 재배는 서늘한 기후에 알맞고 생육적온은 12~21℃이다.

② 주성분은 전분이며 보통 17~18% 함유되어 있지만 변이가 심하다.

③ 가지과에 속하는 일년생식물이다.

④ 줄기의 지하절에는 포복경이 발생하고, 그 끝이 비대하여 괴근을 형성한다.

ANSWER 10.① 11.① 12.④

10 ① 겉보리는 씨방벽으로부터 유착물질이 분비되어 바깥껍질과 안껍질이 과피에 단단하게 붙어있고, 쌀보리는 유착물질이 분비되지 않아 성숙 후에 외부의 물리적 충격에 의해 껍질이 쉽게 떨어진다.

11 ① 단교잡종은 2개의 자식계통(inbred) 간에 교잡된 것으로 잡종 1세대(F1)에서 나타나는 잡종강세 현상(생산력)이 다른 교잡 유형에 비해 크게 나타나, 생산성이 교잡 유형 중에서 가장 높다.

12 ④ 줄기의 지하절에는 복지가 발생하고, 그 끝이 비대하여 괴경을 형성한다.

33 다음에서 설명하는 작물은?

> • 자가 수정률이 높은 작물이다.
> • 종실유를 만들 수 있는 유료작물이다.
> • 국내 소비량이 증가하고 있지만 생산량은 줄고 수입량이 늘어나고 있는 작물이다.
> • 비닐 멀칭을 하여 재배하는 것이 일반적이다.

① 수수 ② 참깨
③ 보리 ④ 옥수수

34 땅콩에 대한 설명으로 옳은 것은?

① 버지니아형이 스패니시형보다 적산온도와 평균기온이 높은 곳에서 재배하기에 알맞다.
② 수정과 동시에 자방병이 급속히 신장하여 씨방이 땅속으로 들어간다.
③ 땅콩은 개화기간이 짧아 유효개화한계기 이전에 수확해야 한다.
④ 햇빛은 결실과 자방병의 신장을 촉진하고, 습한 토양에서 빈 꼬투리가 많이 생성된다.

35 작물의 생리 작용과 빛의 파장에 대한 설명으로 옳지 않은 것은?

① 사과, 딸기 등의 과일 착색에는 자외선이나 자색광 파장이 효과적이다.
② 온실이나 하우스에서 자란 식물은 적외선 부근의 빛 부족으로 웃자라기 쉽다.
③ 굴광현상은 440~480nm의 청색광이 가장 유효하다.
④ Phytochrome은 적색광을 흡수하면 광발아성 종자의 발아를 촉진한다.

ANSWER 13.② 14.① 15.②

13 ② 참깨는 개화 전에 수분이 되어 대부분 자가 수정을 한다. 한국을 비롯한 동아시아와 북아메리카, 아프리카 등에 널리 분포하는 유료작물이다. 흑색비닐을 이용한 멀칭 재배가 개발되어 파종기를 앞당길 수 있고 중경제초의 노력을 절감할 수 있다. 한국의 경우 재배면적이 점점 감소하고 있으며, 최근에는 많은 양의 참깨를 외국에서 수입하고 있다.

14 ② 수정 낙화한 다음에 씨방의 기부 조직인 자방병이 신장하여 씨방이 지하에 들어가 꼬투리를 형성한다.
③ 개화는 7월초부터 개화하기 시작하여 가을까지 계속 되는데 8월 중순까지 개화한 것이라야 성숙할 수 있다. 이 시기를 유효 개화 한계기라 한다.
④ 땅콩결실 최적수분은 액 40%(용적비)이다.

15 ② 온실이나 하우스에서 자란 식물은 고온으로 웃자라기 쉽다.

36 벼 직파재배에 대한 설명으로 옳지 않은 것은?

① 건답직파는 담수직파보다 잡초 발생이 많다.
② 담수직파는 건답직파에 비해 질소질 비료의 용탈이나 유실이 많다.
③ 줄기가 가늘고 뿌리가 토양 표층에 많이 분포하여 도복이 증가한다.
④ 담수직파재배 시 파종 후에 지나치게 깊게 관개하면 입모율이 저하되기 쉽다.

37 벼 특수재배양식에 대한 설명으로 옳은 것은?

① 조기재배는 감광성 품종을 보온육묘하는 중남부 및 산간고랭지 재배형이다.
② 조식재배는 조생 품종을 이용하는 평야지 2모작지대 재배형이다.
③ 만기재배는 콩, 옥수수 등의 뒷그루로 늦게 이앙하는 중남부 평야지 재배형이다.
④ 만식재배는 적기에 파종했으나, 물 부족이나 앞그루 수확이 늦어져 늦게 이앙하는 재배형이다.

ANSWER 16.② 17.④

16 ② 담수직파는 건답직파재배와는 달리 이앙재배와 같이 담수상태에서 써레질을 한 다음 이앙대신 볍씨를 파종하므로 비료의 용탈이나 유실이 비교적 적으며 본논재배 기간이 다소 긴 편이다.

17 ① 조기재배 : 벼를 일찍 파종하여 보내기를 하게 되면 조생종은 출수와 성숙기가 많이 앞당겨진다. 만생종은 다소 앞당겨진다. 이는 빨리 심은 기간만큼 앞당겨진다. 벼의 수확을 되도록 일찍하여 생산물이 출하를 일찍 하려면 조생종 벼를 조기에 육묘하여 일찍 모내기를 하여 수확도 일찍하게 되는 재배를 조기재배라고 한다. 조기재배는 수량은 만생종에 비하여 적으나 조생종으로 다른 벼에 비하여 일찍 심어 일찍 수확하여 높은 가격을 받게 하는 재배법이다.
② 조식재배는 일반적으로 영양생장일수가 길어지면 따라서 수량이 많아지는 것으로, 이 조식재배를 이용하여 벼의 생육기간이 짧은 한냉지, 또는 고냉지에서는 그 지대의 환경에 맞는 벼 품종을 조기 육모하여 일찍 모내기를 하는 재배법을 조식재배라고 한다. 벼의 재배에는 벼가 재배가 가능한 적산온도가 있는데 한냉지와 같은 적산온도가 부족한 것을 일찍 조식 재배하여 적산온도를 맞게 재배하는 것을 말한다.
③ 만파만식재배는 만식재배와 구별하여 만기재배라고도 한다. 이 경우에는 건모의 육성이 어렵고, 적파만식의 경우와는 달리 생육기간이 더욱 짧아지기 때문에 수량의 감소가 더 커질 수 있다.

38 벼 뿌리의 생장에 영향을 미치는 환경 조건에 대한 설명으로 옳지 않은 것은?

① 질소 시비량이 많아지면 1차근장이 길어진다.
② 재식밀도가 높아지면 깊게 뻗는 1차근의 비율이 감소한다.
③ 상시담수에 비해 간단관수를 한 토양에서는 1차근수가 많다.
④ 벼 뿌리는 밭 상태에서보다는 논 조건에서 보다 곧게 자란다.

39 고구마 재배에서 비료 관리에 대한 설명으로 옳은 것은?

① 질소 비료가 과다하면 지상부만 번성하고 지하부의 수량이 다소 감소한다.
② 칼리 비료가 부족하면 잎이 작아지고 농녹색으로 되며 광택이 나빠진다.
③ 인산 비료는 고구마의 수량에 영향을 주지만 품질과는 무관하다.
④ 미숙 퇴비나 낙엽, 생풀 등을 이식 전에 주면 활착이 좋다.

40 맥류의 식물적 특성에 대한 설명으로 옳지 않은 것은?

① 2줄보리 – 3개의 작은 이삭 중 바깥쪽 2개는 퇴화하고 이삭줄기 양쪽으로 2줄의 종실이 있는 형태이다.
② 호밀 – 자가불임성이 높은 작물이며 내동성이 극히 강하다.
③ 귀리 – 종실에 비타민 A 함량이 높으며 수이삭이 암이삭보다 먼저 성숙하는 자웅동주이화식물이다.
④ 밀 – 6배체가 일반적인 게놈형태이며 단백질의 함량에 따라 가공적성이 달라진다.

ANSWER 18.① 19.① 20.③

18 ① 질소 시비량이 많으면 지상부/뿌리부(T/R율)가 커진다.

19 ② 칼리가 부족하면 잎은 다소 갈색이 되고 잎면이 거칠어지며 누렇게 말라 죽기 시작한다.
③ 품질이 중요한 식용고구마를 재배할 경우에는 수량이 다소 낮더라도 칼리의 과다한 시용을 피하고 인산을 많이 주어 전분가를 높여서 품질을 향상시켜야 한다.
④ 완전히 썩히지 않은 퇴비나 생풀, 낙엽 등을 쓰는 경우 고구마 싹을 심기 직전에 사용하면 건조 때문에 활착이 나빠지고 유기물의 분해에 필요한 질소를 토양으로부터 흡수하여 질소부족이 생기는 수도 있다.

20 ③ 귀리는 비타민B 함량이 높으며, 자가수분을 한다.
※ 자웅동주이화식물 : 옥수수, 오이, 호박, 수박, 참외

식용작물 | 2023. 4. 8. 인사혁신처 시행

1 타가수정 작물로만 묶은 것은?

① 조, 밀
② 콩, 귀리
③ 보리, 담배
④ 호밀, 옥수수

2 작물의 적산온도가 높은 것부터 순서대로 바르게 나열한 것은?

① 가을보리 > 벼 > 메밀
② 메밀 > 벼 > 가을보리
③ 벼 > 메밀 > 가을보리
④ 벼 > 가을보리 > 메밀

ANSWER 1.④ 2.④

1 ㉠ 타가수정 작물 : 호밀, 메밀, 옥수수, 알팔파, 사탕수수
㉡ 자가수정 작물 : 오이, 토마토, 가지, 벼, 밀, 보리, 콩

2 작물의 적산온도

작물 이름	적산온도		작물 이름	적산온도	
	최저	최고		최저	최고
메밀	1,000	1,200	가을밀	1,960	2,250
감자	1,300	3,000	옥수수	2,370	3,000
봄보리	1,600	1,900	콩	2,500	3,000
가을보리	1,700	2,075	해바라기	2,600	2,850
봄밀	1,870	2,275	벼	3,500	4,500

3 **벼의 형태와 구조에 대한 설명으로 옳은 것은?**

① 뿌리와 줄기에 통기강이 형성되어 벼 뿌리의 세포호흡에 이용된다.
② 멥쌀은 종실의 전분구조 내에 미세공극이 있어 불투명하게 보인다.
③ 잎의 수공세포는 수분이 부족하면 잎을 말아 증산을 억제한다.
④ 영화는 내영과 외영으로 둘러싸여 있고 불완전화에 해당한다.

4 **보리의 분얼에 대한 설명으로 옳지 않은 것은?**

① 각 분얼경에서 같은 시기에 나타나는 잎들을 동신엽이라고 한다.
② 분얼최성기의 후반기에 분얼한 것은 대체로 유효분얼이 된다.
③ 파종심도가 깊을수록 저위분얼의 발생이 억제되어 분얼 수가 적어진다.
④ 분얼은 줄기 관부의 엽액으로부터 새로운 줄기가 나오는 것이다.

5 **벼의 생식생장기에 대한 설명으로 옳지 않은 것은?**

① 암술 및 수술의 분화시기는 출수 전 20일경이고 감수분열기는 출수 전 10 ~ 12일경이다.
② 이삭의 같은 지경 내에서 영화는 선단이 먼저 개화하고 그 다음부터는 아래에서부터 위로 개화한다.
③ 주간의 출엽속도가 4 ~ 5일에 1매로 늦어지면 생식생장으로 전환되는 전조이다.
④ 이삭수와 영화수의 분화는 주로 질소에 의해 정해지며, 그 후의 발육은 대체로 탄수화물에 의해 이루어진다.

ANSWER 3.① 4.② 5.③

3 ② 멥쌀은 종실의 전분구조 내에 미세공극이 있어 불투명하게 보이지 않는다.
③ 잎새에 있는 기동세포는 수분이 부족할 때 잎을 안으로 말아 수분 증산을 억제한다.
④ 영화는 내영과 외영으로 둘러싸여 있고 완전화에 해당한다.

4 ② 분얼최성기의 후반기에 분얼한 것은 무효분얼이 된다.

5 ③ 주간의 출엽속도가 6 ~ 8일에 1매로 늦어지면 생식생장으로 전환되는 전조이다.

6 옥수수의 재해에 대한 내용으로 옳은 것만을 모두 고르면?

> ㉠ 조기 파종과 시비량을 적정수준으로 유지하여 강풍에 의한 도복 피해를 줄인다.
> ㉡ 만상해로 지상부가 고사해도 재파보다 생육이 좋고 수량이 많을 수 있다.
> ㉢ 발아 불량 또는 발아 후 생육장해로 생긴 결주는 보파가 효과적이다.
> ㉣ 장해형 냉해가 뚜렷하며, 영양생장기의 일시적인 냉해에도 피해가 크다.

① ㉠, ㉡
② ㉠, ㉣
③ ㉡, ㉢
④ ㉢, ㉣

7 맥류의 출수에 대한 설명으로 옳은 것은?

① 춘파형 맥류를 늦봄에 파종하면 좌지현상이 나타난다.
② 일반적으로 춘화처리가 된 보리에서는 온도가 높으면 출수가 늦어진다.
③ 국내 밀 품종의 포장출수기는 파성, 단일반응, 내한성(耐寒性)과 정의 상관을 갖는다.
④ 추파성이 강한 겉보리는 중부 이북지방에서 월동이 가능하다.

8 팥에 대한 설명으로 옳지 않은 것은?

① 종자가 균일하게 성숙하지 않는다.
② 대부분 자가수정을 하고 자연교잡은 드물다.
③ 콩보다 저온에 강해 고위도나 고랭지에서 잘 재배된다.
④ 일반 저장에서 3 ~ 4년 정도 발아력을 유지한다.

ANSWER 6.① 7.④ 8.③

6 ㉢ 발아 불량 또는 발아 후 생육장해로 생긴 결주는 보파를 할 수 있지만, 큰 효과는 기대하기 힘들다.
㉣ 옥수수는 장해형 냉해가 별로 없으며, 영양생장기의 일시적인 냉해에도 별로 피해가 없다.

7 ① 추파형 맥류를 늦봄에 파종하면 좌지현상이 나타난다.
② 일반적으로 춘화처리가 된 보리에서는 온도가 높으면 출수가 빨라진다.
③ 국내 밀 품종의 포장출수기는 파성, 단일반응과 정의 상관을 갖지만, 내한성(耐寒性)과는 부의 상관을 갖는다.

8 ③ 콩보다 저온에 약해 고위도나 고랭지에서 재배하기 어렵다.

9 감자 역병에 대한 설명으로 옳은 것은?

① 병원균은 *Streptomyces scabies*이다.
② 고온 건조한 환경에서 빠르게 확산된다.
③ 주로 씨감자를 통해 감염되고 포장에서 이병식물로부터 전염되기도 한다.
④ 세균성으로 잎과 줄기에 흑갈색의 병징이 생긴다.

10 벼의 이앙재배와 비교하여 직파재배의 특징으로 옳지 않은 것은?

① 도복되기 쉽고 잡초발생이 많다.
② 분얼절위가 높아 이삭수 확보가 어렵다.
③ 파종이 동일한 경우 벼 출수기가 빨라진다.
④ 출아와 입모가 불량하고 균일하지 못하여 유효경 비율이 낮다.

11 메밀의 생리생태적 특성에 대한 설명으로 옳은 것은?

① 생육적온은 35℃로 비교적 고온이다.
② 꽃은 위에서부터 순차적으로 아랫부분으로 개화한다.
③ 자가수정을 하며, 동형화 사이의 수분으로도 수정이 가능하다.
④ 발아에서 개화최성기까지 약 70mm 정도의 강우량이 필요하다.

ANSWER 9.③ 10.② 11.④

9 ① 병원균은 phytophthora infestans이다.
② 저온다습한 환경에서 빠르게 확산된다.
④ 곰팡이성으로 잎과 줄기에 흑갈색의 병징이 생긴다.

10 ② 분얼절위가 낮아 이삭수 확보가 용이하다.

11 ① 생육적온은 20～31℃로 비교적 저온이다.
② 꽃은 아래에서부터 순차적으로 윗부분으로 개화한다.
③ 타가수정을 하며, 동형화 사이의 수분으로도 수정이 가능하다.

12 **벼의 발아과정에 대한 설명으로 옳지 않은 것은?**

① 혐기 조건에서도 아밀라아제 활성이 높고 발아가 가능하다.
② 흡수기 동안 볍씨의 수분 함량은 25 ~ 30% 정도가 된다.
③ 생장기는 수분 흡수가 다시 왕성해지는 시기이다.
④ 발아는 흡수기 – 활성기 – 발아 후 생장기의 과정으로 이어진다.

13 **쌀의 저장에 대한 설명으로 옳지 않은 것은?**

① 급속한 건조는 동할미를 발생시킨다.
② 저장고의 온도는 실온인 20℃ 정도로 유지하는 것이 품질에 좋다.
③ 유리지방산의 산도는 저장상태의 좋고 나쁨을 나타내는 지표이다.
④ 적기수확한 벼를 수분 함량 15%까지 건조한 후 저장한다.

14 **작물의 염색체에 대한 설명으로 옳지 않은 것은?**

① 재배벼는 2배체로 염색체 수는 24개이다.
② 보통계 빵밀의 유전적 특징은 이질 6배체이다.
③ 보통귀리는 3배체로 염색체 수는 21개이다.
④ 대두콩은 2배체로 염색체 수가 40개이다.

ANSWER 12.① 13.② 14.③

12 ① 혐기 조건에서는 아밀라아제 활성이 낮다.

13 ② 저장고의 온도는 15℃ 이하로 유지하는 것이 품질에 좋다.

14 ③ 염색체수 : 2n=42(6x)

15 작물의 시비에 대한 설명으로 옳지 않은 것은?

① 벼의 분얼비는 모내기 후 30일 전후 시용하는 것이 좋다.
② 감자는 비료의 전량을 기비로 시용하는 것이 재배 관리상 유리하다.
③ 고구마는 칼리질 비료와 퇴비의 효과가 크다.
④ 옥수수는 전개엽수가 7엽기 전후에 총 질소 비료 요구량의 절반을 추비로 시용한다.

16 (가)~(다)의 고구마 괴근에 대한 설명을 바르게 연결한 것은?

(가) 씨고구마에서 발생한 뿌리가 비대한 것이다.
(나) 줄기의 마디에서 발생한 뿌리가 비대한 것이다.
(다) 파종한 씨고구마 자체가 비대한 것이다.

	(가)	(나)	(다)
①	친근저	친저	만근저
②	만근저	친근저	친저
③	친저	만근저	친근저
④	친근저	만근저	친저

ANSWER 15.① 16.④

15 ① 벼의 분얼비는 모내기 후 14일 전후 시용하는 것이 좋다.

16 ㉠ **친근저** : 친저의 뿌리로부터 돋아난 싹이 지하마디에서 새로 고구마가 달린 것
㉡ **만근저** : 씨고구마에서 돋아난 싹이 지하마디에서 새로 고구마가 달린 것
㉢ **친저** : 파종한 씨고구마 자체가 비대한 것

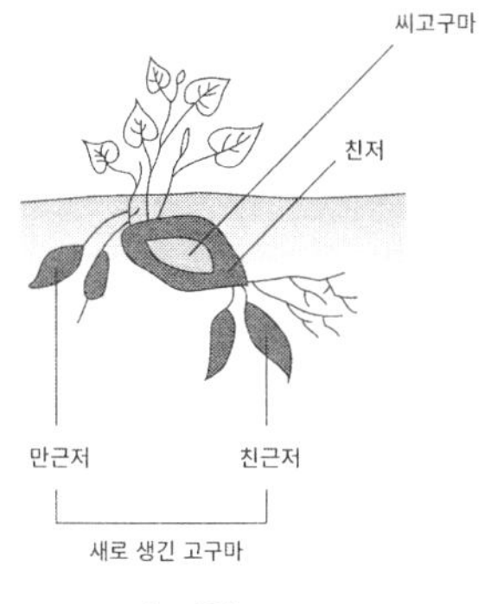

고구마 명칭

17 콩의 기상생태형에 대한 설명으로 옳지 않은 것은?

① 고위도일수록 일장에 둔감하고 생육기간이 짧은 하대두형이 재배된다.
② 한계일장이 긴 품종일수록 일장반응이 늦게 일어나 개화가 늦어진다.
③ 추대두형은 남부의 평야지대에서 맥후작의 형식으로 재배된다.
④ 같은 시기에 파종할 경우 개화기 및 성숙기는 대체로 여름콩이 가장 빠르다.

18 비료 배합에 대한 설명으로 옳지 않은 것은?

① 질산태질소를 유기질 비료와 배합하면 시용 후에 질산이 환원되어 소실된다.
② 암모니아태질소를 함유하고 있는 비료에 석회와 같은 알칼리성 비료를 배합하면 암모니아가 기체로 변한다.
③ 과인산석회에 칼슘이 함유된 알칼리성 비료를 배합하면 인산의 용해도가 증가한다.
④ 석회염을 함유한 비료에 염화물을 배합하면 흡습성이 높아져서 굳어지기 쉽다.

19 김매기에 대한 설명으로 옳지 않은 것은?

① 땅콩은 개화 초기에는 김매기를 하고 북을 준다.
② 조는 솎은 후에는 1 ~ 2회 정도 김매기를 얕게 하여 뿌리가 끊기지 않도록 한다.
③ 고구마는 생육 초기에 김매기 효과가 대체로 적다.
④ 콩은 김매기와 북주기를 겸하여 실시하는 것이 보통이다.

ANSWER 17.② 18.③ 19.③

17 ② 한계일장이 짧은 품종일수록 일장반응이 늦게 일어나 개화가 늦어진다.

18 ③ 과인산석회에 칼슘이 함유된 알칼리성 비료를 배합하면 인산이 물에 용해되지 않는다.

19 ③ 고구마는 생육 초기에 잡초가 많이 발생해서 김매기 효과가 크다.

20 맥류에 대한 설명으로 옳은 것만을 모두 고르면?

> ㉠ 귀리의 백수성은 한 이삭의 상부보다 하부로 갈수록 많이 발생한다.
> ㉡ 보리 종실의 수확 적기는 이삭이 황화되는 고숙기이다.
> ㉢ 밀, 보리 모두 출수 후 20일이 지나면 배가 정상적인 발아력을 갖는다.
> ㉣ 밀은 대체로 출수와 동시에 개화가 이루어지는데 기온이 낮으면 폐화수정이 된다.
> ㉤ 호밀의 개화는 한 이삭에서 중앙부의 소수가 최초로 개화하고 점차 상하부의 소수로 진행한다.

① ㉡, ㉤

② ㉠, ㉢, ㉤

③ ㉠, ㉡, ㉢, ㉣

④ ㉠, ㉢, ㉣, ㉤

ANSWER 20.②

20 ㉡ 보리 종실의 수확 적기는 완숙기이다.

㉣ 밀은 대체로 출수와 동시에 개화가 이루어지는데 기온이 높으면 폐화수정이 된다.

식용작물

2023. 6. 10. 제1회 지방직 시행

1 맥류에 해당하지 않는 작물로만 묶은 것은?

① 귀리, 율무
② 기장, 호밀
③ 메밀, 호밀
④ 율무, 메밀

2 자식성 작물에 대한 설명으로 옳은 것은?

① 다른 개체에서 형성된 암배우자와 수배우자가 수정한다.
② 자연교잡률이 4% 이하로 낮으며 완두와 담배가 여기에 속한다.
③ 인위적으로 자식을 시키거나 근친교배를 하면 자식약세 현상이 발생한다.
④ 자식에 의하여 집단 내의 동형접합체가 감소하고 이형접합체가 증가한다.

3 맥주보리의 고품질 조건으로 볼 수 없는 것은?

① 효소력이 강해야 한다.
② 지방 함량이 적어야 한다.
③ 단백질 함량이 많아야 한다.
④ 발아가 빠르고 균일해야 한다.

ANSWER 1.④ 2.② 3.③

1 ㉠ 맥류 : 보리 · 밀 · 호밀 · 귀리
㉡ 잡곡 : 조 · 옥수수 · 기장 · 피 · 메밀 · 율무

2 ② 자연교잡률이 4%이하로 낮으며, 벼, 모리, 콩, 담배 등이 이에 속한다.

3 ③ 품질이 우수한 맥주보리를 생산하려면 단백질 함량이 높아지지 않도록 질소비료를 적게 시비하고, 도복이 되지 않아야 하며, 성숙기에 일장이 길고 비를 맞추지 않아야 한다.

4 다음 중 논벼 재배에서 용수량이 가장 적은 생육 시기는?

① 이앙기 ② 수잉기
③ 무효분얼기 ④ 출수개화기

5 작물 생육과 온도에 대한 설명으로 옳은 것만을 모두 고르면?

㉠ 맥류 생육의 최적온도는 보리 20℃, 밀 25℃ 정도이다.
㉡ 세포 내 결합수 함량이 적고 자유수 함량이 많아야 내동성이 증대된다.
㉢ 벼 감수분열기의 장해형 냉해는 타페트세포의 이상비대로 화분의 활력을 저해한다.
㉣ 북방형 목초의 하고현상 방지를 위해서는 스프링플러시를 촉진해야 한다.

① ㉠, ㉡ ② ㉠, ㉢
③ ㉡, ㉣ ④ ㉢, ㉣

ANSWER 4.③ 5.②

4 생육시기별 관개용수량(이앙재배 기준)

생육시기	용수량(mm)
착근기(출수전 65~55일)	142
유효분기(출수전 55~45일)	101
무효분기(출수전 45~35일)	17
분얼감퇴기(출수전 35~25일)	92
유수발육전기(출수전 25~15일)	134
유수발육전기(출수전 25~15일)	193
유수발육전기(출수전 25~15일)	125
유수발육전기(출수전 25~15일)	34

5 ㉡ 세포 내 결합수 함량이 적고 자유수 함량이 많으면 내동성이 저하된다.
㉣ 북방형 목초의 하고현상 방지를 위해서는 스프링플러시를 억제해야 한다.

6 **쌀의 영양성분에 대한 설명으로 옳지 않은 것은?**

① 칼륨에 대한 마그네슘의 함량비가 낮은 쌀이 밥맛이 좋다.
② 단백질의 70 ~ 80%는 글루텔린으로 소화가 잘 된다.
③ 비타민 B 복합체가 풍부하며 엽산, 니아신 등이 들어 있다.
④ 콜레스테롤을 낮추는 리신(lysine)의 함량이 밀가루나 옥수수보다 높다.

7 **생육이 왕성한 콩에 순지르기(적심)를 하는 효과로 옳지 않은 것은?**

① 도복을 방지한다.
② 결협수를 증가시킨다.
③ 분지의 발육을 억제한다.
④ 근계의 발달을 촉진한다.

8 **우리나라의 벼 해충에 대한 설명으로 옳은 것은?**

① 벼멸구는 월동이 가능하며, 줄무늬잎마름병을 매개한다.
② 끝동매미충은 월동이 가능하며, 오갈병을 옮기는 해충이다.
③ 혹명나방은 월동이 가능하며, 1년에 1회 발생하여 큰 피해를 준다.
④ 벼물바구미는 월동이 불가능하며, 주로 8월에 발생하여 피해를 준다.

ANSWER 6.① 7.③ 8.②

6 ① 칼륨에 대한 마그네슘의 함량비가 높은 쌀이 밥맛이 좋다.

7 ③ 분지의 발육을 촉진한다.

8 ① 애멸구는 월동이 가능하며, 줄무늬잎마름병을 매개한다.
③ 혹명나방은 월동이 가능하며, 1년에 3회 발생하여 큰 피해를 준다.
④ 벼물바구미는 월동이 가능하며, 주로 8월에 발생하여 피해를 준다.

9 두류작물에 대한 설명으로 옳은 것은?

① 팥은 콩보다 도복에 더 강한 편이다.
② 완두는 땅콩보다 발아 최저 온도가 높은 작물이다.
③ 녹두는 그늘을 좋아하고 연작의 피해도 크지 않다.
④ 콩의 개체당 마디수는 재식밀도가 낮을 때가 높을 때보다 많다.

10 다음 사례의 경지이용률[%]은?

A 씨는 2022년도에 토지 1,000m^2에서 단옥수수 400m^2를 5개월간 재배하고 수확한 후 다시 같은 토지 400m^2에 김장배추를 3개월간 재배하여 수확하였다. 그리고 나머지 토지 600m^2에 콩을 재배하여 수확하였다.

① 100
② 120
③ 140
④ 160

11 수수에 대한 설명으로 옳지 않은 것은?

① 풋베기한 수수는 청산이 함유되어 있어 사일리지로 이용하기 어렵다.
② 알곡 생산을 목적으로 하는 수수는 종자가 굵고 탈곡 시 겉껍질이 잘 분리된다.
③ 당용 수수는 대에 당분이 함유되어 있으므로 즙액을 짜서 제당원료로 이용한다.
④ 소경수수(장목수수)는 지경이 특히 길어 빗자루의 재료로 사용한다.

ANSWER 9.④ 10.③ 11.①

9 ① 팥은 콩보다 도복에 약한 편이다.
② 완두는 땅콩보다 발아 최저 온도가 낮은 작물이다.
③ 녹두는 그늘을 좋아하지 않기 때문에 수수 또는 옥수수와의 혼작에는 알맞지 않다. 그리고 연작은 피해가 크므로 되도록 윤작을 해야 한다.

10 $\frac{400+400+600}{1000} \times 100 = 140$

11 ① 풋베기한 수수에는 청산이 많이 함유되어 주의해야 한다. 그러나 건초나 사일리지로하면 무독하다.

12 (가), (나)에서 설명하는 밀의 수형(穗型)을 바르게 연결한 것은?

> (가) 이삭이 길고 소수가 약간 성기게 고루 착생하여 이삭 상하부의 굵기가 거의 같으며, 수량이 많고 밀알도 고르며 굵직한 편이다.
> (나) 이삭이 길지 않고 가운데에 약간 큰 소수가 조밀하게 붙으며, 이삭의 가운데가 굵고 상하부가 가늘며 밀알이 고르지 못하다.

(가)	(나)
① 봉형	곤봉형
② 봉형	방추형
③ 추형	곤봉형
④ 추형	방추형

13 논의 종류와 특성에 대한 설명으로 옳지 않은 것은?

① 습답은 배수가 불량한 논으로 유기물을 다량 시용하거나 심경한다.
② 보통답(건답)은 관개하면 논이 되고 배수하면 밭으로 이용할 수 있어 답전윤환재배가 가능하다.
③ 사질답은 모래 함량이 지나치게 많은 논으로 비료를 분시하거나 완효성 비료를 주는 것이 좋다.
④ 추락답은 영양생장기까지는 잘 자라나 생식생장기에 아랫잎이 일찍 고사하고 수확량이 떨어진다.

ANSWER 12.② 13.①

12 밀의 수형

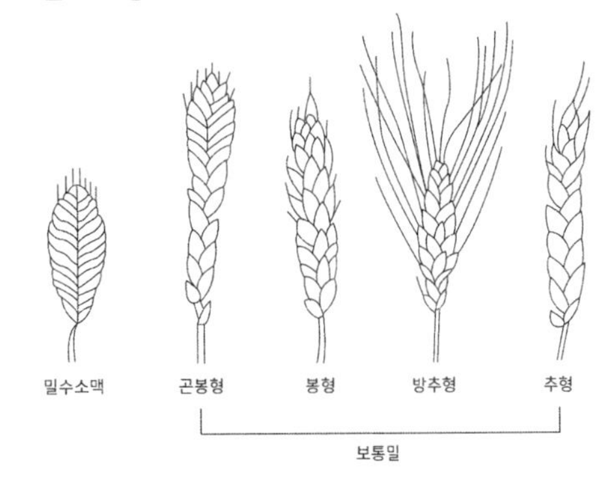

13 ① 습답은 배수가 불량한 논으로 침투되는 수분의 양이 적어서 유기물 분해도 적다.

14 봄감자의 생육단계별 특성에 대한 설명으로 옳지 않은 것은?

① 맹아기에 멀칭재배를 하면 수분과 온도 유지에 효과적이다.
② 신장기에는 고온장일 조건이 땅속줄기 길이 생장에 유리하다.
③ 괴경비대기는 개화기부터 잎과 줄기가 누렇게 변하는 시기까지이다.
④ 성숙기는 괴경비대기 이후 시기로 토양수분이 많아야 품질이 좋아진다.

15 작물의 꽃과 종자에 대한 설명으로 옳지 않은 것은?

① 벼의 꽃에는 암술 1개와 수술 6개가 있으며, 1개의 꽃에 1개의 종자가 달린다.
② 보리의 꽃에는 암술 1개와 수술 3개가 있으며, 1개의 꽃에 1개의 종자가 달린다.
③ 옥수수는 암꽃과 수꽃이 분리되어 있으며, 1개의 꽃에 여러 개의 종자가 달린다.
④ 고구마의 꽃에는 암술 1개와 수술 5개가 있으며, 1개의 꽃에 1 ~ 4개의 종자가 달린다.

16 고구마의 재배적 특성에 대한 설명으로 옳지 않은 것은?

① 토양적응성이 높으나 연작장해가 심한 편이다.
② 칼리는 요구량이 가장 많고 시용효과도 현저하다.
③ 고온 · 다조를 좋아하는 작물로 영양번식을 주로 한다.
④ 괴근비대 시에 토양수분은 최대용수량의 70 ~ 75%가 알맞다.

ANSWER 14.④ 15.③ 16.①

14 ④ 성숙기 이후에는 건조해야 성숙이 촉진되어 품질이 향상되며 저장성도 증진된다.

15 ③ 옥수수는 암꽃과 수꽃이 분리되어 있으며, 1개의 꽃에 1개의 종자가 달린다.

16 ① 토양적응성이 높고 연작장해가 거의 없는 편이다.

17 다음에 해당하는 벼의 제현율과 현백률은?

> • 정조 125kg에서 왕겨를 제거하니 현미가 100kg 생산되었다.
> • 이후에 도정을 계속하여 쌀겨 등을 제거하고 나니 백미가 90kg 생산되었다.

	제현율[%]	현백률[%]
①	75	80
②	75	90
③	80	75
④	80	90

18 옥수수 분류에 대한 설명으로 옳지 않은 것은?

① 경립종은 전분 대부분이 경질이고 성숙 후 종자의 정부가 둥근 모양이다.
② 마치종은 사료용으로 많이 재배되는 옥수수로 다른 종류에 비하여 종자가 크다.
③ 폭렬종은 종자 전분의 대부분이 연질이어서 열을 가하면 수분과 공기가 팽창하여 튀겨진다.
④ 감미종은 섬유질이 적고 껍질이 얇아 식용으로 적당하며, 간식용이나 통조림으로 이용한다.

ANSWER 17.④ 18.③

17 ㉠ 제현율 : 정조→현미

$$\frac{100}{125}\times 100 = 80$$

㉡ 현백율 : 현미→백미

$$\frac{90}{100}\times 100 = 90$$

18 ③ 폭렬종은 씨알이 잘고 각질이 많으며 튀겨 먹기에 알맞다.

19 작물의 병해에 대한 설명으로 옳지 않은 것은?

① 옥수수의 깨씨무늬병은 7 ~ 8월의 고온다습한 평야지에서 많이 발생한다.
② 콩의 세균성점무늬병은 비가 많이 오거나 토양이 습할 때 많이 발생한다.
③ 맥류의 녹병은 봄철 기온이 10℃ 이하이고 습도가 40% 정도일 때 많이 발생한다.
④ 감자의 더뎅이병은 세균성 병으로 척박한 토양이나 알칼리성 토양에서 많이 발생한다.

20 벼의 재배에서 규소(Si)에 대한 설명으로 옳은 것은?

① 질소비료보다 흡수량이 많은 필수원소이다.
② 줄기의 통기조직을 발달시키고 내도복성을 높인다.
③ 벼잎을 늘어지게 하여 수광태세를 좋게 한다.
④ 벼잎의 표면 증산을 증가시키고 병해충저항성을 높인다.

ANSWER 19.③ 20.②

19 ③ 맥류의 녹병은 봄철의 기온이 15℃ 이상이고 습도가 80% 이상으로 높을 경우에 많이 발생한다.

20 ① 벼는 규산을 질소의 8배 이상 흡수하며 자란다.
③ 벼잎을 빳빳하게 하여 수광태세를 좋게 한다.
④ 벼잎의 표면 증산을 감소시키고 병해충저항성을 높인다.

식용작물

2024. 3. 23. 인사혁신처 시행

1 서류의 특성에 대한 설명으로 옳지 않은 것은?

① 감자는 장일처리한 엽편이 단일처리한 엽편보다, 젊은 괴경의 맹아가 늙은 괴경의 맹아보다 GA 함량이 높다.

② 감자는 괴경이 비대함에 따라 아스코르브산 함량은 증가하고, 일정 수준 이상이 되면 아밀라아제 활성이 감퇴되어 당 함량은 감소한다.

③ 고구마는 괴근의 눈이 두부에 많고 복부보다는 배부에 많으며, 괴근에서 발아할 때 2매의 자엽이 나오는 쌍자엽식물이다.

④ 고구마의 개화는 C/N율의 증가와 개화촉진물질의 생성에 의하여 결정된다.

2 벼 생육과 수분에 대한 설명으로 옳은 것은?

① 요수량은 건물 100g을 생산하는 데 필요한 물의 양이다.

② 요수량은 논벼가 300~400g, 밭벼가 200~300g으로 다른 작물보다 높다.

③ 모내기 직후에는 증산작용이 줄고 활착이 잘 되도록 논물을 깊게 댄다.

④ 벼는 유수분화기부터 출수기까지는 수분 요구량이 적어서 증산량도 적어진다.

ANSWER 1.③ 2.③

1 ③ 고구마는 괴근의 눈이 두부와 배부에 많다. 괴근에서 발아할 때는 본엽만 나온다.

2 ① 요수량은 건물 1g을 생산하는 데 필요한 물의 양이다.
② 요수량은 논벼가 200~300g, 밭벼가 300~400g으로 다른 작물보다 높다.
④ 벼는 유수분화기부터 출수기까지는 수분 요구량이 많아서 증산량도 많아진다.

3 보리의 재배적 특성에 대한 설명으로 옳지 않은 것은?

① 보리는 내한성이 강할수록 대체로 춘파성 정도가 낮아서 성숙이 늦어지는 경향이 있다.
② 조숙성 품종은 일반 품종보다 짧은 한계일장과 낮은 온도에서 유수의 발육이 촉진되는 특성을 보인다.
③ 키가 작은 직립형 품종은 광합성 능력이 크고 내도복성이 강하다.
④ 기계화 재배에서 질소 비료 다용은 도복을 방지하여 다수확에 유리하다.

4 다음은 콩의 수확량 평가를 위한 조사 데이터이다. 이때 1ha당 예상되는 수확량[kg]은?

- $1m^2$당 콩의 개체수 : 3개
- 개체당 꼬투리수 : 100개
- 꼬투리당 평균 콩의 입수 : 3개
- 100립중 : 20g

① 180 ② 270
③ 1,800 ④ 2,700

5 작물과 그 작물이 함유하고 있는 기능성 물질의 연결이 옳지 않은 것은?

① 보리 – 베타글루칸(β-glucan)
② 쌀 – 아베닌(avenin)
③ 메밀 – 루틴(rutin)
④ 옥수수 – 메이신(maysin)

ANSWER 3.④ 4.③ 5.②

3 ④ 질소비료를 많이 주면 도복을 조장하므로 질소비료를 과다하게 주지 않아야 한다.

4 $1m^2$당 콩의 개체수×개체당 꼬투리수×꼬투리당 평균 콩의 입수×1립중
=3×100×3×0.2
=180
1 ha당 예상되는 수확량=180×10000=1800000g=1800(kg)

5 ② 아베닌(avenin)은 귀리의 주요 단백질이다.

6 다음 중 10a당 재식된 개체수가 가장 많은 것은?

① 보리 추파재배를 위해 세조파한 경우
② 옥수수 단작재배를 위해 점파한 경우
③ 밀 수확 후 이모작 재배를 위해 콩을 점파한 경우
④ 월동작물 수확 후 이모작으로 고구마를 심은 경우

7 중부 평야 지대에서 작물의 타당한 파종 시기로 옳은 것은?

① 보리 : 8월 중순~하순
② 옥수수 : 4월 중순~하순
③ 콩 : 3월 상순~중순
④ 감자 : 7월 초순~중순

8 밭작물 재배 시 질소를 성분량 기준으로 10a당 23kg 시비하는 경우, 1ha에 시비할 요소비료의 양[kg]은?

① 40
② 50
③ 400
④ 500

ANSWER 6.① 7.② 8.④

6 ① 395,000
② 6,600
③ 16,700
④ 6,700

7 ① 보리 : 10월 초순~중순
③ 콩 : 5월 상순~중순
④ 감자 : 4월 중순~하순

8 10a : 23=1ha : 230
요소(질소 46%)비료로 계산하면
230×(100÷46)=500(kg)

9 작물 재배에서 파종량에 대한 설명으로 옳지 않은 것은?

① 옥수수는 종실용보다 사일리지용 재배에서 파종량이 늘어난다.
② 콩은 단작보다 맥후작으로 파종기가 지연되면 파종량이 늘어난다.
③ 맥류는 조파보다 산파 시 파종량이 늘어난다.
④ 감자는 평야지보다 산간지에서 파종량이 늘어난다.

10 쌀의 형태와 품질에 대한 설명으로 옳지 않은 것은?

① 멥쌀은 찹쌀보다 아밀로펙틴 함량이 낮다.
② 멥쌀은 찹쌀보다 투명도는 높으나 입형은 큰 차이가 없다.
③ 맛있는 쌀은 일반적으로 모양이 단원형이고 심·복백이 없다.
④ 쌀은 도정도가 높을수록 영양이 우수하다.

11 벼의 품종 특성에 대한 설명으로 옳은 것은?

① 직파적응성은 얕은 물속에서도 발아 및 출아가 양호하고, 내도복성이며, 고온발아력이 강하고, 초기생장력이 느리며 활착력이 좋아야 한다.
② 고위도 지역 및 고랭지는 물론 온대지방에서 조기 육묘하려면 가급적 저온발아성이 높은 품종을 선택하여야 유리하다.
③ 좁은 의미 내비성은 질소 다비 조건에서 병충해에 걸리지 않고, 도복되지 않는 특성을 나타낸다.
④ 품질은 다수의 유전자가 관여하며, 환경의 영향도 적어 육종효율이 높다.

ANSWER 9.④ 10.④ 11.②

9 ④ 감자는 산간지보다 평야지에서 생육이 떨어지므로 파종량을 늘려야 한다.

10 ④ 쌀은 도정률이 높을수록 쌀겨층에 함유되어 있는 단백질, 지방, 무기질, 비타민(특히 B1)이 제거되어 영양가가 떨어진다.

11 ① 직파적응성은 깊은 물속에서도 발아 및 출아가 양호하고, 내도복성이며, 저온발아력이 강하고, 초기생장력이 빠르면 활착력이 좋아야 한다.
③ 넓은 의미 내비성은 질소 다비 조건에서 병충해에 걸리지 않고, 도복되지 않는 특성을 나타낸다.
④ 품질은 다수의 유전자가 관여하며, 환경의 영향도 커서 육종효율이 높지 않다.

12 벼 생육에서 규산에 대한 설명으로 옳지 않은 것은?

① 벼는 규산을 많이 흡수하는 대표적인 규산식물이다.
② 흡수된 규산은 큐티쿨라층 안쪽에 축적된다.
③ 규산은 질소비료 시용량이 많을 때보다 적을 때 시용의 효과가 크다.
④ 규산은 볏짚퇴비, 태운 왕겨, 규산질비료 등의 시용으로 보충할 수 있다.

13 밀 품질에 대한 설명으로 옳은 것은?

① 등숙기에 냉량하고 토양수분이 적당할 경우 고단백질의 밀이, 고온 · 건조한 지대에서는 저단백질의 밀이 생산된다.
② 밀알이 작고 껍질이 두꺼운 것이 배유율이 높고 양조용으로도 유리하다.
③ 질소 시용량이 많을 경우에는 단백질 함량이 증가되고, 출수기 전후의 만기추비는 단백질 함량을 크게 증가시킨다.
④ 초자질부는 세포간극에 단백질 축적이 많고 빈 공간이 많아 광선의 투과가 낮다.

14 벼 종자의 발달에 대한 설명으로 옳지 않은 것은?

① 현미는 길이, 너비, 두께 순서로 발달한다.
② 현미의 길이는 수정 후 5~6일경에 완성되고, 너비는 15~16일경에 완성된다.
③ 현미 전체의 형태는 25일 정도면 완성되나 내부 조직의 발달은 계속된다.
④ 수정 후 45일 정도까지도 과피에 있는 엽록소가 증가하여 광합성도 증가한다.

ANSWER 12.③ 13.③ 14.④

12 ③ 규산은 질소비료 시용량이 많을 때 시용의 효과가 크다.

13 ① 등숙기에 냉량하고 토양수분이 적당할 경우 저단백질의 밀이, 고온 · 건조한 지대에서는 고단백질의 밀이 생산된다.
② 밀알이 크고 껍질이 얇은 것이 배유율이 높고 양조용으로도 유리하다.
④ 초자질부는 세포가 치밀하고 광선이 잘 투입되어 반투명하게 보인다.

14 ④ 수정 후 35~45일 정도면 완숙기로, 수확을 한다.

15 다음 중 잡곡의 특징에 대한 설명으로 옳은 것만을 모두 고르면?

㉠ 조는 파종기의 조만에도 불구하고 봄조는 그루조보다 먼저 출수하여 성숙한다.
㉡ 옥수수 종실은 수과로 과피와 종피 사이에 과육이 발달되어 있다.
㉢ 수수에서 무병소수는 1쌍의 큰 받침껍질에 싸여서 바깥껍질만으로 구성된 퇴화화와 임실하는 완전화를 갖는다.
㉣ 율무와 염주의 전분은 모두 찰성이다.

① ㉠, ㉢　　② ㉡, ㉣
③ ㉠, ㉢, ㉣　　④ ㉡, ㉢, ㉣

16 잡곡에 대한 설명으로 옳은 것은?

① 단수수는 만파할수록 자당 함량이 증가한다.
② 조의 자연교잡률은 메밀보다 높다.
③ 메밀은 일장이 12시간 이하의 단일에서 개화가 촉진된다.
④ 율무는 서늘하고 건조한 기상 조건에서 잘 자란다.

ANSWER 15.① 16.③

15 ㉡ 옥수수 종실은 영과로서 과피와 종피가 밀착해 있고 과육이 발달되어 있지 않다.
㉣ 염주의 전분은 메성이다.

16 ① 단수수는 조파할수록 자당 함량이 증가한다.
② 메밀의 자연교잡률이 조보다 높다.
④ 율무는 비옥하고 습윤하며 중성 또는 약간 산성이거나 보수성이 강한 찰진 토양이 좋다.
※ 자연교잡률
㉠ 보리 : 0.0015%
㉡ 밀, 조 : 0.2~0.6%
㉢ 귀리, 콩 : 0.05~1.4%
㉣ 벼, 가지 : 0.2~1.0%

17 **콩과작물에 대한 설명으로 옳은 것은?**

① 팥은 삶으면 전분이 잘 풀리므로 소화율이 높다.

② 녹두는 파종에 알맞은 기간이 긴 여름작물이다.

③ 강낭콩의 만성종은 동일 개체 내에서 거의 동시에 개화한다.

④ 동부는 콩보다 고온발아율이 낮은 편이다.

18 **감자와 고구마의 생리 · 생태적 특성에 대한 설명으로 옳은 것만을 모두 고르면?**

> ㉠ 감자는 키가 큰 품종이나 만생종은 복지가 길고, 조숙종은 복지가 빨리 발생하는 경향이 있다.
> ㉡ 고구마 뿌리는 1기 형성층의 활동이 왕성해도 유조직이 빠르게 목화되면 세근이 된다.
> ㉢ 감자는 수확 후 휴면 중 전분이나 당분의 함량 변화가 거의 없고, 휴면이 끝나면 당분은 줄고 전분 함량은 증가한다.
> ㉣ 고구마는 질소질 비료를 많이 시용할 경우에는 전분 함량이 감소하고, 인산, 칼리 및 퇴비를 시용할 경우에는 전분 함량이 증가한다.

① ㉠, ㉡

② ㉠, ㉣

③ ㉠, ㉢, ㉣

④ ㉡, ㉢, ㉣

ANSWER 17.② 18.②

17 ① 팥의 녹말은 섬유세포에 둘러싸여 소화효소의 침투가 어려워 삶아도 풀처럼 끈적이지 않고 소화가 잘 되지 않는다.
③ 강낭콩의 왜성종은 동일 개체 내에서 거의 동시에 개화하지만, 만성종은 6~7마디에서 먼저 개화하고 점차 윗마디로 개화해 올라간다.
④ 동부는 콩보다 고온발아율이 높은 편이다.

18 ㉡ 고구마 뿌리는 1기 형성층의 활동이 왕성해도 유조직이 빠르게 목화되면 굳은 뿌리가 된다.
㉢ 휴면 중에는 전분, 당분 변화가 적고, 휴면이 끝나게 되면 전분이 당화한다. 휴면이 끝나면 환원당, 비환원당 함량이 모두 증가하게 된다.

19 작물의 종실 성숙과 수확에 대한 설명으로 옳지 않은 것은?

① 콩은 수확 후 수분함량이 14% 이하가 되도록 건조시킨 후 저장한다.

② 녹두는 성숙하면 탈립이 심하므로 꼬투리가 열개하여 튀기 전에 수확해야 한다.

③ 땅콩은 꽃이 일시에 피지 않아 꼬투리의 성숙이 균일하지 못하므로 적기에 수확하지 않으면 수량 및 품질이 떨어진다.

④ 완두는 연협종을 꼬투리째 식용할 경우에는 착협 후 14~16일부터 수확하고, 저장 후 이용할 경우 완전히 성숙하여 꼬투리가 변색되기 전에 수확한다.

20 다음은 벼의 도정에 대한 설명이다. (가), (나)에 들어갈 말로 옳은 것은?

> 도정에 가장 큰 영향을 미치는 요인은 [(가)]으로, [(나)] 정도일 때 현백률과 백미의 완전립률이 높다.

	(가)	(나)
①	정조의 수분함량	약 16%
②	정조의 수분함량	약 20%
③	미강의 수분함량	약 15%
④	미강의 수분함량	약 25%

ANSWER 19.④ 20.①

19 ④ 완두는 연협종을 꼬투리째 식용할 경우에는 착협 후 14~16일부터 수확하고, 저장 후 이용할 경우 완전히 성숙하여 꼬투리가 변색되고 건조해진 후에 수확한다.

20 ① 도정에 가장 큰 영향을 미치는 요인은 정조의 수분함량으로, 16% 정도일 때 현백률과 백미의 완전립률이 높다. 수분함량이 낮으면 종실이 단단해지기 때문에 전기 소요량도 많다.

식용작물

2024. 6. 22. 제1회 지방직 시행

1 벼 품종의 조만성 차이에 가장 많이 영향을 주는 것은?

① 출수기간
② 등숙기간
③ 생식생장기간
④ 영양생장기간

2 맥류에서 추파성이 높은 품종의 재배적 특성에 대한 설명으로 옳은 것은?

① 출수가 빠르다.
② 파종 적기가 빨라진다.
③ 일반적으로 내동성이 약하다.
④ 봄에 파종해도 정상적으로 개화 · 결실한다.

3 옥수수의 특성에 대한 설명으로 옳은 것은?

① 타가수정을 한다.
② 전형적인 C_3 식물이다.
③ 암이삭은 수이삭 위에 위치한다.
④ 옥수수수염은 물을 흡수하는 역할을 한다.

ANSWER 1.④ 2.② 3.①

1 ④ 벼 품종의 조만성 차이에 가장 많은 영향을 주는 것은 영양생장기간이다.
※ 조만성 … 조만성은 식물의 생장 및 발달이 빠르거나 느린 현상을 말한다. 조만성은 광주기, 온도, 습도, 영양분의 공급과 같은 재배 환경뿐만 아니라, 식물에 내재적인 유전요인에 의해 결정된다.

2 ②④ 추파형 맥류는 가을에 파종하여 겨울의 저온단일에 의해 추파성을 소거해야 출수개화를 할 수 있다. 따라서 파종 적기가 빨라진다.
① 적기보다 일찍 파종하면 출수기는 빨라지지만 출수일수가 연장된다.
③ 추파성은 맥류의 영양생장을 지속시키고 생식생장으로의 이행을 억제하며, 내동성을 증대시키는 성질을 말한다.

3 ② 전형적인 C_4 식물이다.
③ 암이삭은 수이삭 아래에 위치한다.
④ 옥수수수염은 암꽃술로 수분과 수정 과정에 역할을 한다.

4 **벼 이앙재배 시 중간낙수에 대한 설명으로 옳지 않은 것은?**

① 뿌리의 신장을 촉진한다.

② 분얼을 촉진하는 효과가 있다.

③ 논바닥에 작은 균열이 생길 정도로 한다.

④ 생육이 부진한 논에서는 생략하거나 약하게 한다.

5 **우리나라 밭작물 재배 시 수량이 낮은 원인으로 옳지 않은 것은?**

① 기상 재해가 심하다.

② 밭의 지력이 높다.

③ 생산기반이 불량한 곳이 많다.

④ 재배기술의 수준이 상대적으로 낮다.

6 **작물의 요수량에 대한 설명으로 옳은 것은?**

① 옥수수는 호박보다 요수량이 많다.

② 건물 1g을 생산하는 데 소요되는 수분의 절대 소비량이다.

③ 작물에 따라 요수량은 매우 다르며, 이것에 의하여 작물의 수분 요구도를 짐작할 수 있다.

④ C_3 작물은 C_4 작물보다 높은 광도와 온도 조건에서 광합성이 높고 생장속도가 빠르기 때문에 수분이용 효율이 높다.

ANSWER 4.② 5.② 6.③

4 ② 중간낙수는 무효분얼을 억제시키는 효과가 있다.

※ 중간낙수의 효과

㉠ 무효분얼의 억제

㉡ 뿌리의 활력 촉진

㉢ 양분의 흡수 촉진

5 ② 우리나라의 밭은 지력이 낮다.

6 ① 옥수수는 호박보다 요수량이 적다.

② 요수량은 절대 소비량은 아니다. 작물의 건물 1g을 생산하는 데 소비된 수분량을 요수량이라고 하며, 건물 1g을 생산하는 데 소비된 증산량을 증산계수라고 한다.

④ 반대로 설명되었다.

7 (가)~(다)에 들어갈 비율[%]을 바르게 연결한 것은?

> 벼 이삭이 끝잎의 잎집에서 밖으로 나오는 것을 출수라고 한다. 한 포장에서 전체 이삭의 [(가)] 팬 때를 출수시, [(나)] 팬 때를 출수기, 그리고 [(다)] 팬 때를 수전기라고 한다.

	(가)	(나)	(다)
①	10	30	60
②	10	40	80
③	30	50	70
④	30	60	100

8 토양 환경에 대한 설명으로 옳지 않은 것은?

① 작물이 주로 이용하는 토양수분은 흡습수이다.
② 과도한 경운은 부식이 분해되어 입단이 파괴된다.
③ 토양 중의 공기는 대기에 비해 이산화탄소 함량이 높다.
④ 담수논과 같이 산소가 부족해지기 쉬운 토양에서는 탈질작용이 잘 발생한다.

9 두류에 대한 설명으로 옳지 않은 것은?

① 완두는 두류 중에서 서늘한 기후를 좋아하고 추위에도 강하다.
② 녹두는 종피와 자엽이 모두 녹색이며 일반적으로 저온에 의하여 개화가 촉진된다.
③ 동부의 종실은 중대립의 팥 정도 크기이고 배꼽 주위에 흑색 또는 갈색의 둥근 무늬가 있다.
④ 강낭콩의 종실은 대체로 콩보다 굵으며, 백색, 자색, 얼룩색 등 다양한 종피색을 갖고 있다.

ANSWER 7.② 8.① 9.②

7 벼 이삭이 끝잎의 잎집에서 밖으로 나오는 것을 출수라고 한다. 한 포장에서 전체 이삭의 10% 팬 때를 출수시, 40% 팬 때를 출수기, 그리고 80% 팬 때를 수전기라고 한다.

8 ① 작물이 주로 이용하는 토양수분은 모관수이다. 모관수는 토양 입자 간의 모관 인력에 의하여 그 작은 공극을 상승하는 수분이다.

9 ② 녹두의 종피색은 일반적으로 녹색이지만 황색, 갈색, 암갈색, 흑갈색인 것도 있으며, 자엽은 황색인 것이 많다. 일반적으로 단일에 의해 개화가 촉진된다.

10 벼의 중복수정에 대한 설명으로 옳은 것만을 모두 고르면?

㉠ 정세포(n)는 반족세포(n)와 융합하여 2배체(2n)의 접합자를 이루며, 접합자는 배로 발달한다.
㉡ 정세포(n)는 난세포(n)와 융합하여 2배체(2n)의 접합자를 이루며, 접합자는 배로 발달한다.
㉢ 정세포(n)는 2개의 극핵(2n)과 융합하여 3배체(3n)의 배유핵을 형성하며, 배유핵은 배유로 발달한다.
㉣ 정세포(n)는 2개의 조세포(2n)와 융합하여 3배체(3n)의 배유핵을 형성하며, 배유핵은 배유로 발달한다.

① ㉠, ㉢
② ㉠, ㉣
③ ㉡, ㉢
④ ㉡, ㉣

11 우리나라에서 육성 · 보급된 통일벼에 대한 내용으로 옳은 것만을 모두 고르면?

㉠ Yukara//Taichung Native 1(TN1)/IR8
㉡ IR8//Yukara/Taichung Native 1(TN1)
㉢ 근연교배
㉣ 원연교배

① ㉠, ㉢
② ㉠, ㉣
③ ㉡, ㉢
④ ㉡, ㉣

ANSWER 10.③ 11.④

10 ㉡ 정세포(n)는 난세포(n)와 융합하여 2배체(2n)의 접합자를 이루며, 접합자는 배로 발달한다.
㉢ 정세포(n)는 2개의 극핵(2n)과 융합하여 3배체(3n)의 배유핵을 형성하며, 배유핵은 배유로 발달한다.

11 ㉡ 유카라(Yukara)와 대중 재래 1호(Taichung Native 1(TN1))를 교배한 F1에 IR8(대만 품종인 디저우젠과 인도 품종인 페타를 교배시켜 얻은 반왜성 품종)을 3원교배하여 계통육종으로 육성하였다.
㉣ 통일벼는 원연품종 간 교배와 세대단축에 의하여 육성한 우리나라 최초의 품종이다.

12 벼 기계이앙재배 시 중모와 비교하여 어린모의 특성에 대한 설명으로 옳은 것만을 모두 고르면?

> ㉠ 분얼이 감소한다.
> ㉡ 출수가 빨라진다.
> ㉢ 이앙 적기의 폭이 좁아진다.
> ㉣ 이앙 후 식상이 적고 착근이 늦어진다.
> ㉤ 내냉성이 크고 환경적응성이 강하다.

① ㉠, ㉢
② ㉠, ㉣
③ ㉡, ㉤
④ ㉢, ㉤

13 본답의 관개와 용수량에 대한 설명으로 옳지 않은 것은?

① 생육시기별 용수량은 유효분얼기에 가장 높다.
② 관개수량은 용수량에서 유효강우량을 뺀 값이다.
③ 용수량은 벼를 재배하는 데 필요한 물의 총량을 말한다.
④ 관개는 토양을 부드럽게 하여 경운과 써레질을 용이하게 한다.

ANSWER 12.④ 13.①

12 ㉠ 첫 분얼 발생 마디가 중모의 3째 마디보다 낮은 2째 마디에서 시작되어 분얼 발생에 유리한 특성이 있다.
㉡ 어린모는 출수기가 중모 기계이앙보다 3~5일 늦어지므로 중모보다 약 1주일 정도 빨리 심어야만 중모와 비슷한 시기에 이삭이 나온다.
㉢㉣ 어린모는 종자의 배유양분이 35~40% 남아 있을 때 이앙하게 되므로 활착 한계온도가 낮고 식물체의 대부분이 물속에 잠겨 보온이 되므로 저온장해와 몸살이 적으며 초기 활착이 빨라 일찍 심은 곳에서도 큰 문제가 없다.
㉤ 어린모는 이앙 후에 환경적응성이 뛰어나고 침수 시 재생능력이 강하다.

13 ① 생육에 따른 시기별 용수량을 보면 가장 물을 많이 필요로 하는 시기는 수잉기이고, 다음은 활착기와 유수발육전기이며, 그다음은 출수개화기이다.

14 조의 생육 환경 및 재배 특성에 대한 설명으로 옳지 않은 것은?

① 심근성이지만 요수량이 크므로 한발에 약하다.
② 연작도 견디지만 윤작을 하는 것이 좋다.
③ 배수가 잘되고 비옥한 사양토에서 잘 자란다.
④ 흡비력이 강하며 척박지에서도 적응한다.

15 괴경과 괴근에 대한 설명으로 옳지 않은 것은?

① 감자의 괴경은 저온 · 단일 조건에서 형성된다.
② 질소가 과다하면 감자의 괴경 형성과 비대가 지연된다.
③ 고구마 괴근 비대에는 칼리질 비료의 효과가 높다.
④ 유조직의 목화가 빨리 이루어지면 고구마의 유근은 괴근이 된다.

16 두류 재배에서 근류균에 대한 설명으로 옳지 않은 것은?

① 계통에 관계없이 크기, 착생 및 질소고정 능력이 같다.
② 대부분은 호기성이고 식물체 내의 당분을 섭취하며 자란다.
③ 토양 중에 질산염이 적고 석회, 칼리, 인산 및 부식이 풍부한 곳에서 질소고정이 왕성하다.
④ 콩의 개화기경부터 질소고정이 왕성해져 많은 질소 성분을 식물체에 공급한다.

ANSWER 14.① 15.④ 16.①

14 ① 조는 천근성으로 요수량이 적고 한발에 강하다.

15 ④ 유조직의 목화가 빨리 이루어지면 고구마의 유근은 세근이 된다.

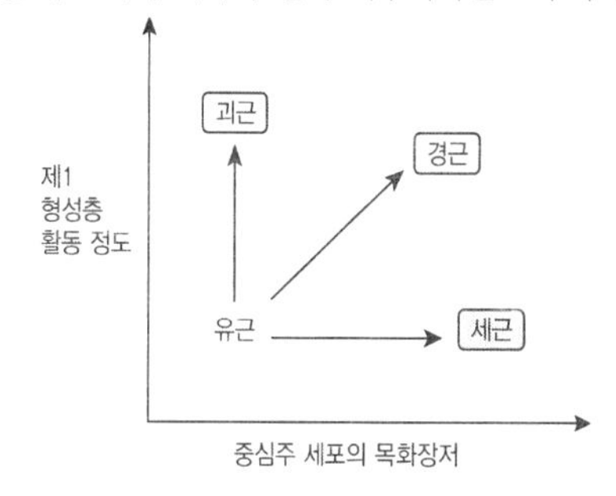

16 ① 크기, 착생 및 질소고정 능력은 계통에 따라 다르다.

17 **토양반응과 작물생육에 대한 설명으로 옳지 않은 것은?**

① 강알칼리성이면 철의 용해도가 감소한다.
② 강산성이면 인산과 칼슘의 가급도가 감소한다.
③ 자운영과 콩은 산성토양에서의 적응성이 극히 강하다.
④ 작물양분의 유효도는 중성 내지 약산성 토양에서 높다.

18 **볍씨의 발아에 대한 설명으로 옳지 않은 것은?**

① 반드시 광이 필요하지는 않아 암흑상태에서도 발아한다.
② 물을 흡수하여 발아할 태세를 갖추면 호흡이 급격히 낮아진다.
③ 휴면타파가 충분하지 않거나 활력이 저하된 종자는 발아온도의 폭이 좁다.
④ 산소가 없는 조건에서도 무기호흡에 의하여 80% 정도의 발아율을 보인다.

19 **밀의 단백질에 대한 설명으로 옳지 않은 것은?**

① 단백질 함량은 초자율이 낮을수록, 중질일수록 많아진다.
② 부질(gluten)의 양과 질은 밀가루의 가공적성을 지배한다.
③ 대체로 제빵용 밀가루는 단백질 함량이 높고 과자용은 낮은 것이 좋다.
④ 종실 발달 과정 중 질소시비량이 많은 경우 단백질 함량이 증가한다.

ANSWER 17.③ 18.② 19.①

17 ③ 자운영과 콩은 산성토양에서의 적응성이 극히 약하다. 이밖에 보리, 시금치, 상추, 팥, 양파 등도 산성토양에서의 적응성이 약하다.

18 ② 물을 흡수하여 발아할 태세를 갖추면 호흡이 높아진다.

19 ① 밀의 단백질은 초자율이 높고 경질인 것, 한냉지에서 생산된 것, 일찍 밴 것, 질소비료를 제때에 알맞게 준 것 등이 그렇지 않은 것에 비해 함량이 높은 경향이 있다.

20 고구마 직파재배에 대한 설명으로 옳은 것만을 모두 고르면?

㉠ 기계화에 의한 생력재배가 어렵다.
㉡ 괴근의 품질이 좋아 식용 재배로 적당하다.
㉢ 육묘이식재배보다 생육기간이 짧을 경우에는 불리하다.
㉣ 초기 생육과 재생력이 좋아 청예사료의 생산량이 많아진다.

① ㉠, ㉡
② ㉠, ㉢
③ ㉡, ㉣
④ ㉢, ㉣

ANSWER 20.④

20 ㉠ 고구마 직파재배는 기계화에 의한 생력재배가 쉽다.
㉡ 직파재배는 사료용 재배로 적당하다.

서원각 용어사전 시리즈

상식은 "용어사전"

용어사전으로 중요한 용어만 한눈에 보자

1. 시사용어사전 1200

   매일 접하는 각종 기사와 정보 속에서 현대인이 놓치기 쉬운, 그러나 꼭 알아야 할 최신 시사상식을 쏙쏙 뽑아 이해하기 쉽도록 정리했다!

2. 경제용어사전 1030

   주요 경제용어는 거의 다 실었다! 경제가 쉬워지는 책, 경제용어사전!

3. 부동산용어사전 1300

   부동산에 대한 이해를 높이고 부동산의 개발과 활용, 투자 및 부동산 용어 학습에도 적극적으로 이용할 수 있는 부동산용어사전!

중요한 용어만 공부하자!

- 최신 관련 기사 수록
- 다양한 용어를 수록하여 1000개 이상의 용어 한눈에 파악
- 용어별 중요도 표시 및 꼼꼼한 용어 설명
- 파트별 TEST를 통해 실력점검